中国历代名人家教家风史话

胡申生　著

上海大学出版社
·上　海·

图书在版编目(CIP)数据

中国历代名人家教家风史话 / 胡申生著. -- 上海 ：上海大学出版社，2024. 12. -- ISBN 978-7-5671-5177-2

Ⅰ. B823.1

中国国家版本馆 CIP 数据核字第 2025MJ6118 号

责任编辑　徐雁华
封面设计　缪炎栩
技术编辑　金　鑫　钱宇坤

中国历代名人家教家风史话

胡申生　著

上海大学出版社出版发行

（上海市上大路 99 号　邮政编码 200444）

（https://www.shupress.cn　发行热线 021-66135112）

出版人　余　洋

*

南京展望文化发展有限公司排版

上海华业装璜印刷厂有限公司印刷　　各地新华书店经销

开本 710mm×1000mm　1/16　印张 17.5　字数 295 千

2025 年 2 月第 1 版　2025 年 2 月第 1 次印刷

ISBN 978-7-5671-5177-2/B·151　定价　78.00 元

版权所有　侵权必究

如发现本书有印装质量问题请与印刷厂质量科联系

联系电话：021-56475919

前言

家庭是社会的基本细胞。中华民族具有五千多年的文明史，而家庭作为社会生活的基础，作为社会的基本单位，五千多年以来始终伴随着社会的发展而演进变化，从而形成了中华民族独特的家庭文化。中华民族家庭文化传承源远流长，自古以来，中华民族就重视家庭文化的培育和建设，这种家庭文化的培育和建设突出体现在家教、家训和家风方面。中华民族家教、家训和家风的文化传承，是中华民族优秀传统文化的重要组成部分。

东汉学者班固在《汉书·艺文志》中说："左史记言，右史记事，事为《春秋》，言为《尚书》，帝王靡不同之。"中国有着良好的"记言记事"史学传统，留下了极其丰富的史学典籍。在这些典籍中，记载了中华民族重视家教、家训和家风的大量文献、言论和事迹。这些记载，使我们得以了解中华民族家庭文化传承的概貌。

2015年2月17日，习近平总书记在春节团拜会上发表重要讲话，指出："不论时代发生多大变化，不论生活格局发生多大变化，我们都要重视家庭建设，注重家庭、注重家教、注重家风，紧密结合培育和弘扬社会主义核心价值观，发扬光大中华民族传统家庭美德，促进家庭和睦，促进亲人相亲相爱，促进下一代健康成长，促进老年人老有所养，使千千万万个家庭成为国家发展、民族进步、社会和谐的重要基点。"习近平总书记关于"注重家庭、注重家教、注重家风"的指示使我们对于中华民族家庭的文化传承有了更加深刻明确的认识，也为我们更好地研究和传播中华民族的良好家教、家风指明了方向。

作为一名高校社会学专业的教师，家庭社会学、家庭史是我教学和研究的一个重要方面。2010年，我曾应"海派文化丛书"编辑委员会邀请，写作并出版了《上海名人家训》。2014年，又应上海市有关部门的委托，承担了“上海市家训家风文化传承与发展现状调查”的课题，并于当年完成课题研究报告。这些年来又应邀在上海以及外省市做过多场关于中国家教家训和家风文化传承的讲座。正是在这基础上，萌生了写作《中国历代名人家教家风史话》的念头。

本书写作有两个方面值得一说：第一，在中国的历史典籍中，有关家庭、家教、家训和家风的记载汗牛充栋，此前关于中国家教、家训和家风文化传承方面的资料性的出版物已大量问世。而本书写作的重点则放在家教和家风的传承方面，因此，对于所选人物，主要着眼于其治家严格，家风端正，使家庭、家族得以世代绵延，甚至泽被数代，人才辈出，应了《周易》中的“积善之家，必有余庆”那句话。第二，在所选人物中，也有在朝为名臣贤相，一生清廉有为，然仍不免子孙不肖，致使家庭、家族出现悲剧，为当世和后代留下家庭教育之殷鉴。

中华民族历代名人在家教家训和家风方面留下的故事很多，限于精力和篇幅，本书只能择其要而介绍，难免挂一漏万，有遗珠之憾。冀以此为引玉之砖，期待有更多更好的记载中华民族家教家训和家风故事的作品呈现于世。

胡申生

2024 年 11 月 5 日

目录

绪　论
重视家教家风的文化传承是中华民族的优良传统

中华民族自古以来就重视家庭、重视家庭教育、重视家风的文化传承。中国古代的家庭教育不仅是古代教育的一个重要组成部分，而且也是中国历史文化体系的一个重要方面，一部中华民族的家庭史、家庭教育史、家风传承史，也是中华民族发展史的缩影。家庭是社会的基本细胞，几千年以来，社会不断演进、不断进步、不断发展，但中华民族重视家庭、重视家庭教育、重视家风文化传承的信念和脚步从来没有中断过。伴随着中国社会的发展，中华民族在家庭、家庭教育、家风文化传承方面留下了无数故事与佳话，其中也伴随着经验和教训。不可否认，中国几千年的家庭教育积累了丰富的教育经验，许多传统的家教思想和教学方法以及优秀的家教教材，对于今天的家教仍有借鉴和参考的价值和作用。这些都值得我们今天去记述、去总结，从而做到古为今用，更好地为今天的家庭建设服务。

第一节　中国古代家庭教育的功能和主要内容

中国古代家庭教育，源远流长，长期以来它对于推动中国古代社会家庭的巩固乃至对于国家政治、社会生活方式以及民族文化学术思想的变迁等，都产生过深刻而久远的影响。

中国古代家庭教育的基本功能

中国古代的家庭教育，从一开始，就有着明确的指向，综合起来，有着三项基本功能：

一是训导教育子女成人成才。这是家庭教育最基本的一个功能。中国自有家庭以来，就有家庭教育，不管是在哪一个时期、哪一个地方，处于哪一个层次，家庭中的教育都具有培养子女成人和成才的基本功能。

二是实行家庭的自我控制。任何一个家庭，都不是孤立的。它作为社会细胞、社会的基本单位，必须要接受外在控制，这就是社会控制。这种社会控制包括法律控制、行政控制、道德控制以及习俗控制。同时，为了维护家庭内部的稳定，调整和处理好家庭内部关系，将子女培养成人，使家庭得以承继和绵延，还必须有家庭的内在控制，即家庭的自我控制。这种自我控制，很主要的一个方面就是通过家庭教育来对子女、对全体家庭成员进行引导、约束。家庭教育很好地发挥了对家庭成员的自我控制功能，有效地补充了国家法律的社会教化与管理的不足。

三是确立良好的家风。家风又称门风，是指家庭成员在长期的家庭生活中逐渐形成并传延下去的价值观念、生活作风、生活方式、行为规范、生活习惯等的总和。家风的好坏，关系到一个家庭在社会上的声誉和地位，直接影响家庭成员的成长和发展，因此，中国传统家庭十分重视家风建设，重视家风对家庭成员的引导作用。

中国古代家庭教育的主要内容

中国古代的家庭教育，从一开始就贯穿着一条红线，那就是教育子女成人成才，树立良好家风。具体来看，其基本内容包括以下几个方面：

一是伦理道德教育。在中国的家庭中，长辈一直非常重视对子女的品德教育，将它放在家庭教育的首位。教子以忠信，教子以义方，做人方方正正，不能为奸邪不义之事。春秋时期，卫庄公溺爱少子州吁，州吁骄奢狂傲，又喜欢舞刀弄枪，卫庄公并不约束，一味放纵。大夫石碏劝谏道："臣闻爱子，教之以义方，弗纳以邪。骄奢淫佚，所自邪也。"[①]这里，石碏提出了教子的原则问题：究竟怎么才

① 《左传·隐公三年》。

算爱子，是一味依顺子女的欲望，还是约束培养其成为有道义之人。但卫庄公听不进石碏的劝谏，他死后，终于有了州吁杀害其兄卫桓公自立为君的家庭惨祸。古代家庭品德教育的面很广，主要包括义方有道、秉志正直、廉洁奉法、志存高远、砥砺磨炼、忠君爱国、孝悌和睦等方面。

二是传授谋生技能。品德教育是子女立身之本，属于精神方面；谋生技能的传授则是立足社会的手段，属于物质方面。人类的教育首先从亲属成员之间谋生技能的传授开始，它是家庭生产功能得以实现的前提。谋生教育包括生活教育、勤俭持家与自立教育、谋生手段与择业教育等方面。如教育孩子从小自理自律、勤俭持家、耕读为本。"积财千万，不如薄技在身"[①]，是过去普通家庭做父母的常对孩子讲的话。东汉初年的开国功臣邓禹，身居高位，他有13个儿子，根据各人不同的特点，每人教授习得一门技艺。邓禹的这种教子谋生之法，后来为许多家庭效法。在邓禹看来，教子之道，并非只有读书做官一途。清代安徽合肥人李文安在其修订的家规中指出："术业宜勤也。士农工商，人之正业，诸凡术艺俱可资生，即转执事佣工求食亦可。"对家庭中的女性，则要求教授烹调、缝纫、理家等技艺。

三是文化知识的传授。对这一点，不管是贵族官宦之家还是平民农户，都把对孩子的文化知识教育看得很重。一般来说，一个人的文化知识的获取，是官学私学的事情，家庭内部的文化知识教育应该是学校教育的准备阶段和补充。但是，由于古代学校教育的局限和不发达，使得家庭中的文化知识教育显得格外重要，尤其是文化知识的基础学习，很多家庭都是直接由家长或者是由家族兴办的族学家塾中完成的。《论语》中记载了孔子对儿子的庭训，直接督促孔鲤学《诗》学礼。唐代著名史学家刘知几，在他的名著《史通》的"自序"中说自己和兄长们早先在家中接受父亲的庭训，学习《古文尚书》和《左传》的经历。隋唐实行科举制度以后，文化知识的传授更是家庭教育中不可缺少的重要方面。"忠厚传家久，诗书继世长"成为旧时家庭常贴的一副对联。

四是处世方法的告诫。孩子从家庭步入社会，必须要和亲属以外的人打交道，要形成自己的社交圈子，如何择友，如何待人接物，就成为家长操心的事，所以在历代家庭教育的著作中，都有这方面的专述。三国时人王昶在其所著《家诫》中谈到处世之道说："夫人为子之道，莫大于宝身、全行、以显父母。此三者，

① 颜之推：《颜氏家训·勉学》。

人知其善,而或危身破家陷于灭亡之祸者,何也? 由所祖习非其道也。"[①]所谓"祖习"就是"效法"的意思。这段话对我们理解在家庭教育中为什么那么重视教育孩子学会处世是有帮助的。孔子告诫儿子孔鲤"不学《诗》,无以言""不学礼,无以立"[②],很大程度上也是教育儿子要学会处世。

第二节　家训:中国古代家庭教育的一个重要方面

家训是中国家庭教育的优良传统,是中国家庭教育的方法之一。家训有狭义、广义之分。狭义之家训,指父祖为子孙写的训导之辞,如北齐颜之推的《颜氏家训》;广义之家训,指父祖对子女的训导。这种训导,除了书面的训导、训诫之辞以外,也包括家庭教育、家书往来、日常谈话、遗言遗嘱等。

家训之滥觞和各种说法

"家训"一词最早见于成书于南北朝的《后汉书》。据《后汉书·边让传》记载,东汉末年,议郎蔡邕向秉政大将军何进推荐以才名闻世的边让,认为边让"天授逸才,聪明贤智。髫龀夙孤,不尽家训"。但说起中国的家训文化,起源要早得多。

相传伏羲即有《十言之教》,炎帝有《神农之禁》《神农之法》和《神农之教》,黄帝则有《道言》《政语》《几巾铭》《戒》《丹书戒》等。其他还有如黄帝的孙子颛顼作《丹书》,黄帝的曾孙帝喾作《政语》,还有帝尧的《尧戒》、夏禹的《禹誓》、商汤的《嫁妹辞》等。这些文字,有的为传说,有的是托名,虽然也散见于各种典籍,但其可靠性却值得怀疑。然而,从中也可以透露出中国家训文化起源之早的一些信息。

中国家训文化之滥觞,最早而又可信的,为周公训子。周公即周公旦,姬姓,西周文王的儿子、周武王的弟弟、周成王的叔父,西周初年政治家。西周实行封建诸侯制度,周公旦被封在今山东曲阜一带的鲁国,由于周公旦当时要留在京城辅佐年幼的周成王,就让儿子伯禽赴鲁国就封。临行之前,周公旦以父亲的身份

---

① 《三国志·魏书·王昶传》。
② 《论语·季氏》。

找儿子谈了一次话，向儿子提出训诫，要儿子到了鲁国就任国王后善待贤人，千万不要"以国骄人"。司马迁在《史记・鲁周公世家》中完整地记述了周公旦的这篇家训。"周公训子"也成为中国古代家训文化的源头之一。

家训的说法很多，有人做过统计和专述，有70多种说法，包括家范、家诫、家教、家规、家法、家约、家矩、家则、家要、家箴、家语、家言、家书、家政、家制、家订、家鉴、宗范、族范、世范、宗规、族规、宗训、宗约、族约、宗式、宗仪、宗誓、宗教、宗典、宗型、宗政、燕翼、贻谋、庭训、庭诰、庭语、遗令、遗戒、遗敕、遗言、遗训、遗教、遗疏、遗书、遗嘱、顾命、将死之鸣、闲家、教家、治家、传家、齐家、慈训、母训、慈教、母教、祠规、规矩、规条、条规、塾训、塾铎、祖训、垂训、训言、条约、公约、庸言、庸行、训儿、训子、示儿、示子、家劝、家典、世训等，其中最常见的，使用最为广泛的还是家训[①]。

中国家训文化的变迁

中国的家训文化源远流长。从中国的奴隶社会到漫长的封建社会，家训文化一直伴随着中国家庭教育始终，也留下了无数名人家庭教育的佳话。如果把中国家训文化的发展划分阶段的话，大致可分为萌芽阶段、形成阶段、成熟阶段、繁荣阶段和衰落阶段。

从西周到春秋战国是中国家训文化的萌芽时期。其特点是在家族、家庭中出现了长辈对儿孙的训诫和庭训。这中间，最有名的就是西周初年的周公训子和春秋末期的孔子庭训。

两汉三国两晋南北朝是中国家训文化得以发展的时期，家训的面越来越广，内容也越来越丰富。具有重要影响的有以下一些：刘邦教子，司马谈教子，马援训诫兄子，诸葛亮《诫子书》，刘备训阿斗，曹操、卞后教子，嵇康《家诫》，王祥家训等。女作家班昭还留下了著名的《女戒》。

隋唐五代是中国家训文化的成熟时期，其标志就是出现了中国第一部专门的、成册的、完整的家训著作《颜氏家训》，并对后世家训文化产生了极大影响。

宋元明清是我国古代家训繁荣时期。其表现为：一是家训的数量繁多。由宋慈抱原著、项士元审定的《两浙著述考》，仅著录宋至清两浙地区的家训著作，就达39种[②]。上海图书馆编的《中国丛书综录》，收录宋元明清时期的家训专著

---

① 徐梓：《家范志》，上海人民出版社1998年版，第5—26页。
② 徐梓：《家范志》，上海人民出版社1998年版，第131页。

达110种。除此以外，还有大量的家训祠规，这可以说是汗牛充栋。二是出现了家训结集的著作。这说明当时已经有了专门研究和阅读家训的学者。关于这一时期家训结集最有名的，就是司马光的《家范》。司马光(1019—1086)的《家范》共有10卷20篇。《四库提要》说："《家范》十卷，宋司马光撰。光所著《温公易说》诸书已别著录，是书见于《宋史·艺文志》《文献通考》者，卷目俱与此相合，盖犹当时原本。自颜之推作《家训》以教子弟，其议论甚正，而词旨泛滥，不能尽本诸经训。至狄仁杰著有《家范》一卷，史志虽载其目，而书已不传。光因取狄仁杰旧名，别加甄辑，以示后学准绳。首载《周易·家人》卦辞、《大学》、《孝经》、《尧典》、《诗·思齐篇》语，则即其全书之序也。其后自《治家》至《乳母》凡十九篇，皆杂采史传事可为法则者，亦间有光所论说，与朱子《小学》义例差异而用意略同。其节目备具，切于日用，简而不烦，实足为儒者治行之要。朱子尝论《周礼·师氏》云：'至德以为道本，明道先生以之，敏德以为行本。司马温公以之。'观于是编。其型方训俗之规，犹可以概见矣。"[①]这段提要既告诉了我们《家范》的体例和内容，同时，也作出了评价。这种评价是切合实际的。《家范》问世后，对后世产生了很大影响。南宋朱熹，就《家范》的影响，"尝欲因司马氏之书，参考诸家，裁订增损，举纲张目，以附其后"，只是由于他体弱多病，才没有能够了此心愿。南宋初年宰相赵鼎，在所著《家训笔录》的第一项就规定："前人遗训，子孙自有一书，并司马温公《家范》，可各录一本，时时一览，足以为法，不待吾一一言之。"以此可见《家范》的影响之大。三是出现了用格言写成的家训。其中最为著名的就是《朱柏庐治家格言》。朱柏庐(1627—1698)，名用纯，字致一，自号伯庐，清初江南昆山(今江苏昆山)人。他所撰《治家格言》，世称《朱子家训》，篇幅不长，但流传甚广，影响很大。《治家格言》所讲的道理，极具针对性。其中讲到的勤俭持家、家庭礼仪、家庭关系处理、嫁女娶媳、正确对待商贩、子女教育、谨慎交友、施惠和受恩等，都能引起今人共鸣。加之通篇用形式整齐的格言写成，语义浅显，读来朗朗上口，因此，很容易被人所接受。可以说《治家格言》是中国古代流传最广、影响最大的家训著作。曾为之作释义的戴翊清说："伯庐先生《治家格言》久传海内，妇孺皆知，固与'六经''四书'并垂不朽。"[②]四是出现了专门的帝王家训《庭训格言》。这是清雍正皇帝胤禛追忆其父康熙皇帝玄烨的训诫，于雍正八年(1730)"亲录编成"。在《庭训格言》之前，帝王家训不是没有，但要么是口头嘱

---

① 诸子百家丛书《家范》，上海古籍出版社1992年版。

② 《治家格言释义》卷首，转引自徐梓：《家范志》，上海人民出版社1998年版，第235页。

言，要么是单篇或散见于其他著谕之中；而《庭训格言》则是直接标明“庭训”。全书1卷，凡246则，每则之首都有“训曰”字样，这是以往的帝王家训所不见的。宋元明清家训文化繁荣的最高代表，是曾国藩的家训。曾国藩的家训，主要体现在他给父亲、弟弟和子女的家信上。家信内容广泛，从国家朝廷军政大事到个人读书修身，以及家庭生计、人际关系，都广泛涉及。如总结起来，着墨最多的，还是子女的读书、做人和治家三个方面。

中国家训文化的衰落与蜕变

1911年的辛亥革命，推翻了清王朝，中国社会进入了民国时期。这一时期，中国社会发生了很大变化，家训文化也逐渐走向衰落并出现蜕变。民国时期家训文化的衰落，其标志：一是家训的数量呈下降趋势；二是家训在社会上的流传不广，影响不大。而民国时期家训文化的蜕变，主要是指家训文化从形式到内容都发生了变化。

中国家训文化之所以从民国以降会出现衰落和蜕变，原因主要有：

一是家庭结构、家庭规模和家庭观念发生了变化。封建大家庭聚族而居，四世同堂是家训文化产生的基础。从1840年鸦片战争爆发，到1843年五口通商以后，西方思想不断侵入中国，中国传统文化受到西方文化的侵蚀，“家庭革命”日益深入人心，“家长制”受到批判与反对。在“家庭革命”的推动下，旧的家庭伦理观念和父权制家庭受到一定的冲击，民主、革命的新型家庭关系开始萌芽。家庭规模也逐渐变小，大家庭开始逐渐解体，家族制度开始瓦解。

二是在新思想、新道德的冲击下，学校公共教育的兴起、发展，逐渐取代了自古以来代代相传的家庭教育、族学、义塾，这样，中国传统家训赖以存在的基础产生了动摇，家训文化的衰落也是不可避免的。

第三节　涵养优良家风是中国古代家庭教育的终极追求

被列为中国儒家经典之首的《周易》，在“坤卦”的“文言”中有这样一句话：“积善之家，必有余庆；积不善之家，必有余殃。臣弑其君，子弑其父，非一朝一夕之故，其所由来者渐矣！由辨之不早辨也。”这是说修积善行的家族，必然留下许多庆祥；累积恶行的家族，必然留下许多祸殃。臣子弑杀君主，儿子弑杀父亲，并非一朝一夕的缘故，作恶的由来是渐萌渐长！是由于君父不曾早日辨清真相[1]。这段话虽然是在解释“六爻”喻旨，但我们也可从中体会到所谓“积善之家”和“积不善之家”两个截然不同的家风门风，给家庭、家族带来的完全相悖的结果。

好家风确立的几个条件

一个家庭好家风的确立和表现，并没有统一的标准，但有几条是必须做到的。一是家风正，体现在家庭成员能立德为本、勤俭持家、诗书传家、忠贞爱国等诸方面；二是与时俱进，符合社会发展，具有与时代相适应的价值标准；三是具有持久性，一个好的家风，往往绵延不坠，几代相传。西汉武帝时大臣张汤，出身一般。但从张汤起，七代显贵，门风不坠，一直绵延到东汉时期。而与张汤同时代的那些封侯拜爵者，甚至那些比张汤资格要老得多，追随汉高祖刘邦打天下的开国功臣权贵们，其家族往往经过几代就衰败了。正如《汉书》的作者班固说的：“汉兴以来，侯者百数，保国持宠，未有若富平者也！”[2]富平是指张汤的儿子富平侯张安世，为汉武帝、昭帝、宣帝三朝重臣。为什么张汤家族能富贵绵延，其他一些家族却不能保长富之安，这与张汤的家风是大有关系的。张汤位居三公，可以说官高爵显，死时“家产直不过五百金，皆所得俸赐，无它赢（余）”[3]。家里原打算厚葬张汤，张汤的母亲反对，结果仅“载以牛车，有棺而无椁”，以薄礼葬之。汉武帝知道以后，感叹道：“非此母不生此子。”[4]这是对张汤的家教和母训作了充分肯定。张汤本人和他的母亲，为张汤门风的确立作出了表率，后世子孙严遵家训，代代相传。班固讲到张汤家族世代兴旺，说张汤“推贤扬善，固宜有后”，而其子“（张）安世履道，满而不溢”[5]。“推贤扬善”“满而不溢”可以说是班固对张汤、张安世家族门风的一个总结。

家风不正，祸延子孙

家风正与不正，对家庭成员的一生影响很大。好的家风，能泽被后代，保证子孙走正道，生活安定，远离灾祸；家风不正的家庭，则会祸延子孙。唐初大将李勣官居宰相，临终前将子孙托付他的弟弟李弼并留下遗言说：“我见房玄龄、杜如

---

① 译文据黄寿祺、张善文：《周易译注》，上海古籍出版社 2004 年版，第 31 页。
② 《汉书・张汤传》。
③ 《汉书・张汤传》。
④ 《汉书・张汤传》。
⑤ 《汉书・张汤传》。

晦、高季辅皆辛苦立门户，亦望诒后，悉为不肖子败之。我子孙今以付汝，汝可慎察，有不厉言行、交非类者，急榜杀以闻，毋令后人笑吾，犹吾笑房、杜也。”①房玄龄、杜如晦、高季辅和李勣同朝为官，都是唐初的名相，为大唐的建立和政权的巩固作出了卓越的贡献。他们作为高官，清廉自守，多次受到皇帝表彰。但是，在家庭教育方面，却都失败了。房玄龄的两个儿子，次子遗爱参与谋反被处死，长子受牵连被废为平民；杜如晦的儿子杜荷参与谋反被杀，其兄杜构受株连遭流放；高季辅的儿子高正业因受上官仪案牵连被贬于岭表。李勣在遗言中，深以房、杜、高三人“辛苦立门户”，最终“悉为不肖子败之”为教训，托其弟李弼从中汲取教训，负起李家门风建设的责任。宋代司马光在他的家训名篇《训俭示康》中，着重和儿子司马康谈到家风的重要性，指出近世的寇准“豪侈冠一时”，但由于他的功业大，当时的社会舆论对他还是略显宽容。可是他这种豪侈生活作风，却养成一种奢华的门风，结果“子孙习其家风，今多穷困”。从唐代李勣和宋代司马光的两篇家训我们可以看出，树立良好家风对家庭、对子孙来说有多么重要。

优良家风形成的几个因素

一个家庭优良家风的形成，不是偶然的，它是家庭成员共同努力的结果。其中有几个因素是起决定作用的：

一是有着符合家庭实际情况的家训、家规，要求家庭成员一体遵守。这种家训家规，有的是倡导性的，让家庭成员努力去践行；有的则是强制性的，家庭成员不得违背，否则会受到家法惩戒。《宋史·陆九韶传》记载，宋代陆九韶家每天宣读《家训》：“晨兴，家长率众弟子，谒先祠毕，击鼓诵其《家训》辞，使列听之。”如果子弟违犯《家训》，就要遭受严厉的家法惩罚。家庭中这一软一硬的家训家规，保证了对家庭成员的引导和约束。

二是家庭中家长、长辈的表率示范作用。在家中，凡订立家训或制定家规者，都处于家庭尊长和权威地位，他们不仅对家庭成员提出种种口头或书面的要求和戒条，而且自己往往能身体力行，率先垂范，为儿孙作出榜样。长辈对孩子无论是有形的耳提面命还是无形的潜移默化，都会对家庭成员起到巨大的影响。颜之推在《颜氏家训·治家篇》中说过这样一段话：“夫风化者，自上而行于下者也，自先而施于后者也。是以父不慈则子不孝，兄不友则弟不恭……戮之所摄，

① 《新唐书·李勣传》。

非训导之所移也。”在这里，作者强调了家训引导和家庭中长者、尊者的表率作用的重要性。东汉名臣杨震，为官廉明清正，持家训教严格。身为高官，有人劝他应该为子孙置些产业，杨震回答说：“使后世称为清白吏子孙，以此遗之，不亦厚乎！”[1]杨震首先是以身作则，又坚持以“使后世称为清白吏子孙”作为遗产传给子孙，为他杨家确立了“清白吏”的门风，他的后世几代为官，都谨记祖训，“以廉洁称”，没有辜负杨震“清白吏子孙”这个期望和要求。

三是中国家庭中固有的尊祖敬宗观念，使家庭成员易于接受祖训，形成门风。尊祖敬宗是中国家庭道德和家庭伦理的重要组成部分与体现，祖宗的话不能不听成为家庭成员的共识，否则就是不孝。著名的《钱氏家训》为什么能一代一代传延至今，这是钱氏后人对钱氏宗族的始祖吴越国君主钱镠的敬仰和认可。包拯留下的家训说：“后世子孙仕宦，有犯赃者，不得放归本家，死不得葬大茔中。不从吾志，非吾子若孙也。”[2]包拯此说，一方面体现了包拯治家的严厉，另一方面也可看出，家族成员对“家籍”的重视，被清出家门所背负的社会道德谴责压力是极大的。这种对祖宗的敬畏，是家训家规得以制定和遵从的一个重要前提。

---

① 《后汉书・杨震传》。
② 《宋史・包拯传》。

第一章 先秦时期的家教和家风

第一节 周公旦：中国家庭教育建设之第一人

中国家教家风文化源远流长，是中国优秀传统文化的重要组成部分。中国家庭教育和重视家风绵延之滥觞，最早而又可信的，是周公训子。周公可称得上是中国家庭教育建设之第一人。

周公训子

周公，姬姓，名旦，西周初年最重要的政治家。他是周文王之子、周武王之弟，因其采邑在周，故称为周公。他曾辅佐周武王灭商，建立西周王朝。后周武王病故，即位的周成王诵年幼，为了巩固新生政权，就由周公旦摄政，管理朝政。当时周公兄管叔以及弟蔡叔、霍叔等不服，联合殷商旧部武庚和东方夷族反叛，周公旦遂率师东征，经过三年战争，平定叛乱，解决了西周政权建立以来出现的一次最严重的政治危机。为了进一步巩固和稳定政权，就在原来周武王封建诸侯的基础上进一步遍封功臣，建立诸侯国，周公旦受封于鲁国，是为鲁公。由于周公旦要留在京城镐辅佐侄子周成王，不能就封，就让自己的儿子伯禽就封于鲁。鲁国在今山东曲阜一带，远离镐京。伯禽临行之前，周公旦以父亲的名义认真同儿子进行了谈话，司马迁在《史记·鲁周公世家》中完整地记下了父子的这段谈话要点，为我们留下了真实可信的“周公训子”的家教佳话。

《史记·鲁周公世家》是这样写的:“周公戒伯禽曰:‘我文王之子,武王之弟,成王之叔父,我于天下亦不贱矣。然我一沐三捉发,一饭三吐哺,起以待士,犹恐失天下之贤人。子之鲁,慎无以国骄人。’”

按当时周公的权势地位,国人无人可比。作为父亲,周公旦生怕自己的儿子到了封国鲁地,倚仗显赫的家世和实际的地位,以国骄人,就以自己“一沐三捉发,一饭三吐哺”礼贤下士的做法来教训儿子善待贤人,善待百姓。周公训子成为中国家庭教育和家风传承文化中千古传诵不衰的经典。

伯禽治鲁

周公旦对伯禽的训诫,对于伯禽治理鲁国具有重要的作用。鲁国之地,本为东夷,是当年的奄国势力所在区域,在武庚发动叛乱的时候奄国是武庚的重要盟国,无论在经济还是文化方面,都还比较落后,对西周王朝也离心离德,时有反叛作乱之心。伯禽就封以后,一方面用了整整三年时间“变其俗,革其礼”,对鲁地进行道德礼仪等文化的教育和改革;另一方面动用武力,在鲁国东郊的费(bì)这个地方平定了淮夷、徐戎等叛乱势力。起兵之前,伯禽还写下《费誓》[《史记》作“肸(xī)誓”],告诫自己的军队,在平叛过程中“无敢寇攘,逾垣墙,窃牛马,诱臣妾,汝则有常刑”。就是说军队打败叛乱势力后在追赶过程中,严禁抢夺掠取,若是有翻越围墙、偷盗牛马、诱骗男女奴隶的事端发生,就要受到法律的惩罚。

伯禽在位长达 46 年。他坚持以礼治国,使鲁地的政治、经济、文化都呈现出崭新的面貌。其辖区北至泰山,南达徐淮,东至黄海,西抵阳谷一带。鲁地从一个落后弱小的地区,成为一个和姜子牙受封的齐国齐名的东方大国,并且成为一个闻名遐迩的礼仪之邦。鲁国地区也成为西周王朝控制东方的一个重要邦国。

周公对周成王的训诫

公元前 1042 年,也就是周灭商的第二年,周武王病死,由周成王诵即位。从国家朝廷方面来讲,周成王诵和周公旦是君臣关系,但是从家庭关系方面来论,周公和周成王则是叔侄关系。出于对国家的负责,对家族家庭的负责,周公旦没有因为周成王是天子而在家庭教育方面放弃自己作为长辈的责任,而是对周成王进行了严格的管教。

周成王年幼即位,由周公旦摄政,管理国家大事。周成王长大成人以后,周公旦“还政成王,北面就臣位”。然而,作为长辈,他依然不断地对成王耳提面命,提出种种训诫。《尚书》的《无逸》，集中记载了周公对成王的教训。

《无逸》亦作《毋逸》《无佚》。《史记·鲁周公世家》："周公归，恐成王壮，治有所淫佚，乃作《多士》，作《毋逸》。"并引《无逸》文，"作次以诫成王"。《无逸》通篇的宗旨就是"君子所，其无逸"，即要求君子处位为政，不要贪图安逸享乐。在《无逸》中，周公反复告诫成王，不要贪图安逸，要以殷商的覆亡为诫。要求成王效法祖父周文王勤劳节俭，奋勉为政。他说："文王心地善良，态度和蔼恭谨，关心爱护民众，把恩惠施于那些鳏寡孤独无依无靠的人，从早晨到中午，到黄昏，忙忙碌碌无暇吃饭，为的是使万民和谐地生活。文王不敢沉湎于游逸玩乐，使归附的方国诸侯都勤勉于治理国家。"[①]接着，周公又告诫成王：你作为继位的天子，"希望你不要过度地游览、享乐、田猎，要使民众都勤勉于本职，更不要这样讲'今天要纵情享乐。'这样，你就不是万民的榜样，就没有遵从王命，这样的人便有大错了。所以，不要像殷王纣那样迷惑淫乱，以酗酒为德啊"[②]。

训导康叔

康叔是周公旦的弟弟，名封。西周王朝建立以后，受封于康。周公东征平定"三监"之乱后，徙封康叔于卫，封康叔为卫君，建都朝歌，是卫国第一代国君，故又称卫康叔、卫叔。卫地本殷商旧壤，康叔受封卫国时年纪尚轻，周公旦怕他担当不起治国和管理殷畿的重任，特地召集群臣为他举行盛大的授土授民仪式，并精心写下《康诰》《酒诰》和《梓材》等文告，来告诫幼弟。在《康诰》中，周公要求康叔到了封国以后，"一定要全力以赴，不要贪图安乐享受，这样，你才能治理好民众"。他又告诫康叔"慎重严明地使用刑罚"，"如果能按照这样的道理去做，民众就会心悦诚服，他们就会努力辛劳，和睦相处。就像医治疾病一样，使民众完全地去除罪恶，就像保护幼稚的孩子一样，使民众达到安康"。他还要求康叔"要努力施行德政，以安定民众的心，眷顾他们的德行。治理百姓的方法要深谋远虑，才能使民众安定下来，你也没有过失，不会遭到灭绝之灾"。在这篇文告的最后，周公对弟弟说："去吧，封，不要丢掉谨慎的作风，经常听取我的忠告，你就可以和殷民世代享有你的封国。"[③]在《酒诰》这篇文告中，周公训诫康叔，商纣王亡国的原因是因为沉湎酒色，沉湎酒色就导致听信妇人之言的过失，所以殷商的乱亡就

---

① 译文据李民、王健：《尚书译注》，上海古籍出版社 2004 年版，第 318—319 页。
② 译文据李民、王健：《尚书译注》，上海古籍出版社 2004 年版，第 319 页。
③ 译文据李民、王健：《尚书译注》，上海古籍出版社 2004 年版，第 261 页、263 页、269 页。

从此开始，要求康叔务必戒酒忌色。《梓材》也是周公写给康叔的文告。《史记·卫康叔世家》称："周公旦惧康叔齿少……为《梓材》，示君子可法则。"这是周公教导康叔如何治理殷商故地的训告之词。

"成康之治"与周王室的家教家风

"成康之治"又称"成康之世"，是指西周初周成王诵和周康王钊统治时期出现的治世。"成康之治"的出现，同周王室的重视家庭教育、重视对王室成员的行为约束和严格要求是分不开的，是周公旦重视家庭家风的延续。

成王诵在位时，周公旦作为长辈，作为叔父，从没有放弃对这位身居"天子"高位的侄子的督导教诲，要求成王诵继承祖父文王昌、父亲武王发的政风和家风，勤劳节俭，奋勉为政。周成王诵在位 22 年，"兴正礼乐，度制于是政，而民和睦，颂声兴"[①]。周成王逝世以后，由太子钊继位。周成王诵在自己生命的最后一刻，仍不忘教导儿子钊。他最担心的是儿子钊不能够担当大任，于是命自己的叔父召公奭、毕公高率领诸侯共同来辅佐儿子钊。周成王诵逝世以后，召公奭、毕公高二公以家庭长辈的身份，率诸侯在先王宗庙拜见新即位的周康王的同时，"申告以文王、武王之所以为王业之不易，务在节俭，毋多欲，以笃信临之，作《顾命》"[②]。在《尚书》中有《顾命》篇，记载了周成王诵对召公奭、毕公高及诸侯的遗命，可以看作是周成王诵给儿子钊的一篇家训。其中说："我的病大大加重了，已经十分危险，病情还在恶化，已经到了临终时刻，恐怕你们得不到我的遗言去约束嗣王，所以现在我详细地训告你们。从前，文王和武王交相辉映，制定了法律，颁布教令，并怀着恐惧的心情奉行不悖，因此才能够伐灭殷国，成就上天赐予的大命。武王以后，我当时是年幼无知的稚子，但我能恭敬地侍奉上帝赐予的大命，继承并遵守文王、武王的伟大教导，不敢昏乱逾越。现在上帝降下疾病，使我几乎已病中不起，你们要努力接受我的话，以此恭敬地保护我的太子钊，彻底度过艰难困苦的时期，柔服远方，亲善近邻，安抚劝导众多大小诸侯国。我想众人的自我整饬要靠礼法的约束，你们千万不要使太子钊陷于非礼啊。"[③]

---

① 《史记·周本纪》。
② 《史记·周本纪》。
③ 译文据李民、王健：《尚书译注》，上海古籍出版社 2004 年版，第 373 页。

康王钊即位后，严尊家训，“遍告诸侯，宣告以文、武之业以申之，作《康诰》”[①]。《尚书》中的《康王之诰》就是《史记》所说的《康诰》，记载了康王钊完成登基大礼后，与叔父召公奭、毕公高和群臣的对话，表示要继承先祖周文王、周武王奠定的伟业。康王钊说：“现在我的一些伯父辈的诸侯还能相互顾念，继续像你们先公臣服于先王那样。虽然你们身处王畿之外的诸侯国，但你们的心无不顾念着王室。要辅助关怀王室，不要使我这幼稚的小子留下羞辱。”[②]

康王钊在位25年。周成王诵和周康王钊两代天子理政共47年，《史记·周本纪》称：“故成康之际，天下安宁，刑错四十余年不用。”周室从周文王到周康王前后四代，使周族这个渭泾一带的“小邦周”，取代“大邦殷”，再成为天下共主，成就“成康盛世”，其中以周公旦为代表的周王室重视家教、重视家风的赓续起到了重要的作用。

第二节　孔子的“庭训”和绵延不绝的“孔氏传人”

孔子(前551—前479)，春秋末期思想家、政治家、教育家，儒家的创始者。名丘，字仲尼，鲁国陬邑人。先世是宋国贵族。

孔子“庭训”

《论语·季氏》记载了这样一件事：陈亢问于伯鱼曰：“子亦有异闻乎？”对曰：“未也。尝独立，鲤趋而过庭。曰：‘学《诗》乎？’对曰：‘未也。’‘不学《诗》，无以言。’鲤退而学《诗》。他日，又独立，鲤趋而过庭。曰：‘学礼乎？’对曰：‘未也。’‘不学礼，无以立。’鲤退而学礼。闻斯二者。”陈亢退而喜曰：“问一得三，闻《诗》，闻礼，又闻君子之远其子也。”

根据近人杨伯峻的《论语译注》，这段文字译成白话是这样的：陈亢向孔子的儿子伯鱼问道：“您在老师那儿，也得到与众不同的传授吗？”答道：“没有。他曾经一个人站在庭中，我恭敬地走过。他问我道：‘学《诗》没有？’我道：‘没有。’他便道：‘不学《诗》就不会说话。’我退回便学《诗》。过了几天，他又一个人站在

---

① 《史记·周本纪》。

② 译文据李民、王健：《尚书译注》，上海古籍出版社2004年版，第383页。

庭中,我又恭敬地走过。他问道:'学礼没有?'我答:'没有。'他道:'不学礼,便没有立足社会的依据。'我退回便学礼。只听到这两件。"陈亢回去非常高兴地道:"我问一件事,知道了三件事。知道《诗》,知道礼,又知道君子对他儿子的态度。"①

文中的陈亢,字子禽,有人认为是孔子的学生,也有学者对此持否定的态度。伯鱼,孔子的儿子,名鲤,伯鱼为其表字。这段话文字不多,却非常精彩,一直被后人引用,成为中国古代家庭教育的典范。由这一故事引申出来的"庭训""趋庭""鲤对"等,也成为中国古代家庭教育的代称。

东晋史学家、名士孙盛笃学不倦,自少至老,手不释卷,著《晋阳秋》史著,词直理正,被史家称为"良史"。他家教极严,"虽子孙班白,而庭训愈峻"②。"班白"即"斑白",指孙盛的子孙虽已成年,但他的家庭教育却更加严格。这里的"庭训"就是用了孔子教子的典故。唐代史学家刘知几,著有《史通》,在自叙中,刘知几称:"予幼奉庭训,早游文学,年在纨绮,便受《古文尚书》。"刘知几是说自己自幼受到父亲的严格教育,少年时代便开始学习《古文尚书》。清朝雍正八年(1730),皇帝爱新觉罗·胤禛追述他的父亲康熙皇帝爱新觉罗·玄烨在日常生活中对他以及诸皇子的训诫教导,集成一本书印发,取名《庭训格言》。凡是读过初唐诗人王勃《滕王阁序》的,恐怕都会记得赋中"他日趋庭,叨陪鲤对"这句话吧。其意是说作者过些时候将到父亲那里聆受教诲。王勃在这里用了一个有关家庭教育的典故,也即《论语》中记载的孔子的儿子孔鲤"趋庭应对"的故事。

孔子和西周初年的周公旦,是中国古代在家庭教育和家风传承方面两个最有名的代表人物,周公训子和孔子庭训,也成为中国家庭教育和家训文化的两大源头。

子思与儒家"思孟学派"

曾在家中接受父亲孔子庭训的孔鲤,在他出生时因得到鲁昭公所赐一尾鲤鱼而得名。在《论语》和其他史籍中,记述孔鲤的文字并不多,《史记·孔子世家》称:"孔子生鲤,字伯鱼。伯鱼年五十,先孔子死。"宋徽宗崇宁元年(1102),孔鲤被追谥为"泗水侯"。

孔鲤作为孔子的儿子,虽然本人在学术上并没有太大的建树,但他的儿子,

---

① 杨伯峻:《论语译注》,中华书局 2006 年版,第 201 页。
② 《晋书·孙盛传》。

也就是孔子的嫡孙子思，却能绍继先祖孔子开创的儒家学术思想流派，蔚然成为一代儒家宗师，光大了孔氏门风。

子思，名伋（前483—前402），《史记·孔子世家》称："伯鱼生伋，字子思。"作为战国初期著名的思想家，子思受教于孔子的学生曾参。孔子的思想学说由曾参传子思。《史记·孔子世家》又称："子思作《中庸》。""中庸"是孔子哲学、伦理思想的重要范畴。意为不偏不倚地把握"中"这个事物运动的总准则。孔子说："中庸之为德也，其至矣乎！民鲜久矣。"[①]子思所编著的《中庸》继承了孔子的这一思想，并将中庸和人性道德联系起来予以考察，提出："中也者，天下之大本也；和也者，天下之达道也。致中和，天地位焉，万物育焉。"并指出："君子中庸，小人反中庸。"又以"至诚"作为最高的道德境界和世界本原。"诚者，天之道也；诚之者，人之道也。"至宋代，儒家始终将它和《大学》《论语》《孟子》并列为"四书"。据《汉书·艺文志》记载，子思的著作有23篇，曾经被编辑成《子思子》一书，已佚。清代冯云鹤曾从史传中辑录子思有关生平事迹、思想言论的资料汇成《子思子书》7卷。

孟子（前372—前289），战国时期的思想家、哲学家、政治家、教育家，儒家思想代表人物之一。他与孔子并称为"孔孟"，是中国古代仅次于"圣人"孔子的"亚圣"。《史记·孟子荀卿列传》说孟子"受业子思之门人"，为子思衣钵之嫡传继承者。在中国思想史上，把子思和孟子的思想并称为"思孟学派"。据《孟子》记载，子思曾被鲁缪公、费惠公尊为贤者，以师礼相待。

子思在儒家学派的发展史上占有重要的地位，他上承孔子中庸学说，下开孟子的心性之论，并由此对宋代理学产生了重要而积极的影响。因此，宋徽宗崇宁元年（1102），子思被追封为"沂水侯"；元文宗至顺元年（1330），又被追封为"沂国述圣公"，后人由此而尊他为"述圣"。

绵延不绝的"孔氏传人"

关于孔子的后世，除了前文已介绍的其子孔鲤、其孙孔伋（即子思）以外，《史记·孔子世家》称："子思生白，字子上，年四十七。子上生求，字子家，年四十五。子家生箕，字子京，年四十六。子京生穿，字子高，年五十一。子高生子慎，年五十七，尝为魏相。子慎生鲋，年五十七，为陈王涉博士，死于陈下。鲋弟子襄，年

① 《论语·雍也》。

五十七，尝为孝惠皇帝博士，迁为长沙太守，长九尺六寸。子襄生忠，年五十七。忠生武，武生延年及安国，安国为今皇帝博士，至临淮太守，蚤卒。”司马迁为汉武帝时期人，他在《史记·孔子世家》中提到的“安国为今皇帝博士”，这位“今皇帝”即汉武帝。孔子的后世，从其子孔鲤算起，一直到孔安国，绵延不断共11代，其间代有才人出现，体现了孔子的门风家风。

除了孔子的孙子子思以外，在他的后人中，一直到孔安国，值得记述的有以下几位：

孔白（约前429—前383），字之上，生活于战国时期，子思之子，为孔子四世后代。博通群书。曾两辞齐威王国相之聘。

孔求（约前390—前340），字子家，生活于战国时期。孔白之子，为孔子五世后代。楚王召，不赴。明代归有光辑评其事迹有《子家子》一书，收入《诸子汇函》。

孔箕（约前351—前306），字子京，生活于战国时期，孔求之子，为孔子六世后代。曾为魏相。

孔穿（约前312—前262），字子高，生活于战国时期，孔箕之子，为孔子七世后代。楚、魏、赵三国争聘而不就。曾与公孙龙子论辩于平原君所。诘难公孙龙子坚白异同之论，平原君谓之理胜于词。其论辩事迹见《公孙龙子》“迹府”篇、《吕氏春秋》“听言”“淫辞”篇、《列子》“仲尼”篇。著儒家之语12篇曰《谰言》。

孔谦（约前293—前237），字子慎，生活于战国时期，孔穿之子，为孔子八世后代。魏景湣王三四年（前240—前239）时为魏相，位居九月，叹言不用，以疾辞归。

孔鲋（约前264—前268），又名甲，字子鱼，生活于秦朝末年，孔谦之子，为孔子九世后代。“独乐先王之道，讲习不倦”①。秦始皇欲焚书，孔鲋先得知于陈馀，与其弟子襄将儒家典籍“藏之祖堂旧壁中”②。陈胜起义后，孔鲋“为陈王博士”③。后因政见不合，以目疾辞退，死于陈下。相传《孔丛子》为其所作，论集孔子、孔伋、孔穿、孔谦、孔鲋等人言行事迹，凡21篇。一说为后人伪托。

孔腾，字子襄，生活于汉朝初年，孔谦之子，孔鲋之弟，为孔子九世后代。汉

---

① 《孔丛子·独治》。
② 《孔氏祖庭广记》。
③ 《史记·孔子世家》。

高祖十二年(前195),刘邦来到鲁地祭祀孔子,封孔腾为奉祀君,为中国皇帝册封孔子后裔之始。汉惠帝刘盈征孔腾为博士。后任长沙太傅。

孔忠,字子贞,生活于汉朝初年,孔腾之子,为孔子十世后代。他学通古今,有高尚之志,被征为博士。

孔武,字子威,生活于汉文帝时期,孔忠之子,为孔子十一世后代,曾被汉文帝刘恒封为博士,早卒。

孔安国(前156—前74),字子国,生活于汉文帝、汉景帝和汉武帝时期,孔忠之子,孔武之弟,为孔子十一世后代,经学家,著有《古文尚书》《古文孝经传》《论语迅解》等。汉武帝时曾任临淮太守。

诗书传家,门风千年不辍

孔子的后人,仅从司马迁《史记·孔子世家》所载,从孔鲤到孔安国绵延十一代,主要以"诗书传家"为家风。其间子思为一代学术宗师,其他后人有的被皇帝征为经学博士,有的精研《古文尚书》等典籍,可以说以诗书传家蔚成孔氏家风。在孔安国之后,又有孔延年,为孔子十二世后代,博览群书,专治《尚书》;孔霸为孔子十三世后代,"少有奇才",从夏侯尚治《尚书》颇有成就;孔霸之子孔光,为孔子十四世后代,通经学,为人好学,官至大将军、丞相、太傅、太师,位至人臣之极。曾辞官居家收徒讲学,所教弟子多数成博士、大夫。一直到唐代初年,又有孔子第三十二世后代孔颖达,为经学家、易学家,一代大儒。

当代已故国学大家钱穆在《孔子传》中,针对孔子的世系和家风,曾写下这样一段话:"自伯鱼下迄安国,孔子开私家讲学之先声,战国百家竞起。然至汉室,不少皆仅存姓氏。其平生之详多不可考。独孔子一人,不仅其年数行历较诸家为特著,而其子孙世系四百年绵延,曾无中断。此下直迄于今,自孔子以来已两千年七十余代,有一嫡系相传,此惟孔子一家为然。又若自孔子上溯,自叔梁纥而至孔父嘉,又自孔父嘉上溯至宋微子,更自微子上溯至商汤,自汤上溯至契,盖孔子之先世代代相传,可考可稽者又可得两千年。是孔子一家自上至下乃有四千年之谱牒,历代递禅而不辍,实可为世界人类独有仅有之一例。"[①]孔子的"庭训"和千年不辍之家风,是中国家庭家教和家风文化的一笔宝贵遗产,值得我们今天赓续和发扬光大。

---

① 钱穆:《孔子传》,生活·读书·新知三联书店2002年版,第105—106页。

第三节　敬姜：一个受到孔子赞赏的女性

孔子生前曾对一些历史上和同时代的人物进行过臧否评论，其中引人瞩目的是，他还多次对一位女性进行过赞扬和肯定，这位女性就是和孔子同时代的敬姜。

敬姜，春秋时齐国莒人，为鲁国大夫公孙敖即公父穆伯之妻，名戴己。生子公孙谷，即文伯。她也是鲁国权臣季康子的从祖叔母。敬姜博达知礼。她虽为女性，但在历史典籍中所记下的她的几则故事，很值得我们今天回味思考。

教训儿子以正确的交友之道

有一天，敬姜的儿子公孙谷出外游学而归，敬姜倚闾而望，见到儿子终于回来了，自然是十分高兴。然而，当她远远见到儿子一路走来的架势，心中突生不快之意。原来，她发现自己的儿子正被他的一群朋友簇拥着，这些朋友对待儿子“若事父兄”，很恭敬地侍奉着他；而公孙谷则心安理得地接受着朋友们对他的伺候，俨然摆出一副长者的派头而洋洋自得。等到公孙谷回到家中以后，敬姜立即把儿子叫到跟前，严厉地批评了儿子的这副做派。

敬姜对公孙谷说：“昔者武王罢朝而结丝袜绝，左右顾无可使结之者，俯而自申之，故能成王道；桓公坐友三人，谏臣五人，日举过者三十人，故能成霸业；周公一食而三吐哺，一沐而三握发，所执贽而见于穷闾隘巷者七十余人，故能存周室。彼二圣一贤者，皆霸王之君也，而下人如此，其所与游者，皆过己者也，是以日益而不自知也。今以子年少而位之卑，所与游者皆为服役，子之不益，亦以明矣。”[①]敬姜训子的这段话，大意是说：过去周武王下朝以后，自己结鞋袜的带子松开了，左右一看，没有人在一旁，就自己俯身结好鞋袜的绳带。正因为遇事能自己动手解决，所以最终能够成就建立周朝的王道；齐桓公身边，有能够相互交流，彼此倾听意见的朋友三人，有专给自己和朝廷提意见的谏臣五人，每日有专门挑自己和朝政毛病过失的人三十位，所以能够成就霸业；周朝的宰相周公旦，吃饭时为了接待来访者，多次吐出已经到口的饭菜；洗头时为了接待来访者，又多次手握湿淋淋的头发出来。他出面接待那些来自穷闾隘巷的贤者多达七十余

---

① 刘向：《列女传·鲁季敬姜》。

人，所以他能够辅佐周武王、周成王巩固和稳定周代的江山。周武王、齐桓公和周公旦，都是有作为的霸王之君，但他们对待那些地位低下的有本事的贤者是那么的谦恭。他们所交游的，都是才能本领超过自己的人，因此，他们每天都能得到进步而自己并不感觉到。而现在你年纪轻轻，地位又不高，和你在一起交往的都是胸无大志又没有本事的人，只知道跟着你侍奉你。像你这样交友，不可能有任何长进，这也是明摆着的事了。

敬姜的这番批评，摆事实，讲道理，虽然尖锐刺耳，但句句击中儿子公孙谷的要害。公孙谷赶紧向母亲谢罪检讨。通过这次面折其非，公孙谷痛改前非，选择严师教导，又重新结交一批贤人为友。看到儿子在寻师交友方面的进步，敬姜很欣慰，夸奖儿子说："子成人矣！"就是说公孙谷长大了，成熟了，进步了。

向儿子讲解"治国之要"

公孙谷后来担任了鲁国宰相。敬姜作为母亲，依然没有放松对儿子的要求，她甚至对这位已经身居高位的儿子讲解起"治国之要"来。

敬姜对儿子说："吾语汝，治国之要尽在'经'矣。夫幅者所以正曲枉也，不可不强，故幅可以为将；画者所以均不均、服不服也，故画可以为正；物者所以治芜与莫也，故物可以为都大夫。持交而不失出入不绝者，梱也；梱可以为大行人也。推而往，引而来者，综也，综可以为关内之师。主多少之数者，均也，均可以为内史。服重任，行远道，正直而固者，轴也，轴可以为相。舒而无穷者，摘也，摘可以为三公。"①

敬姜的这段话讲得很有意思，也很有见地。敬姜用她自己在织绩过程中的体会，来讲治国的大道理。她首先提出治理国家的关键在于"经"。所谓"经"，本意是指织物上纵的方向的纱或线，《列女传》云："经者，总丝缕以成文采，有经国治民之象。"在敬姜看来，治理一个国家的关键，就好比织品上的总丝缕。接着，她通过"幅""画""物""梱""综""均""轴""摘"等作比喻，告诫儿子，治理国家要注意矫正是非曲直，平抑不均；治民理众，使令有节；交好邻国，避免离衅；而担当治国大任者，必须道德洁备，为国家任事意志坚定，死而后已。公孙谷听了母亲这番教诲，连忙向母亲拜了两拜，表示接受母亲对他的告诫。

"君子能劳，后世有继"

在春秋后期的鲁国，曾有相当一个时期政在季氏。鲁哀公四年至二十七

① 刘向：《列女传·鲁季敬姜》。

年(前506—前468)执掌国政的是季康子。季康子,姬姓,季氏,名肥,谥康,史称季康子,鲁国正卿,当时位高权重,为鲁国权臣。而论辈分,敬姜则是季康子的从祖叔母。在朝廷,季康子虽然权倾一时,但在亲属之间,季康子对敬姜还是很能尽晚辈之礼节,并愿意听从敬姜的教诲。

有一天,季康子很恭敬地对敬姜说:“您作为长辈,应该有什么地方告诫我吧?”敬姜回答说:“我只是年纪比你大而已,没有什么可以告诫你的。”但季康子坚持说:“我还是希望听到您对我的告诫。”敬姜看自己这位身居高位的侄子态度很诚恳,便对他说道:“我从已经故世的婆婆那里听到过这样一句话:‘君子能劳,后世有继。’”即一个家庭、家族,君子如果能坚持劳作,贵而不骄,这个家庭、家族就能够世代绵延。敬姜的这句话虽然只有短短的八个字,但意义却非常深刻,也显示了敬姜这位贵族妇女的远见卓识。孔子的学生子夏听了敬姜的这番话,大加赞赏。

敬姜“论劳逸”是中国家庭教育史上的名篇

在中国家庭教育史上,敬姜之所以有着重要的地位,不仅是她对儿子公孙谷的耳提面命,更重要的是在教育子孙的同时,她给后人留下了一篇完整的关于家训家教的篇章,讲了一个很重要的道理。

有一天,公孙谷上朝回家,拜见母亲敬姜。见母亲正在织机前绩织,很不高兴,就对母亲埋怨说:“像我们这样受到国君宠幸又有地位的家庭,而作为一家之主的您,却要自己动手织绩,我担心会引起季孙等的不满甚至发怒。”公孙谷见到母亲亲自下机房织绩引起心中不快,是有他一定道理的。按敬姜家当时的地位,儿子在鲁国朝廷做大官,当朝秉权者季氏又是自己的从侄。要说家务活,自有童仆打理操持。现在这位贵族老太太竟亲下机房劳作,不明就里的人还以为公孙谷对母亲不孝,不能很好地侍奉母亲。这消息如果传到当朝季康子耳里,那还了得?不生气才怪了。

但是,作为母亲,敬姜不是这样看的,她当着自己做大官的儿子,对他作了一番训诫。她感叹道:“鲁国难道要灭亡了吗?竟然让你这种像童蒙不达不明事理之人做了大官!”她命儿子坐下,说:“来,我要教训你!”接着,她发表了长长的一段“庭训”:“古时圣贤君王治理百姓,选择那些贫瘠的土地,要他们住在那里,使用他们并让他们感到劳苦,所以能够长久地统治天下。人民劳累,就会去思考,经常思考就会产生善心;无所事事就会放荡,放荡就会忘掉善心,忘掉善心,恶念也就随之而生。居住在肥沃土地上的人大多不成才，就是因为无所事事；贫瘠地区的人没有谁不向往道义的，就是由于太劳苦。因此天子在春分这一天早晨要穿着五彩衣服去祭日，并和三公、九卿一起去感谢大地生育万物的恩德。中午要考察政治和百官的政事，大夫官、众士、州牧、国相，都要把所有的民事按次序排列好。到了秋分这一天，天子就要穿上三彩衣服去祭月，并与太史和掌管天文的司载察举罪行，慎行上天的法则。到了晚上，要监督九御把大祭和祭天的祭品弄洁净，然后才可以安息。诸侯早上要研究天子的命令和应办事务，白天要坚守他所担负的国家职位，傍晚要检查国家的常法，夜里儆戒百官，使他们不怠惰纵乐，然后才可以安歇。卿大夫早上要研究他的职责，白天要谋划各种政事，傍晚整理一天来所做的工作，夜里料理他的家事，然后才可以休息。士子早晨从师学习，白天讲习，傍晚复习，夜里反思有无过失，觉得没有什么值得悔恨了，然后才去休息。平民百姓天亮就起来劳作，直到夜里才能休息，没有一天敢懈怠。王后要亲自编织用来系瑱（zhèn，戴在耳垂上的一种玉器）的黑丝带，公侯夫人要加做系帽的纽带和帽上的装饰，卿的妻子要做大带，大夫的妻子要做祭服，列士的妻子要加做朝服。庶士以下的妻子，都要给丈夫做衣服。春天祭土地神的时候，向神灵祷告农事开始，冬天祭祀时向神灵禀告农事成功。男女致力，有了过失就要受到责罚，这是古代的制度。统治者从事脑力劳动，被统治者从事体力劳动，这是先王的遗训。从上到下，谁敢心思放荡而不劳动？如今我是个寡妇，你又处在大夫的职位，就是早晚勤奋做事，还害怕忘了先人留下的事业，更何况有了怠惰之心，又凭什么能逃避责罚呢？我希望你早晚都要勉励自己说：‘一定不要废弃了先人的事业。’你现在却说：‘为什么不能自求安逸？’你用这种想法来担任国君的官职，我深信穆伯将要无后了。”①

敬姜不愧是鲁国的一位贵族夫人，文化修养极高，政治见识卓越。她在这篇训诫中，通篇讲述“劳作”的必要性和重要性。对于每天在田间劳作的黎民百姓，虽然辛苦，但敬姜认为：“民劳则思，思则善心生；逸则淫，淫则忘善，忘善则恶心生。”对于在田间劳作的老百姓，虽然应该深切地认识到他们的辛苦和不易，但应该看到，敬姜讲的这番话还是有道理的。在对儿子的教育中，敬姜认为从天子到诸侯，再到卿大夫、士子、百姓，以及他们的妻室，不管地位如何，贫富如何，都毫无例外地要严格履行各自的职责，“君子劳心，小人劳力”，人人用心用力，坚持劳

---

① 译文据成晓军主编：《慈母家训》，重庆出版社 2008 年版，第 4—5 页。

作。她认为“自上以下，谁敢淫心舍力？”她特别严肃地对儿子说：你现在身居朝廷大夫之位，“朝夕处事，犹恐忘先人之业，况有怠惰，其何以避辟！”这是说，作为朝廷官员，你每天勤勉做事，还要担心工作做不好，如果出现怠惰之心，则必定要耽误政事，接受惩罚。

“论劳逸”是春秋时期一个普通贵族女性敬姜，因为亲自织绩劳作而受到做官的儿子埋怨，从而对儿子作出的家训，出自《国语》。《国语》是中国早期的一部重要历史典籍，和《左传》齐名，一向有“《左传》记事，《国语》记言”之说。《国语》全书21卷，分别记载了西周末年至春秋时期周、鲁、齐、晋、郑、楚、吴、越八国的史事。前后500多年的时间，这么多国家，有多少重要的大事和言论要记述，但《国语》的作者却不吝篇幅，记下了敬姜这位普通女性这么多的言辞，就是因为敬姜的这番家训家教之辞，其作用和意义已经远远超出家庭的范围。她关于“劳逸”的论述对国家、地区和个人的发展也都有着振聋发聩的影响力。“论劳逸”之题，为著者所加，现在被公认为中国家训家教文化史上的名篇，值得我们去记取，去研究。

孔子对敬姜几次夸赞

作为敬姜同时代，又都是鲁国人的孔子，对敬姜的事迹和言论很是了解。他不止一次地表达了对敬姜的赞许之情。

关于敬姜对儿子公孙谷进行“劳逸”教训这件事，孔子知道以后，也发表了意见。他对学生说：“弟子志之，季氏之妇不淫矣。”[①]这段话译成白话文是说：“学生们记住，季氏的夫人不是一个贪图安逸之人啊。”实际上是肯定了敬姜的“劳逸论”。

丈夫穆伯公孙敖逝世以后，敬姜很伤心，但她总是在白天为丈夫的逝世而痛哭，从未在晚上而哭；后来，儿子公孙谷又逝世，敬姜白天和晚上都因丧子而痛哭。对此，孔子称赞敬姜“知礼矣”[②]。为什么敬姜对丈夫的死只在白天哭，晚上则不哭；对于儿子之丧，敬姜昼夜都哭，孔子为什么要对敬姜这种不同的表现称赞为“知礼”呢？据《礼记译注》的作者注曰：“丧夫不夜哭，以避思情之嫌。”[③]同样这件事，《国语・鲁语下》还记载孔子称赞敬姜“爱而无私，上下有章”。

---

① 《国语・鲁语下》。
② 《礼记・檀弓下》。
③ 见杨天宇撰：《礼记译注》，上海古籍出版社2004年7月版，第113页。

敬姜作为鲁国当权者季康子的从叔祖母，很懂得并严格遵守必要的礼节。季康子去拜见敬姜，敬姜开着寝门与之言，两个人都不曾越过寝门的门槛。在祭奠丈夫公孙敖的父亲，即敬姜的公公公孙悼子之时，季康子也参加了。在祭奠中，敬姜不亲自接受季康子的酬酢，也不和季康子一起宴饮，并在宴饮没结束就先告退。敬姜的这些礼仪表现，孔子听说以后，"以为别于男女之礼矣"[①]。

第四节　先秦时期在家庭教育方面留下佳话的几位女性

先秦时期，有许多女性在家庭教育方面曾留下一个又一个动人的故事，她们在家训、家教、子女培养方面成就的佳话，成为中国家庭家教和家风文化传承中的宝贵遗产。其中，除了鲁国的敬姜以外，还有几位女性值得我们记取和介绍。

楚将子发的母亲拒绝打仗得胜还朝的儿子进入家门

战国时期，楚国有一将领叫子发，在楚宣王朝任将领。一次奉命率大兵到前线和秦国交战，眼看军粮将尽，子发便派军使回朝调运军粮。在使者出发之前，子发嘱咐使者在办完公事以后，顺道到自己府邸去探望问候一下母亲。

使者办完公事，便来到子发家中，拜望了子发的母亲。子发母亲关心地问起军中士兵的情况，使者如实回答说由于军中缺粮，士兵每天只能分到很少和很差的口粮。子发母亲又问道军中统帅即自己的儿子子发的情况，这位使者依然如实回答说，子发作为一军统帅，每天还是能够保证有上好的口粮和鱼肉供应。使者完成差命，便回到前线向子发复命了。

在子发的指挥下，楚军大破秦兵，得胜还朝。子发公事办完以后回到家中，欲拜见母亲。没想到到了母亲房门前，却发现母亲紧闭房门而拒绝子发入内拜见。子发不知道发生了什么事情惹得母亲生气，就跪在母亲房门外等候母亲发落。子发母亲便派人当面批评责备子发说："你作为一国的大兵统帅，难道没有听说过当年越王勾践讨伐吴国的故事吗？有位宾客曾给勾践献上醇酒一坛，勾践没有自己享用，而是吩咐将美酒全部注入江水之上流，目的是使自己的士兵都能够在江水之下流饮尝此酒。虽然，酒的味道不见得能尝到多少，但越国的士兵

---

① 《国语·鲁语下》。

都被勾践此举所感动，因此，军队的战斗力立增数倍；还有一次，有人献给勾践一袋干粮，勾践又把它全部赐给普通军士分而食之。这袋干粮的味道不见得好多少，但士兵的战斗力为此而大增十倍。现在你身为统帅，军中缺粮，你的士兵每天只能分到极少的粗粮而食，你自己却早晚独自享用最好的口粮菜肴。你让你的士兵入于死地，到战场上拼死冲杀，你自己却在大营中自享康乐。你这次虽然侥幸获胜还朝，但这并非用兵正道也。凭你这样的表现，你不配做我的儿子，不要进我的家门。"

子发母亲这番话义正词严，她表达的中心意思就是两军对垒，一军统帅任何时候都要身先士卒，和士兵同甘共苦。更可贵的是，子发母亲明明知道儿子这次是打了胜仗而凯旋，但她并没有因此而原谅儿子的过错，还提出了一个很重要的思想，即"虽有以得胜，非其术也"[①]。带兵自有带兵之道，这是一个不能违背的重要原则。

子发经过母亲的批评，认识到自己的过错，向母亲作了检讨，母亲这才开门让儿子进门拜见。刘向在记述子发母亲批评儿子这件事时评论说："子发母能以教诲"，其意是称赞子发母亲教训儿子得法，起到很好的效果。

孟母三迁择邻和自断机杼成就孟子

"孟母三迁"的故事流传得很广，《三字经》中有"昔孟母，择邻处；子不学，断机杼"。从家庭教育的角度来看，孟子的母亲确实是孟子称职的第一位老师，她对孟子的教育严格全面，不单单只是择邻和断机杼之事。

孟子与弟子们一起，将自己的思想成就《孟子》一书，被奉为儒家经典。孟子的成长，确实离不开他的母亲对他的教诲。西汉学者刘向的《列女传》有"邹孟轲母"章，为我们留下了孟母教育孟子的故事。

孟子幼年丧父，是母亲一手将他拉扯大培养成人的。孟母为仉氏，她的家最早住在一野公墓附近，少年的孟轲经常嬉游于墓间，还学着丧家的样子对着丧者的墓冢顶礼膜拜。孟母见到此景，觉得这样一个环境对孩子的成长不利，于是就迁居到一集市中。但是她后来又发现集市也非理想居住之地。原来这个集市中经常聚集着一群商人，每天在从事买进卖出的商贾行为。小孟轲也受到影响，以学商贾锱铢必较为日常嬉戏内容。于是孟母再一次果断地举家搬迁，来到了一

① 刘向：《列女传·楚子发母》。

个学宫附近。在这里居住了一段时间后，孟母发现儿子变了，日常的嬉游“乃设俎豆揖让进退”，开始一心向学，勤习礼仪，举止行为向读书人看齐。对此，孟母非常满意，认为此地“真可以居吾子矣”，于是就定居于此地。刘向说：“及孟子长，学六艺，卒成大儒之名。”对孟母三迁居住之地这件事，刘向又假托“君子”之口称赞孟母：“善以渐化。”刘向给孟母的这四个字的评价已经涉及正确的家庭教育方法了。

在刘向的记述中，孟母对孟轲的教育还有一件事就是“自断机杼”。有一天小孟轲读书放学回家，孟母正在机房织绩。孟母问起儿子的学习情况，孟轲的回答让孟母很不满意，于是当即拿起织刀将已经绩成的织品砍断。孟轲被母亲此举吓坏了，站在一旁不知所措，惊问母亲为何发火。孟母教训儿子说：“你不好好学习，就好比我砍断的这匹织品。一个君子，只有认真学习，才能树立良好名声；只有多虚心请教，才能扩大自己的知识见闻。因此，居家之时应该保持心地宁静，在外则要远离祸害。现在你不好好学习，那么长大以后免不了只能从事厮役之类的活而干不了大事，也难以躲避各种灾祸的侵害。”孟母还当场对儿子撂下狠话，如果你再不认真读书学习，那么“不为窃盗，则为虏役矣！”孟母愤而自断机杼，严词教训儿子，如当头棒喝，如醍醐灌顶，让小孟轲惊惧不已，又警醒了许多。通过这次“庭训”，孟轲“旦夕勤学不息，师事子思，遂成天下之名儒”。刘向在讲完这个故事以后，又假托“君子”之口称赞道：“孟母知为人母之道矣！”

孟母三迁择邻和自断机杼，是我们家庭教育史上耳熟能详的两则故事，千百年来，一直在传诵着。这里涉及家庭教育中的两个重要方面：一是千金卜邻居，重视环境对孩子的熏染和影响；二是必要时对子女正确采用“当头棒喝”，促使其“顿悟”。这些都是我们今天在家庭家教和家风传承中值得吸取和借鉴的经验。

田稷母亲责子受贿纳金

齐国是从西周到春秋战国时期的一个诸侯国。西周初年，太公望吕尚始受封，为吕氏齐国。公元前386年，齐国大夫田和放逐齐君康公，自立为国君，仍沿用齐国名号，齐国由“吕齐”变成“田齐”，史称“田氏代齐”。

据刘向《列女传》记载，齐宣王田辟疆在位时，田稷为相。一天，田稷私下接受了自己下属所赠金百镒，便高高兴兴地拿回家中敬献给母亲。母亲见儿子一下子拿了那么多金回来，心中疑惑，就问道：“你为齐相已有三年的时间，你的俸禄从来不见有这么多。今天你有那么多金，是不是接受了他人给你的贿赂？”田稷回答说:“正如母亲所说,这些金确实是受之于我的部下。”田母听后大怒,立即教训儿子说:“我听说一个士人,要修身洁行,严格要求自己,绝不会去得到不应该得到的东西。应该老老实实,不做任何诈伪欺心之事。做到‘非义之事,不计于心;非理之利,不入于家’。要言行一致,外貌和内在之情相副。现在国君任命你担任国相,对你很信任,又给了你丰厚的俸禄,你的一言一行都要报答国家和君主。你今天作为人臣侍奉国君,就好比在家中作为人子而侍奉你的父亲,应该竭尽所能,忠信自律,为国效忠,立下必死的信念。任职奉命,要廉洁公正,这样才能百事顺遂而远离祸患。现在你却私下接受下属的贿赂,是完全违背了事君以忠的信条。而作为人臣不忠,就等于作为人子而不孝也!不义之财不是我该得到的,不孝之子也不配做我的儿子!”

母亲的这一番教训,使田稷深受教育,他羞愧难当,悔恨交加。第二天上朝,他即将所受贿之金全数退回给下属,并主动向齐宣王请罪,坦白了自己接受下属金百镒的事实,请求齐王给予自己降罪处分,又一五一十地向齐王汇报了受到母亲严厉批评责骂的全过程。齐宣王听后,对田稷母亲不受贿金,申大义而不假辞色地批评教育儿子之举大加褒赏。于是作出决定,赦免田稷之罪,继续委任田稷为相,并从公帑中拨金奖赏田稷母亲。

在介绍完田稷母亲斥责儿子受贿纳金这个故事后,刘向以“颂”的形式发表了自己的评论,称:“田稷之母,廉洁正直,责子受金,以为不德。忠孝之事,尽财竭力。君子受禄,终不素食。”

王孙贾母亲命子舍家卫国

公元前284年,燕国昭王以乐毅为上将军,统帅燕、秦、韩、赵、魏五国大军攻打齐国。齐军大败。乐毅率军长驱直入,攻入齐国的国都临淄。齐国的国君齐滑王出奔到卫国,折回到莒。楚国派淖齿率兵救援齐国,被任为齐相。不料淖齿乘机想要与燕人瓜分齐国,结果竟把齐滑王杀死了。

齐滑王在位时,身边有一侍臣名叫王孙贾,只有15岁,侍奉着滑王。齐滑王出奔齐国时,王孙贾没有跟在身边,他四处打探寻找都不知道齐滑王下落。王孙贾回到家中,向母亲禀报了此事。王孙贾母亲严厉批评了儿子。《战国策·齐策六》记录了王孙贾母亲批评儿子的这段话:“女朝出而晚来,则吾倚门而望;女暮出而不还,则吾倚闾而望。女今事王,王出走,女不知其处,女尚何归?”将这段话译成现代汉语就是:“你一早出门,要到很晚才回家,我每次总是倚着家门盼望你回来；而你每次傍晚出去，等到很晚很晚还不回来，我就到里巷头里，将身子靠着里巷的门柱而远远地望着回来的路上，等你回来。这是我作为母亲盼子回家的心情啊。而你作为臣子侍奉国君，现在国君离国出走，你却不知国君在哪里，到这个时候你竟然还有心思回到自己家中！”王孙贾母亲这段话的意思很明确，母亲盼子归，这是母亲爱子的表现。但是，现在儿子侍奉的国君跑了，儿子却不知道国君奔向何处，作为母亲，她要舍去一家一户的母子亲情，首先考虑国家兴败，社稷存亡的大事。所以，她认为儿子这时候不应该只顾自己的小家，而要去寻找国君，保卫自己的国家。现在专门描述母亲盼子归家的成语“倚门而望”“倚闾而望”，就是出自王孙贾母亲之口。后来，王孙贾和母亲得知国君湣王已经被楚将淖齿杀死。

母亲的一番教诲，使年轻的王孙贾深受教育。他经过充分准备，只身来到集市最热闹的地方，对着众人大声说：“楚将淖齿背信弃义，搅乱了我们齐国，杀死了我们国君。我要为国君报仇。愿意跟我去诛杀乱贼淖齿者，请立即袒露出你们的右臂！”结果市集上当场袒露右臂跟随王孙贾而去的多达四百人。在王孙贾的带领下，这支队伍冲向淖齿大营，并刺杀了淖齿，为齐湣王复了仇。后来齐将田单率领齐军反攻，杀死燕军新任统帅骑劫，收复大小城池七十余座，复国成功。毫无疑问，在齐国整个复国过程中，王孙贾振臂一呼，杀死楚将淖齿这一壮举，具有不可小觑的作用。而王孙贾之所以在关键时刻站出来，舍家卫国，是和他的母亲在家中晓之以为子尽孝，为国尽忠，必要时要舍家为国之大义是分不开的。与其说王孙贾是齐国复国的英雄之一，毋宁说王孙贾母亲是齐国复国过程中的一位深明大义的英雄母亲，正是她教育培养出了王孙贾这样的少年英雄。

第五节　赵简子、智宣子为家族挑选继承人的成败得失

三家分晋，是指春秋末年，晋国被韩、赵、魏三家列卿瓜分的事件。在中国历史上具有划时代的意义，是春秋战国之间的分水岭。

从“六卿专政”到“三家分晋”

在“三家分晋”之前，晋国曾有过“六卿专政”时期。

所谓“六卿”，就是韩氏、赵氏、魏氏、范氏、中行氏、智氏。他们都是从一异姓

而逐渐在晋国掌握了军政大权。春秋末年，六卿之间发生剧烈的斗争。后来，在赵鞅执政期间，他命令邯郸大夫赵午把卫国进贡的民户五百家迁送于赵鞅的私邑晋阳（今山西太原），遭到赵午反对，结果赵午被赵鞅囚禁并最终杀死。于是赵午之子赵稷和赵午家臣涉宾据邯郸发动叛乱。中行氏、范氏率残部逃到朝歌。公元前 497 年，赵鞅和智氏、韩氏、魏氏四家在新绛结盟。第二年，赵、智、韩、魏四家围中行氏、范氏于朝歌，于公元前 490 年，彻底打败中行氏、范氏。六卿不复在晋国存在。

在赵、智、韩、魏四家中，当时势力最为强横的是智氏。公元前 453 年，智氏掌权者智瑶联合韩、魏与赵作战，包围了赵氏所在的晋阳，并引水灌城，晋阳危在旦夕。但赵氏掌权者赵襄子暗中联合了韩、魏，内外夹击，攻打智氏，将智氏击溃，并乘势共同瓜分了智氏的土地和民众，从此形成了赵、韩、魏三家鼎立的局面，晋王室名存实亡。公元前 403 年，周威烈王正式承认赵、韩、魏三家的掌权者赵籍、韩虔、魏斯为诸侯，晋国正式灭亡。

在智、赵、韩、魏四家中，智氏本最为强大，但最终败在赵、韩、魏三家之手，尤其是在智氏兵围晋阳，大兵对赵氏来说呈压倒之势时，却让赵氏最终翻盘，导致智氏走向灭亡，其中原因固然很多，但有一个不容忽视的因素就是智氏在为自己家族挑选继承人方面犯了致命的错误，为智氏最终灭亡埋下了祸根。反之，赵氏在挑选家族继承人方面，则作出了正确的决定。可以这样说，智氏和赵氏之间的争斗，也是这两个家族继承人之间的较量。

赵简子正确地选定赵无恤为赵氏家族继承人

赵简子（？—前 476），即赵鞅，又名志父，亦称赵孟。“简子”为其谥号。赵简子是春秋末期杰出的政治家、军事家、外交家、改革家，是赵国基业的开创者。他对赵氏家族作出的贡献之一，就是为赵氏挑选了赵无恤这样一个优秀的接班人。

赵简子有几个儿子，其中长子叫伯鲁，还有个儿子叫无恤，也称毋恤。有一个叫姑布子卿的人曾当着赵简子的面称赞无恤：“此真将军矣！”由于无恤的母亲是婢女出身，在赵简子眼中，无恤母亲低贱。因此，他一开始并不认为无恤会有多大出息。当他开始认真考虑由谁来担当赵氏家族的继承者的时候，起先一直犹豫不决。后来在和无恤的几次谈话中，确实觉得“无恤最贤”。虽然伯鲁已经被确定为他的继承人，但是为了赵氏的大业，他还是决定对诸子进行考试，以最后确定接班人。

有一天，赵简子召集诸子，对他们说："我在常山上藏有宝符，你们谁先找到将得到赏赐。"诸子驰奔常山，遍寻而不得。只有无恤回来说："已经找到宝符。"赵简子要无恤详细汇报经过。无恤回奏说："从常山上望'代'这个地方，居高临下，可以进军'代'并可取之。"原来赵简子要诸子到常山寻宝符，就是在考察诸子有没有这种战略眼光，诸子中只有无恤懂得父亲的战略意图，通过了这次考试，让赵简子"于是知毋恤果贤"[①]。

还有一次，赵简子事先准备好两根竹简，在竹简上写下了他对儿子的训戒之辞，然后把伯鲁和无恤叫到跟前，同时将两根竹简交到儿子手中，并嘱咐儿子，一定要牢记竹简上的训戒之辞。过了整整三年，赵简子突然又将伯鲁和无恤叫来，问起了三年前写给他们的训戒之辞，要求他们说出训辞的具体内容。想不到长子伯鲁早就把父亲的训辞给忘了。赵简子又要伯鲁拿出当年写给他的竹简，竹简竟然丢失而找不到了。这让赵简子深为失望。于是，他又问起无恤，无恤立即很熟练地将训戒之辞背诵出来。当赵简子提出要看竹简时，无恤即从衣袖中取出呈给赵简子。无恤此举无疑证明他三年来一直牢记父亲的训辞，将父亲家教的象征物竹简妥为珍藏。由此，在赵简子心目中，无恤和伯鲁两人贤与不肖高下立判。无恤做事认真踏实，不是那种随随便便和马马虎虎之人。于是，赵简子就将无恤正式确定为赵氏家族的继承人。根据《史记·赵世家》所记，此前伯鲁已被赵简子确定为太子，当赵简子发现无恤贤于伯鲁以后，就果断地将伯鲁废去，而以无恤为太子。

事实证明，赵简子的眼光是正确的。在赵简子逝世以后，无恤挑起了赵氏家族这副重担。在后来错综复杂的家族集团的斗争中，无恤没有辜负父亲赵简子对他的信任和培养。他根据父亲赵简子的遗愿，兴兵平'代'地，以哥哥伯鲁的儿子为代成君，掌管代地。尤其是在和实力强大而又蛮横自负的智瑶作斗争的过程中，显得老练能干，最终以弱胜强，彻底打败了智氏，为建立赵国奠定了坚实的基础。《史记·赵世家》称："于是赵北有代，南并知（即智）氏，强于韩、魏。"赵无恤的谥号为"襄子"，史书对赵简子和赵襄子父子两人的功绩评价很高，将他们并称为"简、襄主之烈"[②]。所谓"烈"，这里是指功业，这句话充分肯定了赵简子、赵襄子父子两人为赵氏家族的绵延壮大，为赵国成为"战国七雄"之一而建立的功业。

---

① 《史记·赵世家》。
② 《史记·赵世家》。

智瑶为人的致命伤在哪里?

智宣子又称智申、荀申,为晋国中军将荀跞之子,是智氏第六代家主。“宣子”是其谥号。智宣子曾和赵鞅一起在晋国执政。

智宣子有几个儿子,究竟让谁来作为智氏的继承人,智宣子起初犹豫不定,但最终他决定由智瑶来承继智氏大位。当智宣子公开表达了这个意愿以后,却遭到智果的反对。智果认为与其选智瑶接班,不如另选智宵更为合适。在智果看来,智瑶确实是个人才,他“贤于人者五”,即超过一般人的长处有五个方面:“美鬓长大则贤,射御足力则贤,伎艺毕给则贤,巧文辩慧则贤,强毅果敢则贤。”这段话的意思是说智瑶长得相貌堂堂;本领高强,善射箭和驾驭战车;多才多艺;善文辞,口才出众;性格坚毅,临机处事果断。既然智瑶有这五个长处,智果为什么要对智瑶投反对票呢?对此,智果提出智瑶有一个缺点,即“甚不仁”。从优缺点的比例来看,为五比一,在智瑶身上似乎优点大大超过缺点。然而,智果认为智瑶的这个缺点却是致命的,“甚不仁”这一点和智瑶身上的其他五个优点不在一个等级上。智果说:“夫以其五贤陵人而以不仁行之,其谁能待之?”这句话是说由于智瑶“甚不仁”,如果他凭借着自己身上那么多的长处和出色的能力去欺负人,去做坏事,那么,他个人的能力越强,对他人造成的伤害和对一件事形成的破坏力也就越大。智果最后断定说:“若果立瑶也,智宗必灭”,这是智果对智宣子发出了警告:如果真的决定智瑶为智氏家族的未来掌权者,那么智氏将来必然会遭到大败,连宗庙都保不住。智果的这个说法是很有道理的,对问题的看法和分析都很准确深入。然而,智宣子却没有听进智果的这番忠言,最后确定由智瑶接班。等到智宣子死了以后,智瑶便掌握了智氏大权。智果为了免祸,带领族人脱离智氏,另立为辅氏。智瑶的结局完全如智果所预言,在兵围晋阳之战中,虽然他拥有强大的兵力,占尽地利优势,然而最终身死族灭,败在赵、韩、魏三家手下。而智果这一支因已改称辅氏而躲过了这场灾难。

司马光对智瑶“身死族灭”的评论

司马光编撰《资治通鉴》,以“三家分晋”开篇。其中智氏被灭,司马光不吝篇幅,发表了长长的一篇评论,读来很值得我们今天深思。

智伯之亡也,才胜德也。夫才与德异,而世俗莫之能辨,通谓之贤,此其

> 所以失人也。夫聪察强毅之谓才,正直中和之谓德。才者,德之资也;德者,才之帅也。云梦之竹,天下之劲也,然而不矫揉,不羽括,则不能以入坚。棠溪之金,天下之利也,然而不镕范,不砥砺,则不能以击强。是故才德全尽谓之"圣人",才德全亡谓之"愚人";德胜才谓之"君子",才胜德谓之"小人"。凡取人之术,苟不得圣人、君子而与之,与其得小人,不若得愚人。何则?君子挟才以为善,小人挟才以为恶。挟才以为善者,善无不至矣;挟才以为恶者,恶亦无不至矣。愚者虽欲为不善,智不能周,力不能胜,譬如乳狗搏人,人得而制之。小人智足以遂其奸,勇足以决其暴,是虎而翼者也,其为害岂不多哉!夫德者人之所严,而才者人之所爱;爱者易亲,严者易疏,是以察者多蔽于才而遗于德。自古昔以来,国之乱臣,家之败子,才有余而德不足,以至于颠覆者多矣,岂特智伯哉!故为国为家者,苟能审于才德之分而知所先后,又何失人之足患哉!①

这篇评论集中讲了对一个人"才"与"德"的看法,是"才"重要还是"德"重要。司马光的观点很明确,他认为"才"与"德"的关系,"才者,德之资也;德者,才之帅也"。"德"是居于统帅地位的,"才"必须服从于德。根据不同的人身上的"才"和"德",司马光把人分成"圣人""愚人""君子"和"小人"四个等级,他认为,大到一个国家,小到一个家庭,"凡取人之术,苟不得圣人、君子而与之,与其得小人,不若得愚人"。"愚人"即"才德全亡"者,即使要为恶,智、力都不够,对人对事都不会造成太大危害;"小人"即"才胜德"者,一旦作恶,"智足以遂其奸,勇足以决其暴,是虎而翼者也,其为害岂不多哉!"对这样的人,其才能越大则越可怕。智瑶就是这样一个"才胜德"的"小人"。我们可以质疑司马光对人才的评价可能偏于保守,但不能不说司马光的观点是很有道理的。他说"自古昔以来,国之乱臣,家之败子,才有余而德不足,以至于颠覆者多矣,岂特智伯哉!"智瑶凭着自己的才能,"好利而愎",贪得无厌,刚愎自用,结果使得强大的智氏一朝毁灭,对于智氏来说不啻是灭顶之祸,代价实在是太大了。司马光编撰《资治通鉴》是为"鉴于往事,有资于治道",供帝王治御天下提供镜鉴,智瑶的失败,对我们今天的家庭教育、子女培养,同样提供了重要的镜鉴。正如司马光所说:"故为国为家者苟能审于才德之分而知所先后,又何失人之足患哉!"

---

① 《资治通鉴·周纪一》。

第六节　发生在赵国的三则和家庭及家庭教育有关的故事

公元前403年，周威烈王册命韩、赵、魏三家列位诸侯，由此战国七雄局面正式形成。赵国从公元前403年正式立国，一直到前222年被秦国所灭，享国祚181年，在韩赵魏“三晋”中，国力最强。司马迁《史记》分别有“赵世家”“魏世家”“韩世家”，记载了赵国、魏国、韩国三国的发展始末，其中篇幅最长、故事最多的就是赵国。在赵国发生的许多故事中，有几则故事和家庭生活、家庭教育有着密切的联系。

“家听于亲而国听于君”

“家听于亲而国听于君”这句话，是赵国国君赵武灵王在正式进行“胡服骑射”改革之前，向自己的叔父公子成提出来的。所谓“家听于亲”，是说家族中的大事决定首先要听从父母长辈。

赵武灵王(？—前295)，嬴姓，赵氏，名雍，“武灵王”为其谥号，故通称“赵武灵王”。他是赵国第六代君主，也是战国时期杰出的政治家、军事家、改革家。

赵武灵王于公元前325年即位。在他即位之初的几年间，疆界常受到邻国侵扰威胁。按赵国的地理环境，东北同东胡相接，北面与匈奴为邻，西北又同林胡、楼烦接壤。这些部落都是游牧部族，常以骑兵侵扰赵国，给赵国边境的农业生产和百姓生活造成极大的危害。赵武灵王决心改变这种挨打受欺辱的局面。在他即位的第19个年头，也就是公元前307年，提出了“胡服骑射”的改革主张。

所谓“胡服”，是指赵国西北的游牧部族穿的服装，短衣窄袖，有别于中原华夏族人的宽衣长袖博带，所以俗称“胡服”。“骑射”是指周边游牧部族的一种作战和狩猎方式，擅长骑马射箭，和中原利用战车作战不一样。西北部的游牧民族的“胡服骑射”，在战争中身子灵活，往来如飞，又精于远射，战斗力大大提高。赵武灵王作为一个政治家，看到了中原在这方面的落后，提出“胡服骑射”，就是要降尊纡贵，虚心学习游牧部族的长处，实行服装和作战方式的改革，顺应战争方式由“步战”“车战”向“骑战”的转变。

赵武灵王的改革方案得到了几位主要大臣肥义、楼缓等的理解和支持，但是却遭到一些保守派的反对，而主要的反对力量则是来自自己的赵氏亲族，尤其是自己的叔父公子成。公子成俨然成为反对“胡服骑射”，反对赵武灵王改革大业的领袖人物。为了顺利推进自己的改革设想，真正做到“胡服骑射”，赵武灵王决定将自己的叔父公子成作为主要的说服对象。根据《史记·赵世家》的记载，赵武灵王的说服工作先后有两次：第一次，他派遣一个叫王绁（《战国策·赵策二》作“王孙绁”）的人向公子成表达了自己的意见和想法。他的话大意是：我决心带头身穿胡服坐朝会见群臣，我希望叔父您也能够身穿胡服上朝。一个家族中的大事，要听从长辈的意见，而一个国家的大事则要听命于君主，这是自古至今通行之公义。作为子女小辈，不逆反长辈，作为臣子不拂逆国君，这也是兄弟之间的通义。我现在提出主张，改变我们的服装样式，身穿胡服，如果叔父您带头反对，我担心会引起天下之人的种种议论。管理一个国家有不变的信条，一定是以利民为本；推行国政有着一定的原则，令出必行为上。要彰显道德，一定先从下层百姓做起，而推出重要宪政，那就必须先取信于国君身边的亲信贵族。现在我唯恐您以我的叔父之尊，却违背从政原则带头反对我提出的主张，结果一定引来更多的人附议于您。所以我非常仰慕叔父您的威望，希望您带头响应我的主张，以成就身穿胡服之功。我现在特地派遣王绁来拜见您，请您答应身穿胡服。但公子成并没有完全想通，他回答说：现在大王舍去我们习穿的服装，“而袭远方之服，变古之教，易古之道，逆人之心”，要求赵武灵王再认真考虑一下这样做合适与否。王绁将公子成的意见汇报给赵武灵王以后，赵武灵王决定亲自登门来说服叔父公子成。

于是，赵武灵王来到公子成府上，再次向叔父阐明的胡服骑射的必要性，并回顾了自己的祖先赵简子、赵襄子当年建立的功业，提出自己之所以要“变服骑射”，就是要继承赵简子、赵襄子等的功业。叔父现在一再地反对他的胡服骑射改革主张，不是他所希望看到的。赵武灵王登门作说服工作，讲得入情入理，最终打动了公子成。他“再拜稽首”，诚恳地说：“臣愚，不达于王之义，敢道世俗之闻，臣之罪也。今王将继简、襄之意以顺先王之志，臣敢不听命乎！”于是，“再拜稽首”，接受了赵武灵王赐给他的胡服。第二天，公孙成穿着这身胡服上朝。大家一看连赵武灵王的叔父、一向反对胡服骑射主张的公子成也穿起了胡服，群起而仿效。赵武灵王一看改革的障碍消除，于是就正式颁布了胡服骑射的命令。

赵武灵王和公子成之间，论公，都是政治人物，他们的一言一行都事关赵国大局；论私，则是侄子和叔父的关系。赵武灵王正是利用这种血缘亲情的关系，说服了公子成;同时,也正是公子成作为家族长辈的带头作用,作出了榜样,才使得赵武灵王的改革方案顺利通过并颁布执行,从而确保了“胡服骑射”改革设想最终变为现实。“胡服骑射”改革,大大提高了赵国军队的战斗力,使赵国也成为战国时期的东方强国。

“父母爱子,则为之计深远”

公元前266年,在赵国掌权33年的赵惠文王赵何去世,由太子赵丹即位,是为赵孝成王。因赵孝成王年幼,就由母亲赵威后代理国家大事。赵威后为赵武灵王的儿媳,赵惠文王的妻子,是一个见多识广、重视民生、体恤百姓的女性。公元前265年,秦国向赵国大举进攻,并且连下三城。面对秦国的进攻,赵国孤儿寡母,一时难以对敌,只得向齐国求救。齐国答应出兵,但是提出了一个条件,一定要以长安君为人质,送到齐国作为抵押。质子制在春秋战国时期本为各国之间通行的一种制度,就是将本国的王子派往敌国或者他国作为人质,以巩固相互之间的信任。照理,齐国提出这个要求不能算太过分。然而赵威后不愿意了。原来长安君是赵威后的小儿子,最受赵威后宠爱。因此,她断然拒绝了齐国提出的这个要求。大臣们为赵国计,纷纷上奏,强谏太后,希望她能同意让长安君作为人质到齐国去。赵威后发火了,说:“再有人在朝堂上提出让长安君作为人质的,我一定当面将唾沫吐在他脸上!”

眼看赵国面临秦国急切的进攻,危在旦夕,而赵威后溺子心切,又不肯让长安君作为人质。国事和家事搅在一起,一时难以两全。但这个难题,却被一个叫触龙(一作触詟)的左师给解决了。《史记·赵世家》和《战国策·赵策》都完整地记载了触龙说服赵威后的过程和对话。一开始,触龙是和赵威后聊身体,聊家常,就像我们现在两位老人见面时寒暄的情景一样。接着,触龙又表现出自己作为一个老人,非常喜爱自己15岁的小儿子舒祺,提出希望太后为舒祺谋一宫中侍卫之职。触龙的这番操作,让本来盛气以待,准备以唾沫啐触龙面的太后顿时放松了警惕,竟向触龙提出了“丈夫亦爱怜少子乎?”这个问题,用今天的话来说就是难道一个男子也像我们女人一样喜欢自己的小儿子吗?触龙眼看太后中了自己设下的语言陷阱,便立即由家长里短转入国事风云中去,将谈话自然地引入正题。

在对话中,触龙有两段话是非常精彩的。第一段话,触龙说:“父母之爱子,则为之计深远。媪之送燕后也，持其踵，为之泣。念悲其远也，亦哀之矣。已行，非弗思也，祭祀则祝之。祝曰'必勿使反'。岂非计长久，为子孙相继为王也哉？"这段话的意思是说：父母真正热爱自己的孩子，就要为他的长远考虑。当初太后您送女儿嫁到燕国去做王后，临别之前，您是紧紧抱着她，舍不得让女儿走，不禁流下热泪。为什么呢？因为考虑到女儿要远嫁到燕国去，确实悲从中来。女儿到燕国以后，您也一直在思念她，可是每到祭祀时，您又默默祝愿，希望女儿千万不要回来。这又是为什么呢？这难道不是为自己的女儿的长远将来考虑，希望子子孙孙能相继为王吗？触龙的这段话讲出了一个家庭做父母的共同愿望、共同心理。虽然故事发生在两千多年以前，但在家庭关系方面，在家庭人情方面，真是古今一致啊！

第二段话，触龙由近及远，由家庭亲情跳到家庭成员如何安身立命的大问题。他提出了一个严肃的问题，就是为什么包括赵国在内的诸侯、贵族，子孙为侯者大多难逾三世？有时家庭遇到灾殃，"近者祸及其身，远者及其子孙"，并非这些诸侯、贵族子孙为人都不肖。一个重要的原因就是生长在显贵之家的孩子"位尊而无功，奉厚而无劳"，而掌握的珍宝、权力却又多又大。现在，太后您使长安君的地位又高又尊贵，把最肥沃的土地给他作封邑。您给了他那么多珍贵的器物，却不想让他为国家建立功勋。一旦您有不测，您叫长安君凭借什么自托于赵国？因此，老臣以为您为长安君的前途考虑得太不长久了，也证明您对长安君的爱远不如对女儿燕后的爱。这一番话真如醍醐灌顶，顿时将赵威后惊醒了。赵威后毕竟是一个有远见的政治家，她虽然免不了爱子心切，一时被家庭成员之间血缘亲情所囿。但一旦明白了孰轻孰重、孰大孰小，立即作出了舍家为国的决定。于是她欣然接受了触龙和群臣的建议，为长安君准备了车辆百乘，将他送到齐国做人质。赵国被秦国急切攻打的危机也就解除了。

就长安君最终到齐国为人质这件事，当时赵国有一位贤者叫子义的，发表评论说："人主之子也，骨肉之亲也，犹不能恃无功之尊，无劳之奉(注：即俸禄)，而守金玉之重也，而况人臣乎？"[①]其意是说：一个君王之子，父子骨肉之亲，尚且不能倚仗着没有功业的尊位，没有为国辛劳的俸禄，而一直守着金玉这样的重器，更何况一般的臣子百姓呢？子义的这段评论，至今读来仍然对我们的家庭文化建设具有启发作用。

---

① 《战国策·赵策四》。

赵国名将赵奢不看好熟读兵书的儿子赵括

中国有一句成语叫"纸上谈兵",说的是战国时期赵国的赵括熟读兵书,好言兵事,曾率70万大军在长平与秦国对垒,结果兵败身死,落下了一个只会"纸上谈兵"的笑话。

赵括是赵奢的儿子。赵奢是战国后期赵国名将。赵惠文王二十九年(前270),秦军攻打韩国于阏与。赵惠文王任命赵奢为将,率军往解阏与之围。赵奢率军长驱两日一夜抵达战场,令善射者埋伏于距阏与50里处,又指挥军队万人抢占北山,然后纵兵出击,出其不意,大败秦军,解阏与之围而归。在领任务前赵奢曾放出豪言:阏与"其道远险狭,譬之犹两鼠斗于穴中,将勇者胜"[①]。赵惠文王因赵奢此战功而赐其名号为马服君。"赵奢于是与廉颇、蔺相如同位"[②]。

赵奢有一子名赵括,从小就学习兵法,好言兵事,曾在家和父亲一起讨论兵事谋略,连赵奢都不能难倒他。赵括对此也颇自负,认为自己在兵法造诣上天下已经没有人能够及得上他。然而,知子莫若父。赵括虽然聪明,但赵奢并不看好他。赵括的母亲对此不解,就问丈夫,为什么对赵括"不谓善",即评价不高。赵奢对妻子说:"打仗之事,是充满危险的,时刻要死人的。但是我们的儿子却把打仗之事看得很容易。如果以后赵括不带兵打仗就罢了,如果真的让他带兵上前线,那么打败我们赵国军队的不是别人,恰恰是我们的儿子赵括自己。"

赵孝成王七年(前259),秦国大兵与赵国军队相拒于长平。当时赵奢已经去世,贤相蔺相如身染重病,由老将廉颇任赵军统帅。面对强秦的数次进攻,廉颇深沟壁垒,稳扎营盘,不予应战。秦国施出反间计,扬言:"秦之所恶,独畏马服君赵奢之子赵括为将耳。"[③]结果赵君孝成王中了敌国此计,竟真的以赵括为将,取代了久经沙场、老成持重的廉颇。正在病中的蔺相如对赵王这个决定深感震惊,向赵王提出:"大王因为凭赵括这个年轻人的名气就以他为将军,就好比一张琴用胶把调弦的柱粘死再去鼓瑟那样不知变通。赵括只是能熟读他父亲赵奢留下来的兵书而已,并不懂得在实际战场上的灵活应变。"但赵王并没有将蔺相如的意见听进去,执意拜赵括为将。

等到赵括将要出征的时候,他母亲忍不住上书给赵王,并且当面和赵王说:

---

① 《史记·廉颇蔺相如列传》。
② 《史记·廉颇蔺相如列传》。
③ 《史记·廉颇蔺相如列传》。

“不可以让赵括做将军。”赵王问：“为什么？”回答说：“当初我侍奉他父亲，那时他父亲正在军中担任将军，由他亲自捧着饮食侍候吃喝的人数以十计，被他当作朋友看待的数以百计，大王和王族们赏赐的东西我丈夫全都分给军吏和僚属，从接受命令的那天起，就不再过问家事。现在我儿子赵括一做了将军，就面向东接受部下拜见，盛气凌人，军吏没有一个敢抬头正眼看他的。大王赏赐的金帛，他都赶紧带回家收藏起来，还天天打听查看那些便宜合适的田地房产，认为可买的就买了下来。大王您想想赵括他哪一点像他的父亲？父子二人的心地想法不同到了这种程度，希望大王不要派他领兵。”赵王说：“您就把这事放下别管了，我已经决定了。”赵括的母亲见事情已经无法挽回，便又提出了一个罕见的要求，说：“大王您一定要派他去领兵打仗，如果他有不称职的情况，我能不受株连吗？”赵王就答应了。

赵括到了前线，他把廉颇原来制定的方略悉数更改，将各级军吏也尽数更换。结果长平　战，全军溃败，赵括被秦军射死，几十万大军投降秦军，俱被秦军坑埋。赵国前后共损失 45 万人。第二年，秦军就包围了赵国都城邯郸，双方相拒一年多，赵国几乎不能保全。后来幸得楚国、魏国军队来援救，才得以解除邯郸之围。赵括的瞎指挥给赵国带来了这么大的灾祸，幸亏他的母亲当初和赵王有言在先，不要因为赵括误国而连累家人，赵王也信守诺言，没有株连赵括母亲和家人。

对于赵括“纸上谈兵”，后来成为家庭子女教育、人才识别的一个反面教材。明代学者黄道周写过《广名将传》，谈到赵奢、赵括父子，在赞扬赵奢的功业和廉颇、蔺相如并列的同时，讽刺赵括说：“徒读父书，兵变不通。长平坑卒，母已先供。”也肯定了赵括父母对他的“纸上谈兵”具有先见之明。

第二章 西汉的家教和家风

第一节 西汉皇家子弟的家庭教育和读书学习生活

西汉是中国历史上继秦朝以后第二个统一的中央集权的封建王朝，也是第一个由非贵族出身的普通农民建立的王朝。这个王朝虽然是由刘邦这位非贵族出身的普通农民创建的，但却国祚绵长，从高祖刘邦于公元前202年称帝，到公元8年王莽代汉，定都于长安，传十一代十二帝，前后历时210年。在长达两个多世纪的漫长岁月里，这个王朝在皇室子弟的家庭教育方面有着值得后人记取的地方。

刘邦训敕太子刘盈"勤学习"

刘邦（前256—前195），即汉高祖，西汉王朝的开创者，他是中国历史上第一个农民出身的皇帝。他从小在田间游荡，不事稼穑，没有受过良好的家庭教育和学校教育，并且一向瞧不起读书人。但是，在领导义军推翻秦王朝、在和项羽争夺天下的过程中以及建立汉王朝以后，他逐渐认识到知识的重要性、学习的重要性。于是，他将自己的教训、体会以训敕的形式告诉太子刘盈。

这篇训敕，《史记》《汉书》《资治通鉴》等都没有记录刊载。清代嘉庆时期的学者、文献学家严可均辑有《全上古三代秦汉三国六朝文》，其中在"全汉文"中，辑录了刘邦的这篇训敕。其文曰：

吾遭乱世，当秦禁学，自喜，谓读书无益。洎践阼以来，时方省书，乃使人知作者之意。追思昔所行，多不是。尧舜不以天下与子而与他人，此非为不惜天下，但子不中立耳。人有好牛马尚惜，况天下耶？吾以尔是元子，早有立意。群臣咸称汝友四皓，吾所不能致，而为汝来，为可任大事也。今定汝为嗣。吾生不学书，但读书问字而遂知耳。以此故不大工，然亦足自辞解。今视汝书，犹不如吾。汝可勤学习。每上疏，宜自书，勿使人也。汝见萧、曹、张、陈诸公侯，吾同时人，倍年于汝者，皆拜，并语于汝诸弟。

刘邦的这篇训敕很有特色。他虽然贵为皇帝，但通篇并不是以高高在上的皇帝身份下诏，而是以一个父亲的名义对儿子进行教育。首先，刘邦在儿子面前并没有掩盖自己早年“谓读书无益”，轻视读书学习的错误态度，并检讨自己，“追思昔所行，多不是”。这一点，作为帝王之尊，作为父亲，他在儿子面前坦陈自己的过错是很难得的。接着，刘邦又以父亲的身份，指出了儿子在读书方面的不足。他说自己早年轻视读书，从军后才读书问字，无论在书法、学问方面都不够。但是他批评儿子在读书写字方面竟然还不如他，因此，要求儿子“可勤学习”。刘盈作为太子，身边自然多有捉刀代笔者，刘邦看出这一点，于是，要求儿子上疏公文要亲自动笔，不要让身边人代笔。

在这篇训敕中，刘邦除了对儿子在学习方面提出训诫以外，还在礼仪方面对儿子提出要求。萧何、曹参、张良、陈平等公侯，都是跟随刘邦打天下的功臣，和刘邦为同时代的人，都是儿子的长辈。刘邦要求儿子无论是现在还是将来继承大统，都要对这些开国元勋以礼相待，恭行对长辈之礼。刘邦并要求刘盈将自己的这一嘱咐告诉各位弟弟一体遵守。

通过这篇训敕，我们只看到一位父亲对儿子的关心和教育，看不到一个皇帝高高在上的威严和矜持。这段家训也凸显出刘邦豁达大度、不喜雕饰的性格。

从历史上看，刘盈作为西汉第二位皇帝，其名声似乎被当时临朝称制的吕后所遮蔽，司马迁的《史记》甚至连他的本纪都没写，反倒是留下了《吕后本纪》。但不能否认，刘盈作为刘邦的长子，皇位的继承者，还是从父亲刘邦的教育中获益。班固在《汉书·惠帝本纪》中说：“孝惠内修亲亲，外礼宰相，优宠齐悼、赵隐，恩敬笃矣。闻叔孙通之谏则惧然，纳曹相国之对而心说，可谓宽仁之主。”“萧规曹随”，保持刘邦、萧何开创的大汉江山的稳定，继续汉家的“黄老之治”，刘盈都是有功的。从这个意义上来说，刘邦的家训、家教是起到作用的。

汉文帝刘恒是中国古代大孝子

汉朝以“孝”治天下，汉朝第三个皇帝、刘邦的儿子汉文帝刘恒，身体力行，本人就是一个大孝子。

刘恒（前 203—前 157）于汉高祖十一年（前 196）被封为代王。吕后死后，其两个侄子吕产、吕禄发动叛乱，被诛灭以后，众大臣拥立刘恒为皇帝，是为汉文帝。汉文帝即位以后，继续执行“与民休息”的政策，加之他宽仁爱民，重视农桑，轻徭薄赋，厉行节俭，使得天下政治稳定，经济发展。和他的儿子汉景帝刘启一起，开创了被史家称为“文景之治”的一个中国封建社会早期的盛世。

汉文帝的母亲为薄太后。还在汉文帝任代王时，薄太后大病长达三年。在这三年中，刘恒悉心照料母亲，侍奉病榻前。司马光称每天亲侍汤药，“目不交睫，衣不解带，汤药非口所尝弗进”[①]。就是说刘恒为了侍奉母亲，整整三年没有睡过一个安稳的觉。凡进奉母亲的汤药，刘恒都要自己先尝过，否则绝不让母亲服食。对于他的孝行，《二十四孝图》以“亲尝汤药”为题，介绍了汉文帝在病榻前伺候母亲的故事，称汉文帝“仁孝闻天下”。在汉文帝的教育影响下，他的儿子也都“慈孝”。如皇子刘武，受封于外，每次只要听到母亲窦太后病重，便“口不能食，常欲留长安侍太后”[②]。

薄太后作为汉文帝的母亲，对子孙的要求严格。有一次，太子刘启和弟弟梁王刘武同乘一辆车入朝，在经过司马门时没有按规定下车。负责警卫的张释之见状追上太子这辆车，不让太子、梁王进入殿门，并且以“不下公门，不敬”对太子和梁王进行弹劾。这件事被汉文帝的母亲，即太子的祖母薄太后知道了，对两个孙子不遵守宫廷礼仪的表现很不满。汉文帝见状立即在母亲面前“免冠”向母亲检讨自己在教育儿子方面的不谨慎严格。薄太后这才下诏派出使者赦免太子、梁王冲撞司马门的失礼之过，允许他们进入殿门。同时，汉文帝又下诏表彰敢于拦下太子、梁王车辇的张释之，并拜他为中大夫，不久，又将他提升为中郎将。

窦太后严督儿子汉景帝及窦姓宗族子弟读《黄帝》《老子》等书

窦太后（？—前 135），名猗或漪（一说猗房或漪房），清河观津人。汉文帝刘恒的妻子。汉文帝为代王时，她随行在代国与丈夫同甘共苦。汉文帝即位为皇

① 司马光：《家范》卷四。
② 《汉书·文三王传》。

帝后，她被册立为皇后。她生有一女两男：长女为馆陶长公主刘嫖，长子即汉景帝刘启，少子为梁孝王刘武。汉景帝即位后，被尊为皇太后；汉武帝登上大宝，她又被尊为太皇太后，在政治舞台上足足影响了文帝、景帝、武帝三代皇帝。

窦太后重视子女的读书学习，严格要求儿子汉景帝刘启、太子和窦姓宗族子弟认真读《黄帝》《老子》等。汉朝初年，朝廷在政治上推行"黄老之治"，窦太后是黄老思想的坚定推行者和维护者。她"不悦儒术"[①]，独"好黄帝老子言"[②]。有一次，她召博士辕固生问《老子》是怎样的一部书。辕固生答道："这不过是部平常人家读的书，没什么道理。"窦太后大怒道："难道一定要司空城旦书吗？"话中讥讽儒教苛刻，比诸司空狱官，城旦刑法。辕固生一听想转身就走，不料被太后喝住，要他到猪圈里去与猪搏斗。当时在一旁的汉景帝偷偷投进一把匕首，让辕固生把猪刺死，才救了辕固生一命。

窦太后有两个弟弟长君与少君，来自民间。到了京城见到窦太后认亲以后，受到汉文帝赏赐。为了防止他们兄弟日后像当年吕后的侄子那样擅权跋扈，甚至参与叛乱，大臣们就提议为窦长君、窦少君选拔品行端正的老师来教导他们。这一提议自然要征得窦太后批准。结果，两兄弟在老师的教导下"由此为退让君子，不敢以尊贵骄人"[③]。

窦太后虽然重视孩子的学习，但是作为母亲，她过分溺爱小儿子梁孝王刘武，对他"赏赐不可胜道"。刘武在平定吴楚七国之乱中虽然对国家有功，但倚仗窦太后的偏爱，骄纵跋扈，生活奢华。生前"财以巨万计，不可胜数。及死，藏府余黄金尚四十余万斤，他财物称是"[④]。《汉书》说："梁孝王虽以爱亲故王膏腴之地，然会汉家隆盛，百姓殷富，故能殖其货财，广其宫室车服。然亦僭矣。"[⑤]"僭"者，过分也。班固用这个字对刘武作出评价，可以看出窦太后在家庭教育方面的失误和不足。

汉武帝以后几个皇帝的家庭教育和训教

西汉自武帝以后，继位者先后为昭帝、宣帝、元帝、成帝、哀帝、平帝。这几位皇帝在位时作为、政绩优劣高低各有不同，但都曾受到过良好的教育。

---

① 《资治通鉴·汉纪九》。
② 《史记·外戚世家》。
③ 《史记·外戚世家》。
④ 《汉书·文三王传》。
⑤ 《汉书·文三王传》。

汉昭帝刘弗陵(前94—前74),汉武帝刘彻少子,是汉武帝与钩弋夫人所生。他曾受过良好的教育,继位以后曾在诏书中说自己"修古帝王之事,通《保传》,传《孝经》《论语》《尚书》"①。很小的时候,他长得很高大,聪明异常,汉武帝特别喜欢他,就决定立他为太子,并且选中奉车都尉、光禄大夫霍光来负责教导太子,认为霍光"忠厚可任大事"。他要求霍光就像西周初年周公背负周成王朝见诸侯那样辅佐太子。为了保证太子将来顺利继位掌权,汉武帝还作出了一个不同寻常的、看起来很残忍的决定,就是事先将太子的母亲钩弋夫人赐死。当他身边的近侍提出"且立其子,何去其母乎?"即既然陛下决定由太子继承大统,为什么一定要处死太子的亲生母亲呢?汉武帝回答说:"往古国家所以乱,由主少母壮也。女主独居骄蹇,淫乱自恣,莫能禁也。汝不闻吕后邪!故不得不先去之也。"②原来,汉武帝之所以在太子继位之前就处死其母亲,就是为了防止汉朝初年吕后干政擅权、控制年少皇帝的旧剧重演。虽然,汉武帝此举残忍而违忤人情,但对于皇家来说,这时的家庭骨肉之情完全服从国家的政治需要了。

汉宣帝刘询(前91—前48),原名病已,汉武帝刘彻曾孙,幼年遭受巫蛊之祸,生长于民间。汉宣帝元平元年(前74),昌邑王刘贺被废,大将军霍光拥立他为帝,改名刘询。当时汉宣帝虽然只有18岁,但已"师受《诗》《论语》《孝经》,操行节俭,慈仁爱人"③,"通经术,有美材,行安而节和"④,接受了良好的文化和品行教育。汉元帝刘奭(前74—前33),汉宣帝刘询之子,在汉宣帝为平民时,生于民间。在他两岁时,刘询即位为皇帝。8岁时,刘奭被立为太子。汉元帝从小就喜欢儒学,"多材艺,善史书。鼓琴瑟,吹洞箫,自度曲,被歌声,分刌节度,穷极幼眇"。班固称他"宽弘尽下,出于恭俭,号令温雅,有古之风烈"⑤。

刘奭"柔仁好儒",被立为太子以后,还和父亲就治国方略事发生过争论,最后被父亲教训了一通。当时刘奭见父亲为政"所用多文法吏,以刑名绳下",感到不解,也颇不满,就向父亲提出:"陛下持刑太深,宜用儒生。"汉宣帝听后很严肃地告诫儿子:"汉家自有制度,本以霸王道杂之,奈何纯任德教,用周政乎!"并且批评说:"且俗儒不达时宜,好是古非今,使人眩于名实,不知所守,何足委任?"这是西汉时期政治上的一段著名的对话,显示了西汉中后期在治国方略方面的一

① 《汉书·昭帝本纪》。
② 《资治通鉴·汉纪十四》。
③ 《汉书·宣帝本纪》。
④ 《汉书·丙吉传》。
⑤ 《汉书·元帝本纪》。

个重大转折点，也是中国帝王家庭教育史上一个精彩的片段。当时，汉宣帝已经看到自己的儿子刘奭将来一定会改变汉家“霸王道杂之”的治国方略，于是叹道：“乱我家者，太子也！”后来果然不出宣帝所料，刘奭继位以后，一改汉家制度，“征用儒生，委之以政……孝宣之业衰焉。”[①]

汉元帝以后，继位的是汉成帝。汉成帝刘骜（前51—前7），自幼深得祖父汉宣帝喜爱，常侍左右。元帝即位，刘骜被册立为太子。他喜好经书，博览古今，又善修容仪，宽博谨慎。有一次，他居于桂宫，突被父皇汉元帝急召，赶紧出龙门楼赴召。途中遇皇帝专用驰道，他严格遵守宫中礼制，不敢横越驰道，只得顺着驰道往西到直城门，赶到驰道尽头才绕道拜见了元帝。当元帝知道了刘骜迟到的原因后大喜，认为刘骜知礼，即下令太子以后可以横穿驰道。汉哀帝刘欣（前25—前1），3岁时就继嗣为定陶王。入京以后“好文辞法律”，并接受了大臣的教导。汉成帝曾当面考刘欣，让他读《诗》，他“通习，能说”，也就是对《诗》不但能背诵，并且能够讲解。在应对方面也颇得体，对此汉成帝很满意，“数称其材”[②]。班固对汉哀帝曾发表评论说：“孝哀自为藩王及充太子之宫，文辞博敏，幼有令闻。”汉成帝、汉哀帝作为太子，虽然他们在文化学习方面都得到良好的教育训练，但是作为皇帝，却并不合格。西汉自汉元帝以后，国力日衰，到汉成帝、汉哀帝时，国家更是江河日下。到汉平帝继位以后，王莽夺汉建立“新朝”，成帝、哀帝两朝都难辞其咎。正如班固在《汉书·成帝本纪》中说：“建始以来，王氏始执国命，哀、平短祚，莽遂篡位，盖其威福所由来者渐矣！”

几个皇子的家庭教育和读书生活

在整个西汉王朝，历代皇帝不光是重视太子的学习，对诸皇子的学习教育同样很重视。

梁怀王刘揖，是汉文帝刘恒最小的儿子，很受文帝宠爱。刘揖本人自小“好《诗》《书》”，“异于他子”[③]。为了培养刘揖，汉文帝特拜大学问家贾谊担任梁怀王太傅，教他读书。

河间献王刘德（约前175—前130），是汉景帝的儿子，与汉武帝刘彻为同父异母兄弟。他于公元前155年被立为河间王，都乐城。刘德为人“修学好古，实

---

① 《汉书·元帝本纪》。
② 《汉书·哀帝本纪》。
③ 《汉书·文三王传》。

事求是”,尤好儒学。他生平致力于搜集古书,网罗儒生。他每次从民间得到先秦旧书,必精心誊写“留其真”,而以抄本归还原主,并以重金酬谢。因此有祖传旧书者不远千里竞相献书。因此,刘德“得书多,与汉朝等”[①]。他死后谥“献”,故称河间献王。刘德对于中国古籍的收集、整理和保存作出了巨大贡献。

在西汉的皇子中,戾太子刘据的读书生活也值得一记。刘据是汉武帝嫡长子,深得汉武帝喜爱,7岁时他被立为太子。为了教育培养他,汉武帝在群臣中为刘据遴选老师。他先是选中沛郡太守石庆为刘据太傅,又派德高望重的文学之士辅导刘据学习《公羊春秋》。等到刘据通晓《公羊春秋》后,又委派学者瑕丘江公辅导刘据学习《谷梁传》。汉武帝为太子的学习教育可谓用心。只是后来刘据横遭巫蛊之祸,被迫自尽,成为汉武帝时期皇室中的一大冤案。后汉武帝查明刘据蒙冤,“怜太子无辜,乃作思子宫,为归来望思之台于湖,天下闻而悲之”[②]。等到刘据的孙子汉宣帝刘询继位后,追谥刘据曰“戾”,故称其为戾太子。

第二节　万石君石奋和他的家风

在汉代的职官制度中,有一种说法叫“二千石”,这既是官员的级别,又是官员的俸禄。根据《汉书·百官公卿表》颜师古注:“二千石者,(月各)百二十斛。”汉代朝内自九卿、郎将,朝外郡守、尉,俸禄都为二千石。在汉代,二千石又为郡守的通称。按官员的级别来看,“二千石”可以说是朝廷任命的中高级官员。

一个恭敬谨慎的小吏

汉景帝时,有个叫石奋的人,先后在内任过“九卿”,在外任诸侯国的“相”,官秩为“二千石”。石奋有四个儿子,积官都到“二千石”。于是汉景帝就说:“石君及四子皆二千石,人臣尊宠乃举集其门。”[③]意思是说石奋和他的四个儿子都是二千石级别的官员,作为臣子,尊贵和荣宠竟然都集中在石氏一门。因此,石奋博得了一个“万石君”的称号。

石奋(?—前124),字天威。他的父亲本为赵国人。赵国灭亡以后,迁徙到

---

① 《汉书·景十三王传》。
② 《汉书·武五子传》。
③ 《汉书·万石卫直周张传》。

河内郡温县。楚汉相争时，刘邦东击项羽，经过河内。当时石奋还只有15岁，被召到刘邦帐下，为军中小吏，专事侍奉刘邦。石奋没有什么文化，但为人知礼恭谨，无人能比。刘邦很喜欢石奋的恭敬。有一天，刘邦和石奋闲谈，问石奋家中还有什么人。石奋回答说："家中还有母亲，但不幸的是眼睛已经失明了，看不见东西。家中很贫穷，还有个姐姐，能弹奏瑟这样的乐器。"刘邦就说："你能跟从我吗？"石奋说："我愿意尽力来伺候您。"于是刘邦就把石奋的姐姐召来，封为"美人"，石奋也因此被刘邦任命为中涓的职务。"中涓"一职，负责宫中或营内洒扫清洁之事，为刘邦的内侍。职位虽然不能算高，但却是刘邦亲近之人。刘邦建立汉朝入主长安以后，由于石奋的姐姐已是宫中"美人"，所以石奋一家得以从老家温县搬迁到京都长安城中一个叫戚里的地方。所谓"戚里"，居住的都是和皇帝有姻亲者。从此，石奋的"万石君"传奇就在长安城得以书写和流传。

"以孝谨闻乎郡国"的石奋家风

石奋在汉高祖刘邦身边任职，就以"恭敬"受到刘邦喜爱和信任。到汉文帝继位时，因"积功劳"而升任太中大夫。当时宫中任太子太傅的官员是东阳侯张相如，他被文帝免去后，由谁来继任太子太傅呢？当汉文帝就此征求大臣意见时，大家都共同推荐只有石奋为太子太傅最为合适。太子太傅为官名，秩二千石，以辅导太子为职，太子则对其执弟子礼。石奋辅导的太子正是汉文帝的儿子汉景帝。汉文帝挑选石奋来任太子太傅，不在于学问，主要就是看中了石奋身上"举无与比"的"恭谨"。这也可见汉文帝对子女教育的要求首先重视人品。

等到汉景帝刘启即位以后，又提拔石奋为九卿，正式进入朝廷中枢。然而，由于石奋为人"恭敬履度"，严守臣子之礼仪，连汉景帝和他相处都"惮之"，即感到不自然，心理上有压力。于是，汉景帝就将石奋这个自己做太子时的老师外放到诸侯国任相，级别同郡守，秩二千石。当时，石奋有四子，长子石建，次子、三子和四子石庆，"皆以驯行孝谨"闻名于世，又都官居二千石的高位，这样才引得汉景帝发出"石君及四子皆二千石，人臣尊宠乃举集其门"的感叹。石奋的次子、三子史书不记其名，《史记》《汉书》皆以"次甲""次乙"代之。

石奋为人不仅自己恭敬得无人可比，对子女的管教也极其严格，并有自己独特的方法，从而形成了特有的家风。汉景帝在位的最后几年，石奋以上大夫的俸禄退休回家，开始了居家享受天伦之乐的生活。但是，即使在家，石奋仍不改"恭敬"品质。他每次经过宫门，一定严格按照礼仪规定下车"趋"行，表示对圣上的尊敬;每次见到皇上的“路车之马”,一定手扶车轼致敬。闲居在家,子孙小辈回来拜见他,他一定身穿朝服接见他们,而且从来不直呼小辈的名。子孙生活中有过失,他从不当面批评责骂,但是一定不坐在正室,而是坐在便侧之处。即使食案放在他面前,他也不吃,用这样的方法表示对小辈犯错的不满。小辈见石奋这样的态度,知道自己有错,便互相批评指正,最后由长子“肉袒”再三自我检讨请罪,并保证改正错误,石奋才予以原谅。平时在家中,子孙都要穿戴整齐,即使参加饮宴盛会,也必须冠服整饬,“申申如也”,保持严肃的态度。家中的童仆,也都不能打闹嬉笑,唯以谨敬为先。遇到皇上赐食送到家中,石奋一定按礼仪规定“稽首俯伏而食”,就如同在皇上跟前一样。遇到家中有丧事,一切按丧礼行事,哀痛发自内心,子孙也遵从家教,遵从丧礼,没有一丝一毫的随便。

石奋的长子石建,于汉武帝建元二年(前139)任郎中令,他每五天得以休假一天,回家拜见父亲时,总是先进入侍者小屋,私下向侍者询问父亲的身体情况,取走父亲的内衣亲自洗涤干净,再交给侍者。他经常这样做,但从不敢让父亲知道。四子石庆担任内史,有一天晚上喝醉酒回家,到外门没有按照礼仪规定下车。石奋知道以后大怒,开始不进食,表示对石庆的不满。石庆酒醒以后知道自己犯错了,大恐,脱掉上衣“肉袒请罪”。石奋依旧不原谅。结果石庆的哥哥郎中令石建及宗族的其他小辈也都像石庆那样“肉袒请罪”,石奋这才开口批评道:“内史这个职务重要而尊贵,进入闾巷时,里中的父老都急忙躲避,你却安然坐在车中洋洋自得,这是应该有的态度吗?”说完喝令石庆走开。在石奋的教育下,从此石庆和所有石家子弟都严格按照礼仪规定进入家门。

石奋一家的门风,“以孝谨闻乎郡国”,即使当时齐、鲁郡国的那些注重礼仪的儒生,也都认为自己不及石奋一家。汉武帝建元二年(前139)时,郎中令王臧以罪被免,在选拔郎中令的继承人时,皇太后认为石奋一家“不言而躬行”,门风的确立不是靠嘴上说说的,而是通过石奋自己“躬行”作出表率,全家奉行如仪。正因为如此,才决定由石奋长子石建担任郎中令,少子石庆担任内史。

石奋“谨敬”家风的延续

石奋的两个儿子,在朝廷任官,忠于职守,继承家风,以“谨敬”为本。长子石建,担任郎中令,他每次遇到事情觉得值得向皇帝进言,总是屏退左右,或者在没人的时候,将自己的想法和建议尽情地表达出来,大胆而又深切;可是在朝堂上,当着百官的面,每次遇到皇上询问,则表现得如同不会说话的人一样。对于石建的这种做法，皇帝很是理解和满意，也因此对石建更加亲近和尊敬。石奋的四子石庆像他父亲、哥哥一样谨慎恭敬。在石庆担任太仆时，有一次皇帝出行，石庆驾车。皇帝问石庆共有多少匹马，本来这是用眼睛看一下就能回答的事，但石庆当着皇帝的面，用马鞭一匹一匹地将马点了一遍，然后举手回奏道："一共是六匹马。"人们都说石庆是石奋的儿子中言谈做事最为随便的一个，做事尚且能够如此恭敬谨慎，更不用说其他人了。

后来石庆被任命为齐国相，掌握齐国地方的行政等大权。齐国上下都仰慕石庆一家的门风，争相仿效，结果齐国社会风气为之大变，"不言而齐国大治"[①]。当地百姓为感谢石庆，还为石庆建立了"石相祠"。

元狩元年(前 122)，汉武帝立太子，挑选群臣中可以担任太子太傅的人。当时，石庆正在沛郡担任太守，结果石庆被汉武帝任命为太子太傅。从石奋到石庆，父子两人，先后被汉文帝、汉武帝挑选担任太子太傅，可见石奋、石庆在皇帝心目中的地位。7 年以后，石庆又被汉武帝任命为御史大夫，从地位上讲，位列三公，又上升了一个台阶。元鼎五年(前 112)，汉武帝下诏，称："万石君先帝尊之，子孙至孝，其以御史大夫庆为丞相，封牧丘侯。"这道诏书大意是说万石君石奋，受到先帝汉景帝的尊敬，他的子孙都非常孝顺。现在决定任命石奋的儿子、御史大夫石庆担任丞相。石庆在丞相这个岗位上做了 9 年，依然保持了石门醇厚谨慎的作风。其间，他虽然曾上书汉武帝，请辞丞相之职，但并没有得到汉武帝批准，后死在任上。在石庆担任丞相时，石家子孙从担任小吏到二千石的高官前后有 13 人。直到石庆死后，孝谨门风才渐渐衰落。

司马迁等史学家对石奋一家的评论

石奋及其儿子石建、石庆，父子两代，先后在汉高祖刘邦、汉惠帝刘盈、汉文帝刘恒、汉景帝刘启、汉武帝刘彻时任高官，虽然在政治上并没有大的建树，但一门历朝五任皇帝，位列九卿三公，以孝谨厚笃闻名于世，形成了被皇帝称道的"万石君"家风，从而在《史记》《汉书》和《资治通鉴》这样重要的史书中占有一定的篇幅，是很能说明问题的。司马迁、班固和司马光记述石奋一门的事迹，并不在于石奋父子在政治上有多大作为，甚至也实事求是地记叙石庆任丞相"醇谨而已""无能有所匡言""无他大略"，但这几位史学大家都对石奋、石建、石庆评价很高。

① 《史记·万石张叔列传》。

司马迁在《万石张叔列传》的最后，称孔子说的“君子讷于言而敏于行”说的就是石奋这样的人，称赞石奋“是以其教不肃而成，不严而治”。这就是我们今天家教中讲到的做长辈的要率先垂范，以身作则。班固在《汉书·万石卫直周张传》中，重复了司马迁对石奋一家的评论。《资治通鉴》是一部供皇帝治国理政作历史借鉴的史著，从战国开始直到五代，多少朝代兴亡大事需要记录、需要评述。但是司马光却在记述汉武帝建元二年（前139）之际，以倒叙的笔法，用了近400字的篇幅，记述了石奋、石建、石庆父子的家庭礼仪生活及为官谨厚的事迹。惜墨如金的司马光，用这样一段文字告诉读者，家风对于子女培养的重要性。这也可以明了司马光为什么在撰述《资治通鉴》之余，还要写下《家范》一书。

第三节　西汉富平侯张安世家族“保国持宠”的秘密

《汉书》的作者班固在《汉书·张汤传》中说：“汉兴以来，侯者百数，保国持宠，未有若富平者也。”这段话的意思是说自从刘邦建立汉朝以来，被朝廷封侯的不下百人，但是能一直受到皇帝信任恩宠，保持家庭和封邑不败者，没有几个能像富平侯张安世那样的。班固的这段评论，在中国家庭、家教和家风史上具有很重要的位置。文中提到的“富平”，即“富平侯”，是西汉重臣张安世的爵号。讲到张安世家族的来龙去脉，不能不先介绍张安世的父亲张汤。

张汤：一个极具争议的“酷吏”

张汤（？—前115），西汉京兆杜陵人。曾有人说张汤的先人与汉初功臣留侯张良为同祖，由于司马迁在张汤的传记中没有提到，因此班固在为张汤做传时也阙而不述。张汤的父亲曾担任长安县丞，也就是协助县令主管一县政务的副手。一件偶然的小事，让父亲发现了儿子张汤的天赋与才能。有一天，张汤的父亲有事外出，命张汤看家。等到父亲回到家，却发现家中的肉被老鼠偷吃了。父亲大怒，归咎于张汤没有好好看家，于是将张汤打了一顿。张汤受气不过，于是就动手挖掘鼠穴，用烟熏的办法将老鼠抓住，还找到了剩下的肉。这还不算，张汤还一本正经地扮演了法官的角色。他在家开堂审案，传讯、拷掠、传布文书、定罪，最后将老鼠处以磔刑，审案的每一步骤都没有省略。父亲知道后找来张汤审案的文辞，一看大吃一惊，其文老辣完整如办案多年的老狱吏。作为父亲，他知道了儿子在办案审案方面的浓厚兴趣和超强的才干，于是就着意在这方面培养他，将张汤送去学习法律。张汤最终走上司法这条路，和父亲的着意培养是分不开的。父亲死后，张汤也在长安县担任书吏等职，一干就是好几年，积累了不少基层办案和办事的经验。

后来，张汤凭借自己出色的才干和人际交往能力，逐渐踏上仕途。汉武帝即位以后，他先后担任了内史掾、茂陵尉等职。在武安侯田蚡为丞相时，被征辟为丞相史，成为丞相府的幕僚。不久，在田蚡的推荐下，被汉武帝任为侍御史，正式办理案件。因其能干，又迁升为太中大夫。不久，又被汉武帝任命为掌管全国刑狱的最高长官廷尉，居于朝廷九卿之列。元狩二年（前 121），又被任命为御史大夫。算起来只有短短十几年，张汤就从一名小吏升迁到三公之高位，并在御史大夫这个岗位上整整干了 7 年，其间还多次以御史大夫代行丞相事。后来，受到同僚诬陷而被迫自杀。

张汤作为汉武帝朝的重要高官，为汉王朝的稳定作出了重要贡献。但是，作为一名司法、监察的最高长官，他的一生又备受争议。争议的焦点主要集中在两个方面：一是执法深苛酷烈，被司马迁列为“酷吏”而进入史册；二是断案决狱附会古义，逢迎皇帝意志。然而纵观张汤一生，在任期间，他参与制订和实施了政治、经济上的一系列举措，加强了汉武帝的专制主义中央集权，对专横跋扈的守旧贵族给予沉重的打击，严加惩处王侯贵族及豪强势力达数万人，使割据诸侯王的势力从此一蹶不振。他和赵禹一起制订了一系列法令条文，这些法令实施以后，在当时对打击豪族势力、稳定社会秩序起了重要作用，在一定程度上完善了汉朝的法律制度。

司马迁在《史记》中虽然将张汤列为“酷吏”，但这里“酷吏”的含义和唐武则天时的“酷吏”来俊臣、周兴之流完全不能画等号。司马迁笔下的“酷吏”，是相对于“循吏”而言，最主要的特征是执法严苛。《史记・酷吏列传》记述了从汉初吕后时侯封，直到汉武帝时赵禹、张汤、杜周等十余人，他们的执法作风、个人品行并不完全相同，但都“以酷烈为声”。司马迁在《酷吏列传》的最后，对张汤作了一个评价：“张汤以知阴阳，人主与俱上下，时数辩当否，国家赖其便。”这是司马迁对张汤为汉朝江山的稳定作出的贡献给予的一个正面评价。尤其是张汤为官清廉，在当时以及对后世，都产生了重要影响。

“非此母不生此子”

汉武帝元鼎二年（前 115），张汤在御史大夫任上，受到政敌诬陷，被迫自杀。

临死之前,上书汉武帝曰:“汤无尺寸之功,起刀笔吏,陛下幸致位三公,无以塞责。然谋陷汤者,三长史也。”张汤这里明确讲到的诬陷他致死的“三长史”,是指朱买臣、王朝和边通。他们过去都曾当过二千石的官,也都是因事贬官为丞相府长史。张汤死了以后,他的所有家产加在一起不过五百金,根据账册所记,都是得之于皇上和朝廷赏赐,并没有其他任何产业,虽然身居三公之尊,但他为官清廉,可以称得上是忠于职守、克己奉公的清官。

在张汤的丧事处理的问题上,家中产生了分歧。按张汤的兄弟和子女的意思,应该给张汤厚葬,丧礼要办得风光一些,和三公高位相匹配。但是,张汤的母亲一言就否定了儿孙们的这个想法。她说:“自己的儿子是天子的大臣,现在被小人以恶言诬陷而死,怎么能进行厚葬?”于是张母一言九鼎,就将张汤丧礼的规格定下来:“载以牛车,有棺而无椁。”这样的丧礼,岂止是薄葬,简直是草草安葬罢了。汉武帝听说以后,感慨地说:“非此母不生此子。”其意是说张家没有这样刚烈的母亲就不会生下张汤这样的儿子。实际上对张汤的死已经表现出悔意和惋惜,对张汤母亲严厉的家教表示了赞许和肯定。

汉武帝很快查清了张汤遭诬陷的原委,将诬陷张汤的三长史朱买臣、王朝和边通全部处死。一个月以后,丞相庄翟青也因牵扯张汤诬陷案而自杀。为了表示自己的悔意和对张汤一家的安抚,汉武帝“复稍进其子安世”,即对张汤的儿子张安世等另眼相待,多加眷顾,擢升其官。张安世等作为张汤的儿孙,或确切地说,张安世等作为张汤母亲严厉教导出来的孙辈,也确实在日后的发展中,没有辱没张家的门风。

2002年,西北政法大学在建设长安校区时,发掘出了张汤的墓葬。结果发现张汤之墓与《汉书·张汤传》中“载以牛车,有棺而无椁”的记载完全相吻合。墓中随葬物品多为日常生活的小器件,不见汉墓常见的陶器和其他贵重器物。为纪念此事,西北政法大学在墓葬遗址上建造了具有典型汉代风格的考古发掘纪念碑、中国法制文物与法律文化展览馆和纪念亭,并题有“廉亭”二字,以纪念汉代这位有“酷吏”之称的廉洁高官。

肃敬不怠、志行纯笃的张安世

张安世(?—前62),字子孺,张汤次子。少以父荫而被任为郎官。由于写得一手好字而到尚书台任职,工作尽心尽职,心无旁骛。他和父亲张汤一样,博闻强记。一次,汉武帝巡幸河东时,丢失了三箱书,汉武帝便下诏询问这三箱亡书的内容，结果没有人能知道，只有张安世表示能记住书中的内容，并将书中所记一一写了出来。后来宫中另行购求得书，和张安世所记互相校对，竟没有一点遗漏和差错。汉武帝很为张安世的出色才能感到惊奇，于是就破格提拔他为尚书令，不久又迁升为光禄大夫。

汉武帝驾崩以后，汉昭帝继位，由大将军霍光秉政。由于张安世品格笃行端正，因此深受霍光亲近和重视。汉昭帝元凤元年（前80）九月，左将军上官桀父子和御史大夫桑弘羊卷入燕王刘旦谋反案被诛杀，霍光深感朝中缺少能干的旧臣，就奏请汉昭帝任命张安世为右将军光禄勋，作为自己摄政的副手。后来，也就是汉昭帝继位以后的第13年，汉昭帝下诏表彰了张安世，诏书称："右将军光禄勋安世辅政宿卫，肃敬不怠，十有三年，咸以康宁。夫亲亲任贤，唐虞之道也，其封安世为富平侯。"这道诏书对张安世的"辅政宿卫"作了一个总结性的评价，就是13年如一日"肃敬不怠"，因此，加封张安世为富平侯。第2年，也就是汉昭帝元平元年（前74），汉昭帝驾崩未葬之际，霍光通过太后改任张安世为车骑将军。

在此期间，汉朝廷曾发生已被立为汉昭帝继承者的昌邑王刘贺宫中淫乱之事，张安世辅佐霍光毅然废掉昌邑王，改立流落民间的汉武帝曾孙刘询为皇帝，即汉宣帝。汉宣帝登上大宝以后，褒赏大臣，又下诏表彰张安世，称："车骑将军光禄勋富平侯安世，宿卫忠正，宣德明恩，勤劳国家，守职秉义，以安宗庙，其益封万六百户，功次大将军光。"

汉宣帝地节二年（前68），霍光病逝。御史大夫魏相在上汉宣帝的封奏中称张安世："车骑将军安世事孝武皇帝三十余年，忠信谨厚，勤劳政事，夙夜不怠，与大将军定策，天下受其福，国家重臣也。"提出应该让张安世任大将军之职。汉宣帝也正有此意，于是在几个月后，就下诏封张安世为大司马车骑将军，领尚书事。几个月后，张安世又奉诏不再担任车骑将军屯兵，改任卫将军，直接掌握了两宫卫尉，京城的城门、北军的兵权全部由他掌管。

元康四年（前62）春，张安世病重，就上书汉宣帝，主动提出归还"富平侯"之称号，退休回家养老。宣帝回报说："将军年纪大了又有病，朕很是怜恤和不安。你虽然不能事事亲临和处理，但是以你的经验，依然可以决策于庙堂之上而取胜于万里之外。将军是先帝时期的大臣，长于国家的治理，许多方面是朕及不上的，所以经常要向你垂询讨教。你有什么遗憾的地方竟上书要求归还富平侯的印信？难道是嫌朕忘记和慢待了故旧大臣而想离开吗？这实在不是朕所希望看到的啊。望将军努力加餐，多求医治病，保重身体，专注精神，能更长时间辅佐朝政。”张安世虽然病体日重，但仍感于皇上的知遇信任，强打起精神履职。到了这年秋天，最终病逝，被皇帝赐谥“敬侯”。

班固笔下关于张安世的几个故事

《汉书》作者班固在张安世的传记中，除了记叙张安世的生平和为官履历以外，还记录了张安世仕宦生涯中的二三事，从不同侧面介绍了他为人处世的态度和方法。

已故大将军霍光的儿子霍禹，和张安世同朝为官，后来，霍禹因谋反罪被夷宗族。而张安世早就担心自己家族由于权势太盛、地位太高而有月盈则亏的危险，因此一直小心畏惧，内存隐忧。他的孙女张敬已嫁入霍家，按律应当受株连。张安世为此既害怕又担心，因此形销骨立。汉宣帝看到张安世一副羸弱的样子，不禁感到奇怪，就问了左右，才知道张安世为孙女陷入赵禹案而惴惴不安。于是就下诏赦免张安世孙女，以给张安世心里安慰。对于皇上的格外开恩，张安世自然心存感激，但他却因此更加小心谨慎。他在朝廷中担任高官，典掌枢机，事事思考周密，里外都不曾出现差错。每当朝中大政方针决定以后，他就托病离开机枢。一旦皇帝的诏令下达，尽管他事先已知道诏令的内容，但仍然派吏员到丞相府去询问情况。所以，朝廷大臣竟不知道朝中这些重大决策都是张安世事先在皇帝那里参与擘画、斟酌议论的。

张安世曾经在朝中推荐过一个人而受到重用，这个人还专门上门来拜谢。为此，张安世很不高兴，他认为，为国家推荐贤才能人是为官本分，怎么能私相酬谢呢？于是关照门人，婉言辞谢来访者，不予相见。有一位郎官，自以为有功而不得升迁，就在张安世面前发牢骚。张安世批评这位郎官说：“君功高，皇上自然知道。臣子任职理应恪尽职守，怎么能自己到处夸口表白呢！”当面回绝这位郎官希望得到升迁的请求。但张安世确实感到这位郎官还是有功的，就向皇上举荐了他，并使他得到升迁，而张安世从未当面答应过这位郎官的请托。张安世府上有一长史获得升迁，临辞别赴任之际，张安世向他征求自己为官得失。这位长史回答说：“将军作为皇上的股肱之臣，而从来不听说您向皇上推荐人才，大家对将军这一点有所议论和批评。”张安世回答说：“有英明的皇帝在上，臣下谁贤谁不肖皇上心中自然明了。臣下只要修行自律就是了，何必去了解谁是贤才而向皇上推荐？”班固评论张安世“欲匿名迹远权势如此”。这是说张安世身居要职，一直为朝廷举荐人才，但他从不自矜其功，而是远离权势。

张安世在任光禄勋时，有一名郎官醉酒后竟在宫殿上便溺，殿中值班者就向张安世汇报了此事，要求对这位郎官进行处罚。张安世说："你怎么知道这不是将水浆打翻在地而造成的呢？"经过考虑，他决定不以郎官"小过成罪"，没有对他进行深究处罚。对此，班固评论说：张安世"隐人过失，皆此类也"。

张安世身为高官，尊为公侯，食邑万户，但生活简朴，"身衣弋绨"，继承了父亲张汤的家风。他的妻子作为公侯夫人，竟亲自纺绩。家童多达七百人，都学有手艺。家中通过"内治产业，累积纤微"而积累财富，家财富于大将军霍光。

霍光和张安世，同为汉宣帝的股肱大臣，汉宣帝对霍光和张安世都尊敬有加。但是，在汉宣帝内心，霍光和张安世还是有区别的，汉宣帝和霍光在一起时，总感到有一种压迫感，"内严惮之，若有芒刺在背"。而和张安世在一起，就感到轻松自如，"从容肆体，甚安近焉"[①]。史家将霍光和张安世进行如此对比，实际上是充分肯定了张安世做人的谦恭低调。

张安世的哥哥张贺是汉宣帝刘询流落民间时的启蒙老师

张贺是张汤的长子，张安世的亲哥哥。在汉武帝时，张贺一向和太子刘据交好，担任太子宾客。巫蛊之祸时，刘据被冤自杀，门下宾客都受到牵连而被处死。张安世挺身而出，上书汉武帝为兄长张贺求情。汉武帝竟宽容了张贺，没有将张贺处死，而是将他受腐刑。后来，张贺担任了掖廷令。掖廷令掌管皇室后宫之事，属九卿之一的少府管辖，例由宦官担任。汉武帝曾孙刘询因巫蛊之祸而被收养在掖廷。张贺知道巫蛊之祸由奸人所捏造，太子刘据无辜遭祸自杀身亡。现在看到皇曾孙刘询无辜受罪，孤幼无助，流落掖廷之中，很是同情。于是就对他"恩甚密焉"[②]，悉心照料抚养。

后来，刘询渐渐长大，张贺就亲自教他读书，让他学习《诗》，接受文化教育，因此，张贺也成了刘询的启蒙老师。不仅如此，张贺还用自己的家财作为聘礼，为刘询娶了许氏女作为妻子。张贺曾在弟弟、骠骑将军张安世面前介绍过刘询，认为刘询有出色的才能，并说了体现在刘询身上的各种奇异征兆。张安世听后立即制止张贺，不让哥哥继续说下去。他严肃地告诫张贺，当今天子在上，不应该在背后称道介绍汉武帝的曾孙刘询。等到汉昭帝驾崩，霍光、张安世等大臣拥

---

① 《资治通鉴·汉纪十七》。
② 《汉书·张汤传》。

立刘询继位，即为汉宣帝。这时张贺已死。汉宣帝有一次召见张安世，对他说："你的哥哥掖廷令张贺在世时经常称赞我，你及时止住了他，不让他多说，你的做法是对的。"对张安世的谨言慎行当面进行了肯定，也显示了汉宣帝非凡的见识。

刘询做了皇帝以后，一直忘不了张贺在掖廷对他的照顾和教育之恩，提出想封张贺之家为恩德侯冢，拨置守冢民户二百家。而张贺生前曾有一子，很早就死去，张安世就将自己的小儿子张彭祖过继给张贺为子。张彭祖又从小和汉宣帝刘询同席读书学习，汉宣帝指名要加封张彭祖，先赐爵关内侯。张安世知道以后惶恐不已，再三向皇上提出，辞退对张贺的封赏，并且提出大幅度地减少为张贺守冢民户的数量，要求将守冢户数从二百家减少到三十家。对此，汉宣帝没有批准，对张安世说："我之所以要这样做，是为了报答已故掖廷令张贺，不是为了将军你啊！"张安世这才没有继续坚持自己的要求。但是汉宣帝还是接受了张安世关于减少为张贺守冢民户的数量，下诏："其为故掖廷令张贺置守冢三十家。"并亲自将张贺坟冢安置在他在少年时流落民间经常玩耍的西斗鸡翁舍的南面。第二年，汉宣帝又下诏，称自己在民间时，张贺辅导自己，修文学经术，"恩惠卓异，厥功茂焉"，加封张贺继子即张安世小儿子关内侯张彭祖为阳都侯，赐张贺谥为"阳都哀侯"。又拜张贺唯一的孙子、年方七岁的张霸为散骑中郎将，赐爵关内侯，食邑三百户。

张贺作为张汤长子，由于和太子刘据交厚，被无端牵连进巫蛊之祸，幸赖他的弟弟张安世保奏才苟全性命，但却遭受了残酷的宫刑。可以说在生前受尽肉体和精神上的打击与摧残，但死后却备极哀荣，一再受到汉宣帝旌表，并惠及子孙。这主要是由张贺的人品德行决定的。汉宣帝刘询虽为汉武帝曾孙，但在民间、在掖廷时，与一介平民无异，无人知道也没人会想到他日后会成为一国之君。张贺对刘询百般护持照顾，并亲自辅导他读书学习，出资为刘询张罗婚事，纯粹是出于对刘询不幸遭遇的同情，没有任何"奇货可居"的念想和企图。张贺能在刘询最倒霉的时候伸出援手，尽心尽力地予以照顾，正是张家门风涵养的结果。

张安世的子孙们

张安世育有三个儿子，分别为张千秋、张延寿、张彭祖。在汉宣帝刚即位时，都受封为中郎将侍中。长子张千秋，与霍光儿子霍禹同为中郎将，曾一起率兵跟随度辽将军范明友征伐乌桓。回朝以后，一起去拜谒大将军霍光。霍光向张千秋问起这次征讨乌桓的战斗方略和前线的山川形势。张千秋在向霍光汇报出征乌桓兵事的同时，又随手画成行军布阵的地图，所记所说，没有一点忘失和遗漏，霍光听后很满意。接着，霍光又询问儿子霍禹，霍禹竟不能记起回答，只是推脱说一切都有文书记录，可以查看。通过张千秋和儿子霍禹的不同表现，霍光看到了儿子和张千秋之间的差距，他知道张千秋的才干远大于赵禹，感叹道："霍氏世衰，张氏兴矣！"①

张安世病逝以后，由次子张延寿继嗣。张延寿本就居于九卿高位，继承父亲张安世的爵位后，深感自己身无功德，凭什么能长久地享受先人留下的功业和优渥待遇，于是多次上书皇上，主动要求减少封邑户数。汉宣帝认为张延寿懂得礼让，就答应了请求，缩小其封地，邑户数照旧，所得租税减半。张延寿死后，受赐谥为"爱侯"。

张延寿病逝以后，由其子张勃继嗣，被任命为散骑谏大夫。汉元帝曾下诏要求列侯为朝廷推举人才。张勃就推荐了太官献丞陈汤。后陈汤获罪，张勃受连坐遭到削减封邑二百户的处罚。张勃死后，还被皇上赐了一个不好听的谥号"缪"。后来，陈汤立功于西域，这时大家才公认张勃"知人"，他举荐的陈汤确实是个人才。

张勃死后，由其子张临继嗣。张临继承了张家的谦让节俭的门风。每次登临阁殿，都会因景生情，感叹道："桑弘羊、霍禹骄奢致祸，其教训难道不大吗？值得我们张家引以为戒！"他在将死之前做出决定，把自己的家产分送给宗族故旧。死后薄葬而不起坟。

张临的儿子叫张放。汉成帝时为臣，深得成帝宠幸。先后任侍中中郎将、北地都尉、河东都尉、侍中光禄大夫。汉成帝驾崩后，张放因思慕成帝哭泣而死。

敦敬守约、明习典制礼仪的张纯

张纯(？—56)是张放的儿子，字伯仁。年少时他就承爵富平侯。他恭俭自修，敦敬守约，熟悉明了朝廷典章制度和一应礼仪规范，有其祖先敬侯张安世的遗风。在西汉汉哀帝、汉平帝朝任侍中。在王莽当朝时位至列卿，并保有侯爵。汉光武帝刘秀刚建立东汉王朝，张纯就来到洛阳，投奔刘秀。建武五年(29)，被刘秀拜为太中大夫。后又率军屯田南阳，升迁为五官中郎将。张纯初到洛阳，就被刘秀恢复封邑。当时有大臣上奏，提出列侯如果不是宗室，不宜恢复封邑。刘

---

① 《汉书·张汤传》。

秀回答说:“张纯为朝廷宿卫十多年,他的封邑不应该废除”,就改封张纯为武始侯,食邑数为富平侯一半。

张纯学问博洽,在朝历世,明习朝廷礼节典故。东汉建国之初,朝中礼仪制度多阙,每次在郊庙婚冠丧纪礼仪方面遇到疑难问题,朝廷就向张纯咨询,许多礼仪制度都经过张纯斟酌正定,为此,光武帝刘秀很看重他。刘秀让张纯兼任虎贲中郎将,并多次接见他,有一次一天中召见了他四回。

汉光武帝建武二十年(44),张纯被任命为太仆,建武二十三年(47),又任大司空,位居三公。在任期间,张纯很仰慕西汉初年曹参的治国方略和事迹,专务无为而治。所用人员,都是知名大儒。建武二十四年(48),筑成阳渠,引洛水为漕,百姓得其利。

东汉初年,南匈奴和乌桓来降,西北边境无大的战事。社会安定,家给人足,张纯就上奏朝廷,认为应该崇尚礼仪,既富而教,建立学校等。博士桓荣也提出这个建议,结果得到刘秀的批准。张纯的建议对于东汉初年的文化发展与学校教育起到了一定的促进作用。建武中元元年(56),汉光武帝东巡泰山,任命张纯为御史大夫,随驾东行,主持有关祭祀仪式,“并上元封旧仪及刻石文”[①]。作为学者,张纯的作品在清代严可均的《全上古三代秦汉三国六朝文》中共辑录了7篇,其中以《奏宜封禅》《泰山刻石文》最具代表性。当年三月,张纯病逝,被赐谥“节侯”。

提倡礼乐治国的张奋

张奋(?—102),字稚通,张纯之子。张纯在临终之前,曾留下遗训,说自己担任大官,没有为国家建立什么功业,但却被封侯,享受侯爵的优厚待遇。等到自己死后,不要再将爵禄传下去了。由于张奋的哥哥张根身体不好,汉光武帝就下诏让张奋来继承张纯的爵位和待遇。张奋就将父亲的遗训禀报给皇上,表示一定要遵从父亲遗训,放弃爵位,不能奉诏。汉光武帝则坚持要张奋接受诏命,否则下狱治罪。在这样的情况下,君命不可违,张奋才被迫继承了父亲张纯的爵位。

张奋自小就好学习,生活节俭,宅心仁厚,行义不辍。他作为侯爵,有一定的租税收入,他常常将租税收入分拨给需要赡恤的宗亲。有时甚至自家所剩无几,

① 《后汉书·张纯传》。

但依然坚持施舍不怠。汉明帝永平十七年(74)，张奋因在皇帝面前应对合旨得体，明帝"异其才"，以他为侍祠侯。汉章帝建初元年(76)，拜左中郎将，转五官中郎将，又迁长水校尉。汉和帝永元六年(94)任司空，位居三公之列。当时天下久旱不雨，农业受灾，收成锐減。张奋上书汉和帝，提出："夫国以民为本，民以谷为命，政之急务，忧之重者也。"在汉和帝召见他时，他即"口陈时政之宜"[1]，提出了自己关于解决灾荒、赈济百姓的对策。

张奋任官，史称"在位清白"[2]。永元九年(97)，他因身体原因不再为官而回家养病，但依然关心朝政，在家上疏皇上，谈礼乐治国的重要性。这道奏疏一开始就提出："圣人所美，政道至要，本在礼乐。《五经》同归，而礼乐之用尤急。"最后又表示："臣累世台辅，而大典未定，私窃惟忧，不忘寝食。臣犬马齿尽，诚冀先死见礼乐之定。"永元十三年(101)，张奋又被起用拜为太常，他继续就礼乐之事上疏皇上，提出："汉当改作礼乐，图书著明。"[3]并提出有关礼乐的三事，供朝廷斟酌考定。他的一些礼乐主张虽然最终没有得到实施，但还是得到汉和帝的称许肯定。

永元十四年(102)，张奋病逝于家中。他的儿子张甫继嗣，累官至津城门候。张甫死后，由其子张吉继嗣。直到汉安帝永初三年(109)，张吉死去，由于没有子嗣，张家封爵才自然中断。

张安世一族历经九世不败的原因

张安世一家，如果从张汤算起，在西汉历经汉武帝、汉昭帝、汉宣帝、汉元帝、汉成帝、汉哀帝、汉平帝，又经王莽"新朝"，再到东汉经汉光武帝、汉明帝、汉章帝、汉和帝、汉殇帝、汉安帝，前后有二百多年，传世整整九代。《汉书》作者班固称："汉兴以来，侯者百数，保国持宠，未有若富平者也。"[4]"富平"即富平侯张安世；《后汉书》则称："自昭帝封安世，至吉，传国八世，经历篡乱，二百年间未尝谴黜，封者莫与为比。"[5]其中的"安世"，指张安世，受封于西汉昭帝；"吉"即张吉，张安世的八世孙。"经历篡乱"是指经历了王莽篡汉建立"新朝"。班固和范晔这两位史家，分别在"张安世传"和"张纯传"的最后发表了自己的评论，表达的是同

---

① 《后汉书・张纯传》。
② 《后汉书・张纯传》。
③ 《后汉书・张纯传》。
④ 《汉书・张汤传》。
⑤ 《后汉书・张纯传》。

一个意思。他们的观点大意是说：从汉朝初年开始，两汉封侯者上百人，而其中能够长久地保持爵禄封国，受到历代皇帝的信任和重用，特别是中间还经过王莽篡乱，而家族保持不败，前后长达二百多年，除了张安世一家一族以外，还没有第二家可以与之相比。

关于张安世一门能长期“保国持宠”而不败的原因，班固也做了分析。他认为：张安世的父亲张汤“虽酷烈，及身蒙咎，其推贤扬善，固宜有后”。而张安世“履道，满而不溢”。张安世的哥哥，即张汤长子“（张）贺之阴德，亦有助云”。在班固看来，张汤为官虽然“酷烈”，被司马迁载入“酷吏”之列。但是，同时肯定了他的“推贤扬善”，对于这样的人，应该有好的后代；张安世虽然位高权重，但他懂得“满而不溢”的道理；张安世的哥哥张贺，在自身受到不公正的对待和肉体被摧残的极其不堪的境地下，无私地照顾帮助落难的刘询。班固将张贺的这种做法称为积“阴德”，对这样的说法我们并不赞同，但从中可以看出张汤、张贺、张安世父子确实有他人不及之处。班固的这段评论，对我们今天来探讨张安世宗族二百多年之“保国持宠”的原因还是有参考和启迪作用的。

从家庭、家教和家风的角度来看，张安世一家九世不败，“保国持宠”，和以下几个方面是分不开的：

一是家教严格，父母具有威信，子女孝顺。关于张汤的父母，史书记载得不多，但从有限的几段文字中，我们依然可以看到张家的家教和门风。张汤的父亲出门嘱张汤看守家院，因家中的肉被鼠盗食就将张汤打了一顿，虽然过于粗暴，但正因为如此严格，才让张汤撒气在老鼠身上，掘洞加上烟熏，将老鼠抓住，并自导自演了审讯老鼠、宣判鼠罪的好戏。而当发现儿子有法律方面的天赋，张汤这位严格得有点不讲理的父亲独具眼光，立即送张汤去学习法律。张汤父亲对儿子要求严格但并不糊涂。张汤的母亲在家中具有很高的威信。张汤屈死，张汤的几个兄弟和儿子提出为张汤厚葬，张汤母亲及时阻止，力主薄葬。她见识高，在家中又一言九鼎，所以汉武帝会讲出“非此母不生此子”的话，对她作出了高度评价。张汤的父母在史书上虽然着墨不多，但他们在家教方面的成功之处足以为人称道。可以说张氏“保国持宠”，九世不败，正是由于张汤父母在家庭教育方面打下的基础。

二是门风廉洁。最让汉武帝和当时社会感到意外的是，张汤身居三公之位，死了以后“家产直不过五百金”，而且“皆所得奉赐，无它赢”，是一个典型的清官。儿子张安世尊为公侯，食邑万户，但夫妇俩生活简朴。家产虽然丰厚，却都为“累积纤微”，“能殖其货”，通过手艺劳作和“内治产业”所得，并无贪腐受贿等官场劣迹。张安世重孙张临为人谦俭，常以桑弘羊、赵禹之横死为戒，生前将家产分施宗室，死后薄葬而不起坟。张安世上下九代，累为高官，竟没有一人贪腐受贿，亦堪称官场奇迹。

三是深谙满溢盈亏之理，谦让知足。班固说张安世“满而不溢”，说得很到位。张安世在朝，多次向皇上提出辞让封赏。大将军霍光死了以后，御史大夫魏相向皇上建议，提出让张安世继任大将军之职，并建议让张安世的儿子张延寿任光禄卿，负责宫中宿卫。皇上也想进一步重用张安世。张安世知道以后，“惧不敢当”，即向皇上提出“臣自量不足以居大位，继大将军后”。张安世的哥哥张贺，由于在掖廷照拂后来做皇帝的汉宣帝刘询有大功，张贺病逝以后，汉宣帝封张贺子张彭祖（为张安世子，因张贺无子而过继给张贺）为阳都侯，又封孤孙尚七岁的张霸为散骑中郎将，赐爵关内侯。张安世深感父子同时为侯，“在位大盛，乃辞禄”①。张安世子张延寿，继承父亲爵禄，“自以身无功德，何以久堪先人大国，数上书让减户邑”。到了东汉光武帝刘秀时，张安世的五世孙张纯身为大司空、武始侯，临终前留下遗命，死后不许子孙嗣爵。当汉光武帝下诏让张奋继承爵位时，张奋就以父亲的遗敕“固不肯受”，坚持不受封，直到刘秀要以张奋违诏定罪时才被迫受封。

第四节　班固称赞西汉“酷吏”杜周家有“良子”

司马迁在《史记》中专列《酷吏列传》，使之和《循吏列传》对应。在《酷吏列传》中，司马迁连续写了从汉景帝到汉武帝时期的“酷吏”郅都、宁成、周阳由、赵禹、张汤、义纵、王温舒、尹齐、杨仆、减宣、杜周等 11 人。班固撰《汉书》，在体例上仍有《酷吏传》，除记叙《史记·酷吏传》中已有的郅都、宁成、周阳由、赵禹、义纵、王温舒、尹齐、杨仆、减宣（注：《汉书》作“咸宣”）外，又增撰田广明、田延年、严延年、尹赏等 4 人，而将《史记·酷吏传》中的张汤、杜周移出，单独撰《张汤传》《杜周传》。班固为什么要为张汤、杜周单独作传，是因为他觉得张汤、杜周“子孙贵盛，故别传”②。关于张汤及其后人，在前篇已有介绍，在这里，就让我们来了解一下杜周及其家族吧。

① 《汉书·张汤传》。
② 《汉书·酷吏传》。

杜周：一个专以皇帝意旨为法律准绳的“酷吏”

杜周（？—前95），字长孺，南阳杜衍人。他先是在南阳太守义纵手下任事，后被义纵推荐给张汤，先后任廷尉史、御史。后被汉武帝赏识，任御史中丞，一干就是十多年。后任九卿之一的廷尉，专管天下司法。又担任执金吾，在捕治桑弘羊、卫皇后昆弟案中被汉武帝认为“尽力无私”，提拔为御史大夫，位居三公之列。汉武帝太始二年（前95），病死。

杜周为人少言重迟，内心严酷至骨。他执法严峻，奏事称旨，任职大抵效仿张汤。有人曾当面指责杜周：“君为天下司法，不遵循三尺法律条文，专以皇上旨意来定案，法律诉讼这等大事难道本来就像你这样来执行办理吗？”杜周回答说：“三尺安出哉？前主所是，著为律，后主所是，疏为令；当时为是，何古之法乎！”[①]其意是说：“三尺法律从何而来？还不是前面的皇上认为对的就成为法律，后继的皇上认为对的就成为法令。只要当朝天子认为对的就是法律，哪有什么遵循古代法律的说法呢？”在杜周眼中，所谓法律，就是以皇帝意旨为准。

就杜周本人来说，其为官虽然仿效前辈张汤，但在家庭、家教和家风方面，远不如张汤。张汤廉洁，虽久居三公之位，临终家产“不过百金”，并且均为天子赏赐之物。而杜周初为廷史之时，家产仅有一马，且装备不齐全。及累官至三公列，“子孙尊官，家訾累数巨万矣”[②]。他的两个儿子，“夹河为守”，一个任河南郡守，一个为河西郡守，也都和父亲一样成为酷吏，“其治暴酷皆甚于王温舒等矣”[③]。所谓“王温舒”，在司马迁笔下是一名专“以恶为治”[④]的酷吏。

然而，杜周一族之所以被班固赞为家有良子，称其“德器自过，爵位尊显，继世立朝，相与提衡，至于建武，杜氏爵乃独绝，迹其福祚，元功儒林之后莫能及也”，是因为杜周的小儿子杜延年一改父兄之道，“行宽厚”[⑤]，从而开创了杜氏家族簪缨不绝的新时代。

杜延年：一个“明法律”“行宽厚”的官二代

杜延年（？—前52），字幼公，杜周最小的儿子。汉昭帝刚即位的时候，大将

① 《汉书·杜周传》。
② 《史记·酷吏列传》。
③ 《史记·酷吏列传》。
④ 《史记·酷吏列传》。
⑤ 《汉书·杜周传》。

军霍光秉政，因为杜延年为杜周之子，又有做官的才能，就举荐他为军司空。这也是杜延年初登仕途之始。

汉昭帝始元四年（前83），益州郡有蛮夷反叛朝廷，杜延年以校尉身份率兵前往平叛得胜还朝，被提升为谏大夫。元凤元年（前80），左将军上官桀勾结御史大夫桑弘羊、燕王刘旦等谋乱，杜延年闻知后即上奏，在霍光的领导下，朝廷及时粉碎了此次叛乱，上官桀等事败被杀。杜延年本为霍光旧吏，在上官桀叛乱一案中被认为是“首发大奸，有忠节”[①]，为朝廷稳定立有大功，因此被封为建平侯，提升为太仆、右曹给事中。

杜延年为官明了法律，议论持平，行事宽厚。霍光秉政，一向持刑罚严厉，而杜延年身为霍光部属，并没有一味地随霍光意旨俯仰，而是根据实情“辅之以宽”[②]。对此，班固在写《汉书》时还专门举了一个长长的例子：在办理上官桀、桑弘羊、燕王刘旦等谋乱一案时，桑弘羊之子桑迁曾在逃亡过程中投其父桑弘羊故吏侯史吴家中留宿，后桑迁被捕伏法，侯史吴入监。适逢大赦，侯史吴也遇赦出监狱，廷尉王平与少府徐仁审理反叛案件中，都认为桑迁因父谋反受牵连，而侯史吴只是留宿桑迁而不是藏匿反叛者，即以赦令免侯史吴罪。后由侍御史复查，认为桑迁明知父亲谋反而不谏争，与参与谋反没什么两样，而侯史吴原为三百石吏，他藏匿桑迁，其性质是藏匿参与谋反者，与庶人藏匿谋反随从者不能等量齐观，因此，侯史吴不得赦免。为此，这个侍御史就奏请复审此案，并举劾廷尉王平、少府徐仁放纵谋反者。徐仁是丞相车千秋的女婿，因此千秋多次为侯史吴说话。车千秋又恐怕霍光不听，就召集朝中官居中二千石的和经学博士会集公车门，议论侯史吴当如何处理。参加这次集会的人都知道霍光本意，都坚持侯史吴藏匿桑迁有罪。第二天，车千秋就将大家的意见上报给了霍光，霍光又以车千秋擅召中二千石以下开会议事，导致朝廷内外异议，于是将廷尉王平、少府徐仁下狱。这时朝廷上下都担心丞相车千秋会受到牵连。在这样的情况下，杜延年便上奏与霍光争辩，认为“官吏放纵罪人，有常法为据，今改为诬指侯史吴为大逆不道，恐怕过于严重。丞相车千秋一向无所守持，而常为部下说好话，这是他一贯的行为。至于说他擅召中二千石，确实很不妥。我很愚钝，认为丞相居位已久，又曾在先帝时任职，非有大变故，不可弃用。近来百姓多言治狱深苛，狱吏严厉凶狠，今丞相所议又是狱事，如果这事也连及丞相，恐不合众心。群下哗然，庶

---

① 《汉书·杜周传》。

② 《汉书·杜周传》。

人私相议论，流言四起，我担心将军会因此事丧失名誉于天下！”最后霍光以廷尉王平、少府徐仁“弄法轻重，皆论弃市”，而没有连及丞相车千秋。班固就这件事对杜延年发表评论说：“延年论议持平，合和朝廷，皆此类也。”对杜延年不随霍光意旨，敢于发表自己看法，议论持平公正，致力于朝廷上下和谐，给予了高度评价。

汉昭帝、汉宣帝两朝名臣

杜延年为官，不只是“议论持平，合和朝廷”，他无论在中央还是在地方任职，都有政绩可观。汉武帝在位期间，虽然国力强盛，但武帝好大喜功，穷兵黩武，又奢侈多欲。等到汉昭帝继位，大将军霍光辅政，太仆杜延年亲见“国家承武帝奢侈师旅之后”[1]，于是多次上书霍光，认为现在国家连续多年遭灾歉收，流民四起，还未能尽数还乡，朝廷应该继承效仿汉文帝，推行俭约宽和政策，上顺天心，下悦民意，这样，年岁也会有丰收。霍光听后深感杜延年说得有道理，便采纳了他的建议。在汉昭帝朝，朝廷推举贤良，经过讨论最终废除的酒、盐铁专卖之政，都由杜延年首先提出然后推行。在朝中，杜延年威信很高，凡有吏民上书言事，产生争论，意见不统一，朝廷就下发到杜延年那里复审再奏。在杜延年的建议下，有的意见可由官府实施推行，就下发到县令一级；有的直接推荐给丞相、御史任用，期满一年后再根据实际情况上报。如果所言“抵其罪法”，就分发到丞相、御史府或廷尉处分别处理。

汉昭帝驾崩后，原立昌邑王不才遭废。当时汉武帝曾孙刘询还被养于掖廷，恰与杜延年次子杜佗在一起，相互之间亲密友善。这样，杜延年也对汉宣帝刘询有了了解，他深知汉宣帝德美，就劝说霍光立汉宣帝刘询为皇帝。汉宣帝即位以后，以杜延年“定策安宗庙”之功，增加其食邑户数 2 300 户，与原有户邑数相加，达 4 300 户之多，并将杜延年之功比作汉初朱虚侯刘章，封其为侯。

由于杜延年为人安和，长期在朝廷任事，对于朝廷诸事的了解很详备，因此深受汉宣帝信任。他常奉诏随汉宣帝出行，在朝中又悉心处理政务，居九卿之位十多年，不断得到皇帝赏赐赂遗。

霍光死后，其子霍禹勾连宗族谋反，被汉宣帝平定。由于杜延年是霍光旧

① 《汉书·杜周传》。

人，汉宣帝对杜延年产生了黜退的念头。而丞相魏相就在这时弹劾杜延年“素贵用事，官职多奸”，汉宣帝就派遣官吏案察，并没有发现魏相所举劾之事，只是发现杜延年作为太仆，所掌管的皇家苑马多死了几匹，官奴官婢缺衣少食，这样，杜延年就被免官，并削减邑户数两千户。过了几个月，杜延年又被起用，任北地太守。北地郡为边郡，杜延年在任上选用良吏，打击当地侵官害民的豪强，使北地郡一境清静安宁。杜延年在北地郡任太守一年多，汉宣帝就派遣使者到北地，赐杜延年玺书、黄金20斤。又将杜延年调任西河太守，在西河郡，杜延年一如既往，将西河治理得很好，班固用“治甚有名”来评论杜延年任西河太守的治绩。到汉宣帝五凤年间，杜延年又被征调入京，担任御史大夫，升为三公。杜延年的父亲杜周生前曾任御史大夫，现在杜延年来到父亲当年办公的官署，见到父亲的办公桌椅及寝席，不敢在其上坐卧，办公、休息都另择他处，以示对父亲的尊重。在杜延年任御史大夫的几年中，国家政治稳定，经济发展，边境和睦，社会得到很好的发展。杜延年在三公的位子上干了整整三年，因年迈体衰，主动向汉宣帝提出退休。汉宣帝专门派遣了光禄大夫持节前来慰问杜延年，并加赐黄金百斤和酒，并送来药品等。杜延年病重后，汉宣帝又赐“安车驷马”，批准了杜延年的退休申请。几个月后，杜延年在家中病逝，赐谥“敬侯”。

敢于向皇上提出“戒色”的杜钦

杜延年有子七人。长子杜缓，在年少时就因父荫为郎。汉宣帝本始年中以校尉的身份率兵跟从蒲类将军击匈奴，回朝以后被拜为谏大夫，又先后任边郡上谷郡都尉、雁门郡太守。父亲杜延年病逝后，奉诏回京奔丧。料理完父亲丧事后就留在京城，被任命为太常，位居九卿之首，负责朝廷宗庙礼仪，兼治诸陵县。由于工作出色，为下属所感恩。汉元帝即位后，谷米腾贵，流民增加。永光中西羌反叛。杜缓即上书汉元帝，将自家的钱谷以助军用，前后所出钱谷达数百万之巨。

杜缓有六个弟弟，其中五人做了朝廷大官。最小的弟弟杜熊，曾前后在五个郡任太守，在三个州牧任刺史，很有能干的名声。而在六个弟弟中最为知名的，还要数排行居中的弟弟杜钦。

杜钦，字子夏，从小就喜欢经书。虽然家庭富裕，但可惜有一只眼天生偏盲，因此，无意担任官吏。和杜钦同时的有个杜陵人杜邺，与杜钦同姓，连字都一样，并且和杜钦一样都以才能杰出名动京师。当时人就将杜钦称作“盲杜子夏”，以和杜陵人杜邺相区别。杜钦不喜欢自己因眼疾而被人取笑，就特制一种“小冠”戴之。于是人们就改称杜钦为“小冠杜子夏”，而称杜邺为“大冠杜子夏”。当时，汉成帝的舅舅大将军王凤以外戚的身份辅政，求贤明智慧者来帮助自己。王凤深知杜钦贤能，就奏请汉成帝任命杜钦为大将军武库令。

杜钦为人深博有谋，具有“补过将美”[1]的好品质。汉成帝在任太子时以好色“闻名”。等到即位为皇帝后，皇太后下诏采良家女以备后宫。为此，杜钦就上书王凤，说皇上正当盛年，还未有嫡子，应该根据“一娶九女”的古礼为他选择淑女，不必专娶有“声色技能”的女子。杜钦还引用孔子“少戒之在色”的话请王凤“常以为忧”。杜钦上书王凤，归纳起来就是一句话，为了国家，请皇上戒色。王凤接受了杜钦的意见，将杜钦的意见禀报给了太后王政君，被王政君以“故事无有”，即前朝没有如此事例的理由拒绝了。杜钦并没有因此退却，他再一次上书王凤，提出：“夫君亲寿尊，国家治安，诚臣子之至愿，所当勉之也。”这是说，一个国家、一个家庭，国君和父母的尊隆和长寿，关系到国家和家庭的安定，希望国君和父母长寿，这确实是臣下和儿子最大的愿望，因此，应当勉力为之。汉成帝是中国历史上有名的沉湎酒色的皇帝，杜钦敢于通过大将军王凤提出要皇上为国家大业而“戒色”，是很了不起的。虽然杜钦的这个意见最终被太后王政君否定，但通过杜钦的这次上书，王凤更加看重杜钦，遇到国家政事常与杜钦共同谋略。如河平元年(前 28)，匈奴单于遣右皋林王伊邪莫演等奉献，朝贺正月。返回匈奴时，伊邪莫演声称要降汉，这是件事关汉匈关系的一件大事，处理不妥会直接影响边境安定。结果，汉成帝采纳了杜钦和光禄大夫谷永的建议，拒绝受降，从而妥善处理了大汉与匈奴的关系。

杜钦虽久为王凤部属，但在王凤面前敢于直言。他见王凤长期以外戚身份秉政，专权太重，就告诫王凤要汲取历史上专权者最后身死家灭的教训，学习周初周公旦谦惧的好品德。最后，杜钦“优游不仕，以寿终”。他的儿子及昆弟支属中做官达到二千石地位的有将近十人。

对于杜欣敢于向皇上提出“戒色”，班固评论道：“及欣浮沉当世，好谋而成，以建始之初深陈女戒，终如其言，庶几乎《关雎》之见微，非夫浮华博习之徒所能规也。”班固的这一评论是符合实际的。

---

① 《汉书·杜周传》。

敢于"数言得失，不事权贵"的杜业

杜业是杜周的曾孙，杜延年的孙子，他的父亲即杜延年长子杜缓。杜缓生前被免去太常之职。杜缓去世以后，杜业继嗣，因"有材能，以列侯选，复为太常"，像他父亲一样担任九卿高官。《汉书·杜周传》称杜业"数言得失，不事权贵"，对杜业作了比较高的评价。

杜业素与丞相翟方进、卫尉定陵侯淳于长不和。翟方进，字子威，汝南上蔡人。淳于长，字子鸿，魏郡元城人，汉成帝太后王政君外甥，西汉佞臣。汉成帝绥和二年（前7），接连发生山崩、水灾、日食等天象，翟方进自杀以谢天下。杜业上书汉成帝，称翟方进"专作威福，阿党所厚，排挤英俊，托公报私，横厉无所畏忌"，"威权泰盛而不忠信，非所以安国家也"。为此，杜业批评汉成帝不应该在翟方进死后对他"反复赏赐厚葬"。他希望汉成帝"深思往事，以戒来今"[①]。关于翟方进，历史自有评价，但杜业敢于直接批评皇上，这是值得肯定的。

杜业"数言得失，不事权贵"还有一个例子。汉成帝驾崩以后，汉哀帝刘欣继位。杜业立即上书皇上，指出以曲阳侯王根为首的外戚"王氏世权日久，朝无骨鲠之臣，宗室诸侯微弱，与系囚无异，自佐史以上至于大吏皆权臣之党"[②]。他建议皇上初即位，应该尽早"以义割恩，安百姓心"[③]。同时，他向皇上推荐了朱博，认为他"忠信勇猛，材略不世出，诚国家雄俊之宝臣也"，他说"此人在朝，则陛下可高枕而卧矣"[④]。就在汉哀帝即位之初，杜业几次上书直言，"前后所言皆合指施行"[⑤]，朱博也被汉哀帝拔用。汉哀帝死后，王莽秉政，杜业因病去世，被赐谥"荒侯"，其子继承爵位，直到杜业的孙子，爵位才断绝。

对于杜业，班固有这样一段话："业因势抵陒，称朱博，毁师丹，爱憎之议可不畏哉！"[⑥]这是说杜业虽然自己被罢黜，但仍能上书言得失，那爱憎分明的议论，难道可以不为此感到畏惧吗！可以说，班固对杜业的爱憎分明，敢言敢议，是给予充分肯定的。

杜周一家，如果从汉武帝建元（前140）算起，经子杜延年，孙杜缓、杜钦，再

---

① 《汉书·杜周传》。
② 《汉书·杜周传》。
③ 《汉书·杜周传》。
④ 《汉书·杜周传》。
⑤ 《汉书·杜周传》。
⑥ 《汉书·杜周传》。

到曾孙杜业，历武帝、昭帝、宣帝、元帝、成帝、哀帝、平帝，直到王莽秉政，长达150年左右。这个家族和张汤家族一样，虽被司马迁、班固列为酷吏，但正如班固所说，张汤、杜周家“俱有良子，德器自过，爵位尊显，继世立朝，相与提衡”，百年多未衰，“迹其福祚，元功儒林之后莫能及也”[①]。从一个家族的兴衰史来考察，这不是偶然的。

第五节　司马迁：从父亲司马谈手里接过《史记》接力棒

《史记》是中国历史上第一部纪传体通史，记载了上自上古传说中的黄帝时代、下至汉武帝元狩元年(前122)共三千多年的历史。《史记》最初称为《太史公书》或《太史公记》，其作者为司马迁。但同时又寄托着司马迁的父亲司马谈的遗愿和他积累的材料，可以说一部《史记》，包含了司马谈、司马迁父子两代的毕生心血。

司马谈的遗训

司马谈(？—110)，西汉左冯翊夏阳人。司马谈祖上世代为周朝史官，在周惠王、周襄王之际，司马氏家族因乱逃奔晋国，司马谈祖上这一支则于战国时期来到秦国，为秦将司马错第八代孙。从司马氏奔晋开始，司马谈祖上就中断了“世典周史”为朝廷史官的传统。在秦始皇时，司马谈曾祖司马昌为主铁官。入汉以后，祖父司马毋怿曾担任过长安一个集市的“市长”。在汉文帝时期，司马谈的家庭大致为“中人之家”，以农业、畜牧业致富，有经济能力出粟买爵，因此，司马谈的父亲司马喜在汉朝虽然没有做官，但却有第九等爵位，为五大夫。到了汉武帝建元、元封年间，司马谈被汉武帝任命为太史令，司马家族才恢复了担任朝廷史官的传统。

司马谈的学问很好，他跟从当时的著名天文学家唐都学习天文，跟著名学者淄川人杨何学习《易》，又从黄子学习道家学说。司马谈学问博洽，对春秋、战国以来的各家学派都有深入的研究。他痛感于当时的学者对先秦传下来的学术思想都难达精义要旨，就写下了著名的学术评论《论六家要旨》。在这篇论文中，司

① 《汉书·杜周传》。

马谈全面论述了阴阳、儒、墨、名、法、道六家的学术渊源、要旨和各自的长处和弊端。《论六家要旨》也成为中国思想史上的名篇。

汉武帝元封元年(前110),汉武帝到泰山举行封禅大典。司马谈作为太史令必须全程参加,并以史官的身份加以记录。他随汉武帝一路东行,到了洛阳时,不料身染重病,只得滞留周南一带。作为史官却不能参加封禅这样的旷世盛典,司马谈极为遗憾,身体愈发不行。他的儿子司马迁适逢出使巴蜀返回,得知父亲病重,急忙赶到司马谈病榻前探望。司马谈见到儿子,双手紧握司马迁的手,流着眼泪给司马迁留下了在中国家教家训史上有重要地位的遗言。司马迁在《史记·太史公自序》中完整地记录了父亲的遗言:

> 余先周室之太史也。自上世尝显功名于虞夏,典天官事。后世中衰,绝于予乎?汝复为太史,则续吾祖矣。今天子接千岁之统,封泰山,而余不得从行,是命也夫,命也夫!余死,汝必为太史;为太史,无忘吾所欲论著矣。且夫孝始于事亲,中于事君,终于立身。扬名于后世,以显父母,此孝之大者。夫天下称诵周公,言其能论歌文武之德,宣周邵之风,达太王王季之思虑,爰及公刘,以尊后稷也。幽厉之后,王道缺,礼乐衰,孔子脩旧起废,论《诗》《书》,作《春秋》,则学者至今则之。自获麟以来四百有余岁,而诸侯相兼,史记放绝。今汉兴,海内一统,明主贤君忠臣死义之士,余为太史而弗论载,废天下之史文,余甚惧焉,汝其念哉!

司马谈遗言大意是:"我们的先人是周朝时的太史。早在上古的唐尧和虞舜之时,掌管天文星象之职。只是到后世渐渐衰落,难道祖先的这个职业会断绝在我的手中吗?你倘若可以再担任太史,则可以绍续我们先祖的事业啊。现在皇上接续了汉朝千年一统的大业,在泰山进行封禅大典,我却不能随行前往,这就是命运,是命运啊!我死了之后,你一定会成为太史,做了太史,不要忘记我一心想要从事完成的著述大事。再说一个人的孝开始于侍奉自己的双亲,继之于侍奉国君,最终于自身成就功名。扬名于后世,彰显自己的父母,这是最大的孝道。现在全天下人都称颂周公,说他能够赞扬歌颂文王和武王的功德,宣扬周公与召公的风尚,传达太王和王季的思想,还论及公刘的功业,以此来推崇始祖后稷。而到周幽王和周厉王之后,治理天下的王道残失,礼乐衰败不堪,孔子修编过去的典籍,重振被废弃败坏的礼乐,论述《诗》《书》,撰作《春秋》,而学者们至今仍以此为依据。自鲁哀公捕获麒麟到现在的四百多年，诸侯之间都互相征伐吞并，史书都被丢弃而断绝。如今汉朝兴起，天下统一，这期间有明主贤君忠臣为道义而死的人士，而我身为太史却并未加以论述和记录，断绝了天下传承的历史文献，这让我感到十分惶恐害怕。我说的这番话你可一定要记住啊！”司马谈的这篇遗言，集中表达了这几层意思：一是担任史官是司马家族的职业传统，要司马迁绍继这个传统；二是自己一直有意撰史著述，要司马迁继承自己未竟之宏愿，为自己扬名，以尽孝道；三是要司马迁学习孔子论《诗》《书》，作《春秋》，撰一部论载“明主贤君忠臣死义之士”的史书。

司马迁当场俯伏在地，接受了父亲的遗训。他对父亲说：“尽管儿子不够聪敏，请允许我详细地记载论述父亲大人和先人所整理编辑的史料旧闻，决不敢有丝毫缺略。”就这样，司马谈怀着不能随汉武帝参加封禅大典的遗憾和忧愤死去了。在司马谈死后三年，果然如父亲所料，司马迁被汉武帝任命为太史令，正式继承了父亲的职务，得以“紬史记石室金匮之书”，进入国家藏书馆、档案馆抽阅查照史料和文献。

子承父业，担任太史令

司马迁的父亲司马谈作为太史令，掌管天文、星象“天官”之职，是一个专业性很强的职务。他在大约 30 年的太史令职守上，充分拥有“百年之间，天下遗文古事靡不毕集太史公”的便利条件。在这样的家庭环境中，司马迁从小受到良好的教育。司马迁曾说过自己 10 岁时就跟随名师学习和背诵用先秦古文字写成的《尚书》《左传》《国语》等经典，打下了很好的文化基础。在司马迁十七八岁的时候，父亲为司马迁请来当时的著名学者董仲舒和孔安国，分别亲授他《春秋》和《古文尚书》，董仲舒的《春秋》学说和孔安国的《古文尚书》学说，都对司马迁产生了重要影响。在父亲的支持下，司马迁在 20 岁时就开始壮游天下，“南游江、淮，上会稽，探禹穴，窥九嶷，浮于沅、湘；北涉汶、泗，讲业齐、鲁之都，观孔子遗风，乡射邹、峄，厄困鄱、薛、彭城，过梁、楚以归”[①]。总之，青年司马迁所到之地，包括今天的浙江、湖南、江苏、山东、河南、湖北等地。他到过很多与历史名人有关的地方，如屈原自沉的汨罗江、楚汉相争时的战场遗迹、春申君黄歇的宫室、韩信受胯下之辱和受漂母之食的淮阴、魏国都城大梁等地。在游历的同时，司马迁也搜

① 《史记·太史公自序》。

集遗闻古事，既增长见闻，同时也为编撰史书做准备。司马迁只身游历这么多地方，没有父亲经济上的资助是不可想象的。

司马迁在完成壮游之后回到京城，约在25—30岁之间，开始登上仕途的阶梯，被汉武帝任命为郎中。这是汉宫廷内部庞大的郎官系统中最低一级的郎官。从元鼎四年（前113）冬到元鼎五年（前112），司马迁以郎官身份和任太史令的父亲司马谈一起，跟随汉武帝四处出巡，参加祭祀和围猎活动。元鼎六年（前111）秋后，司马迁奉武帝命出使巴蜀，代表汉廷去视察和安抚西南少数民族地区。直到元封元年（前110）春正月，汉武帝东行齐鲁，准备举行封禅大典，司马迁完成使命，从西南赶到洛阳，见到了缠绵病榻的父亲，接受父亲遗训。元封三年（前108），也就是父亲司马谈逝世的第三年，司马迁正式被任命为太史令，继承了父亲的职业，开始了他的史官生涯。

父亲的遗训支撑着司马迁含垢忍辱完成《史记》

司马迁于太初元年（前104）正式开始著述《史记》。《史记》之名为后人所题，司马迁称之为《太史公书》。此前，父亲司马谈业已开始这项工作，收集大量史料，并写成了部分史文。司马迁曾壮游天下，有意寻访前人故事和各地留下来的名胜遗迹。担任太史令以后，他更是以职务之便，接触到大量珍贵的档案资料，具备了撰著《史记》得天独厚的优越条件。

司马迁在撰述《史记》的第七年，遭遇“李陵之祸”，因直言触怒汉武帝，经审讯得了“诬上”的罪名，犯了死罪。按当时旧例，免除死罪有两条路可走，一是拿钱赎罪，二是接受腐刑。司马迁官小家贫，拿不出赎罪所需要的大笔赎金，于是，他毅然作出决定，接受腐刑。“腐刑”又称宫刑，是一种残酷性仅次于大辟的肉刑，对受刑者来说，不但肉体痛苦，而且心灵受辱。正如司马迁自己所说：“故祸莫憯于欲利，悲莫痛于伤心，行莫丑于辱先，而诟莫大于宫刑。”[①]司马迁为什么要接受这么痛苦、这么卑辱的刑罚呢？是因为父亲的遗训时时在提醒他、激励他。当时，《史记》的写作还处于草创未就的当口，他如果这样“伏法受诛，若九牛亡一毛，与蝼蚁何异？”[②]司马迁并不怕死，但是，他认为“人固有一死，死有重于泰山，或轻于鸿毛”，他这样死去，真是轻于鸿毛，没有丝毫价值。他之所以“隐忍

① 司马迁：《报任安书》。
② 《汉书·司马迁传》。

苟活，函粪土之中而不辞者，恨私心有所不尽，鄙没世而文采不表于后也”[①]。就是说最大的遗憾是自己内心发誓要完成的史书撰写还没有完全完成，担心死了以后自己的史著不能面世，不能传布于后世，也辜负了父亲临终前的殷殷期望。因此，为了完成父亲的遗命，为了正在撰述的著作，他决心含垢忍辱地活下去，“就极刑而无愠色”[②]。司马迁出狱以后，担任了中书令，官位要比太史令高。从此，司马迁以一个宦官的身份供奉于内廷。虽然得以经常接近汉武帝，“尊宠任职”，但司马迁除了坚持《史记》著述以外，对朝廷内外事务和名利权位之事，都毫无兴趣。

司马迁从元封三年（前108）为太史令，到太始四年（前93），经过整整16年，《史记》的撰述基本完成。在这充满理想、坎坷和屈辱的16年中，他谨遵父训，“网罗天下放失旧闻，考之行事，稽其成败兴坏之理，凡百三十篇，亦欲以究天人之际，通古今之变，成一家之言”[③]，终于完成了《史记》这部伟大的历史著作。当父亲的遗命完成以后，司马迁即进入“居则忽忽若有所亡，出则不知所如往”[④]的生命恍惚状态。大约在汉武帝末年，司马迁的生命历程结束了。从司马迁含垢忍辱完成《史记》可以看出，古人是多么重视家训和孝道啊！

司马迁的外孙杨恽献出《太史公书》

司马迁的《史记》成书以后，并没有能够公布于世。司马迁将《史记》誊写成正本和副本。副本留在京城家中，正本则“藏之名山”。用司马迁自己的话来说，正本《史记》“藏之名山，传之其人，通邑大都”，目的是“以俟后圣君子”[⑤]。司马迁清楚地知道，他生前所处的政治环境，并不利于《史记》的发表公布，但他希望有朝一日这部集父亲和自己两代人心血凝成的书稿能够面世。如果这样，他就能“偿前辱之责，虽万被戮，岂有悔哉！”也就是说，倘若日后《史记》能够面世，他就能一洗之前受腐刑之辱，即使万千次身遭杀戮，也丝毫不会后悔。但是，司马迁的这番话和这个想法，只能对“智者道”，难以和“俗人言”[⑥]。知音难觅啊！然而，司马迁的这部旷世巨著，终究没有永远被藏之名山。汉宣帝在

---

① 《汉书·司马迁传》。
② 《汉书·司马迁传》。
③ 《汉书·司马迁传》。
④ 《汉书·司马迁传》。
⑤ 《汉书·司马迁传》。
⑥ 《汉书·司马迁传》。

位期间,《史记》终于被公布于世,而使其得见天日的有功者,正是司马迁的外孙杨恽。

杨恽(? —前54),字子幼,弘农华阴人。父亲杨敞,汉昭帝时任御史大夫、丞相,封安平侯。汉宣帝即位之初死去,谥为“敬侯”。杨恽母亲为司马迁的女儿。

杨恽以兄杨忠之荫为郎官。他素有才能,喜欢结交英俊大儒,在朝廷中很有名气。在平定霍禹谋反的过程中,因有功而被封为平通侯,升迁为中郎将。此前在家中,他曾读到了外公司马迁留下的,被司马迁女儿、杨恽母亲珍藏的《太史公记》,即《史记》。这时,杨恽就将《太史公记》正式献给朝廷,于是,这部《太史公记》,亦即《史记》正式被公布流传。一部《史记》,由司马迁继承父亲遗志,发愤撰著,书成之后,又由女儿密置珍藏于家中,最后由杨恽在最适当的时机献给国家,一部《史记》凝聚着司马迁一家整整四代人的心血。

作为司马迁的后人,杨恽不但绍继外祖父司马迁、太外祖父司马谈的学识修养,并且承继了司马家族的好家风,为官廉洁无私,忠于职守。在他担任中郎将时,革除原来郎官系统内长期形成的弊端,一切以“法令从事”。部下有罪过,即上奏皇上及时处分免职;有才能尽职者,即向朝廷荐举,有的升任郡守和九卿。在他的管理和要求下,整个郎官系统“莫不自厉,绝请谒货赂之端,令行禁止,宫殿之内,翕然同声”[①]。于是杨恽受到朝廷表彰,升为光禄勋,列九卿,并被皇上所亲近信用。

早些时候,杨恽曾接受父亲留下的财产五百万,等到自身被封为平通侯,就将父亲留下的这笔遗产全部分给宗族。杨恽有个后母,没有生儿育女,死后将遗产几百万全部留给杨恽,杨恽将这些财产全分给后母的哥哥和弟弟,也就是自己的诸舅。后又另得财訾千余万,他依然分施给他人。因此,《汉书·杨敞传》称他为“轻财好义”。

然而,杨恽还是有一个致命的缺点,即“性刻害,好发人阴伏,同位有忤己者,必欲害之,以其能高人”[②]。最终,杨恽为这个性格和缺点,送了性命。于汉宣帝五凤四年(前54)被廷尉判以“大逆无道”罪腰斩。这让我们为之深感可惜。

---

① 《汉书·杨敞传》。
② 《汉书·杨敞传》。

第六节 疏广、疏受叔侄并为汉宣帝太子刘奭的师傅

在山东省枣庄市峄城区峨山镇的萝藤村和城前村之间，有一处长方形的台形遗址，被称为“二疏城遗址”。遗址东西长约180米，南北宽约160米，土台高约3米，又称“散金台”，是当地百姓为感念西汉疏广、疏受叔侄二人散金乡里，救助乡邻之恩而自发堆土修建的。1992年，二疏城遗址被列入山东省重点文物保护单位。

疏广、疏受叔侄同为太子刘奭的老师

疏广(？—前45)，字仲翁。西汉东海兰陵人。其曾祖迁于泰山钜平。疏广年少时就好学，尤其精研《春秋》。他在乡里开馆教学，有的学生从很远的地方慕名前来求学于门下。后被汉宣帝征为博士太中大夫。地节三年(前67)，汉宣帝立儿子刘奭为太子，选丙吉为太傅，疏广被选为少傅。在西汉，太傅、少傅皆为太子的老师，皇上对太傅、少傅的选拔都非常谨慎，既要注重学问，更看中人品。丙吉和疏广之所以被汉宣帝遴选为太子的老师，说明两人在汉宣帝心目中是可对太子刘奭，也就是未来的皇帝行教导之责和可托付之人。几个月以后，丙吉被汉宣帝升任为御史大夫，疏广则就被徙升为太傅。那么，谁来补任太子少傅这个缺呢？汉宣帝直接选任疏广的侄子疏受来担任太子少傅。疏受字公子，是疏广的哥哥的儿子，他此前已以举贤良被任为太子家令，为太子府总管。疏受自传家学，为人“好礼恭谨，敏而有辞”[①]。有一次，汉宣帝来到太子宫，疏受以太子家令的身份来拜谒恭候皇上，并随时应对。在太子迎接父皇的酒宴上，疏受在向皇上祝酒上寿和应答回话的过程中，在礼仪和辞对方面，都极为得体娴雅。汉宣帝对疏受的表现非常满意，也对疏受有了深刻的印象。当疏广升任太子太傅以后，汉宣帝立即作出决定，由疏广的侄子疏受担任少傅。

太子的太傅、少傅选定以后，太子的外祖父平恩侯许伯又另生花样。他上奏汉宣帝，认为现在太子还年少，举荐他自己的弟弟中郎将许舜来监护太子家。汉宣帝就此征求疏广的意见。疏广正色回答道：“太子乃国家的储君，能成为太子老师和友人的一定是天下英俊之才，而不应该只是单单亲近于自己的外祖父许

---

① 《汉书·疏广传》。

氏一家。再说，现在太子已自有太傅、少傅，太子宫中所需官职及部属都已选任备齐，现在如果再让许舜护太子家，我担心许舜的见识短而浅陋，非但不能增广太子之德于天下，反而示天下以浅陋。”汉宣帝认为疏广的话很对，并将疏广的这番话告诉了丞相魏相。魏相听后，当场除下冠帽，向汉宣帝检讨说：“疏广所说的这番话不是臣等所能够及得上的。”疏广因此更加被汉宣帝所器重，多次受到汉宣帝赏赐。太子刘奭每次上朝拜见父皇汉宣帝时，都是太傅疏广、少傅疏受一前一后跟随的。疏广、疏受叔侄并为太子师傅，“朝廷以为荣”[①]。这也成就了西汉皇家宫廷教育的一段佳话。

疏广、疏受叔侄“功成身退”“归老故乡”

疏广、疏受担任太子太傅、少傅之时，刘奭年方 7 岁。叔侄俩共同教育刘奭整整 5 年，刘奭 12 岁时，已经精通《论语》《孝经》等儒家经典，学问大进。就在这时候，疏广作出了一个决定。他对疏受说：“我听说有这样一句话：‘知足不辱，知止不殆’，‘功成身退，天之道’也。现在我们俩出仕任官做到了俸禄达到二千石的级别，事业有成，名声已立，到了这步田地，我们如果不离开，很害怕会出现让我们后悔不及的结果。还不如我们现在就申请退休，辞去官职，相随出关，告老回到故乡，以尽天年。这样做岂不是更为妥善吗？”疏受很同意叔叔的这个看法，一边对疏广叩头，一边说：“完全听从叔父大人的这番教诲。”[②]当天，疏广和疏受叔侄就上书称病。三个月以后，疏广又上书称病体日见沉重，并正式向皇上提出退休归老的请求。汉宣帝因为疏广确实年纪大，身体不好，就批准了疏广退休的请求，同时也批准让疏受一起辞官回故里。

疏广、疏受叔侄临离别京城长安之前，汉宣帝特地赐给他们黄金 20 斤，皇太子刘奭也赠金 50 斤。在长安东城门外，朝中公卿大夫治席为叔侄饯行，来送别的车辆达到百数辆之多。最后，疏广、疏受和来送别的同僚部属一一辞别。而围在道旁观看京城百官为疏广、疏受饯别的百姓很多，他们都说疏广、疏受叔侄“贤哉二大夫！”[③]有的还一边叹息一边为他们的辞别而流下了眼泪。

疏广留给子孙的家训

疏广、疏受叔侄顺利回到乡里以后，尽享桑梓之情和家中天伦之乐。疏广作

---

① 《汉书·疏广传》。
② 见《汉书·疏广传》。
③ 《汉书·疏广传》。

为族中和家中长辈，又是告老之高官，差不多每天叫家人安排酒宴，遍请族人、故旧、宾客前来，大家举杯把盏，娱乐尽欢。他还多次询问管账者家中余金还有多少，催促家人尽量多用去以治酒席招待亲人和乡里宾朋。每天不断的大小宴席，竟持续了一年多。

对于疏广的这一做法，家中的子孙小辈有点着急了，他们不知道疏广为什么要这样铺张挥霍，于是，他们就私下恳请疏广的弟弟以及疏广平时所接近并喜欢的人，请他们向疏广转达小辈们的一个请求，希望疏广为他们留点产业。每天这样请客吃饭，家中的金钱将要用尽，希望疏广为儿孙置买田宅。于是，这些受到小辈委托的老人就找了一个机会向疏广转达了家中儿孙的这个请求。疏广听了回答说："我难道真是老糊涂了而不为子孙考虑吗？我只是考虑家中已有旧田地房屋，让子孙辛勤劳动于其中，足以供给家中所需衣食，生活水平能够和普通人家一样。现在如果再给他们增加田产，让他们都有赢余，这只会导致子孙们懈怠懒惰罢了。一个贤德之人而多财，会折损其上进之志向；一个愚笨之人而多财，则会增加其过错。再说，富者往往会招致众人的不满和怨恨啊。我既然没有很好地教育点化子孙的德行，但也不愿意增加他们犯错的机会和招致众人对他们的不满和怨恨。更何况，现在我带回的这些金子，是皇上恩赐给我养老之用，所以我乐意捐献出来和同族、乡亲共同享受皇上的恩赐，以尽我之天年，这不是很好吗！"[①]疏广的这番话，表面上是讲给前来劝说他的族中老人的，实际上就是借这个机会向家中子孙辈留下了疏氏家教、家训。他不给子孙置田宅，并不是不爱子孙，而是为家族、为子孙长远考虑。他提出："贤而多财，则损其志；愚而多财，则益其过"[②]，是以无数家庭败亡的教训为殷鉴，具有深刻含义。疏广留有著作《疏氏春秋》。

后人对疏广、疏受叔侄的敬仰和怀念

疏广、疏受叔侄去世之后，乡人感其散金之惠，在二疏宅旧址筑了一座方圆三里的土城，取名为"二疏城"；又在其散金处立一碑，名"散金台"，便成了一处名胜，引来后世文人墨客不断在这里题咏，表达对"二疏"的敬仰和怀念。

晋代诗人陶渊明有《咏二疏》，其诗曰："大象转四时，功成者自去。借问衰周来，几人得其趣？游目汉廷中，二疏复此举。高啸返旧居，长揖储君傅。饯送倾

① 见《汉书・疏广传》。
② 《汉书・疏广传》。

皇朝，华轩盈道路。离别情所悲，余荣何足顾。事胜感行人，贤哉岂常誉？厌厌闾里欢，所营非近务。促席延故老，挥觞道平素。问金终寄心，清言晓未悟。放意乐余年，遑惜身后虑。谁云其人亡，久而道弥著。”作品讴歌了二疏立功不居、功成身退、有金不私的贤达事迹。唐代诗人李白有《拟古》诗之五，赞“二疏”：“千金买一醉，取乐不求余。达士遗天地，东门有二疏。”白居易也作诗赞“二疏”：“贤哉汉二疏，彼独是何人？寂寞东门路，无人继去尘。”清乾隆二十七年（1762），乾隆皇帝南巡在沂州行宫留下诗歌赞“二疏”，诗曰：“荒城名尚二疏存，置酒捐金广主恩，贤损志愚益其过，不惟高见实良言。”明弘治五年（1492），按察司副使赵鹤龄修“二疏祠”，广植树木，立有碑碣。明嘉靖十年（1531）兵备佥事李士允又命峄县令李孔曦重修“二疏祠”，并塑二疏像，作《二疏祠记》，彰表先贤。如今的二疏城，已经成为当地著名的人文景观。

第七节　“世名清廉”的王吉、王骏、王崇祖孙三代

西汉昭帝驾崩以后，朝中曾发生一件大事：汉昭帝因无嗣，当时秉政的大将军霍光等就迎立昌邑王刘贺继位为帝。不料昌邑王即位 20 余日以“行淫乱”即遭废黜。原在昌邑王国的群臣都因为没有向朝廷举奏过昌邑王的过失，陷王于大恶而下狱受诛，唯有中尉王吉和郎中令龚遂因数次向昌邑王直谏而得免。

多次劝谏昌邑王，“甚得辅弼之义”

王吉（？—前 48），字子阳，西汉琅琊皋虞人。他自小就好学明经，曾担任过郡吏，被举孝廉任郎官，后补任九卿之一的少府属官若卢右丞。后又迁任云阳县令。又通过举贤良途径到昌邑王国第二代国王刘贺那里任中尉，执掌王国治安等。昌邑王刘贺喜欢游猎，经常率队在王国境内任意驱驰，只知尽情游玩而毫不节制。为此，王吉上疏刘贺进行劝谏。王吉批评刘贺说：大王不喜欢书术而热衷于寻乐逸游，坐在车上扬鞭催马，大呼小叫好不威风快活。这种贪玩好游，不分早晚，不避寒暑，“非所以全寿命之宗也，也非所以进仁义之隆也”[1]，也就是说这样毫无节制地游猎逸玩，既不符合养生长寿之宗旨，也不能达到进仁义的高标

---

① 《汉书·王吉传》。

准。王吉又说：大王于私来论，是皇上的儿子；于公来说，则是皇上的臣子，身上肩负的责任很重。大王身上只要有纤介之失被皇上知道，“非享国之福也”[①]。王吉希望昌邑王刘贺认真细察自己的过失和可能对王国带来的不利结果。刘贺平日所行虽然不尊道义，但对王吉倒还懂得尊敬。他下令说：中尉王吉对寡人忠心耿耿，多次指出寡人的过错。他使人赐给王吉牛肉、美酒和果脯。然而，刘贺对王吉的劝谏并没有听进去，依然我行我素。王吉虽然多次谏诤，刘贺却放纵自若。然而，王吉这样坚持劝谏，完全尽到了臣子的辅弼责任，因此在昌邑王国内深受敬重。

汉昭帝元平元年(前74)，汉昭帝驾崩于未央宫，因无嗣，大将军霍光等就派遣大鸿胪宗正专程到昌邑国迎立昌邑王刘贺，准备立昌邑王为帝。这时，王吉即上书告诫昌邑王，提出今皇上驾崩无嗣，大将军霍光等决定立大王以奉宗庙，愿大王“事之，敬之，政事壹听之，大王垂拱南面而已。愿留意，常以为念”[②]。王吉在昌邑王刘贺即将被迎进长安即皇帝位的关键时刻上书，就是要刘贺谨慎自律，一切听霍光安排，不要无端生事。王吉的告诫，是基于他对刘贺的了解。不幸的是，刘贺并没有将王吉的告诫听进去。在昌邑国中的群臣都因为没有很好地规劝昌邑王，也不将昌邑王的过错上奏朝廷而“陷王大恶”，被下狱治罪遭诛，唯有王吉和郎中令龚遂“以忠直数谏正”得免死罪，“髡为城旦”，即接受髡刑，被剃去头发，罚去修筑城墙。

王吉上书汉宣帝谈政务之本和家庭“去妇”风波

汉宣帝刘询即位以后，王吉又重被起用，先是被任为益州刺史，王吉因病而去官，后又被征为博士谏大夫。当时汉宣帝“躬亲政事，任用能吏”，王吉上疏汉宣帝奏言朝廷治理得失。在这篇奏疏中，王吉建议汉宣帝根据孔子所说“安上治民，莫善于礼”，来尽政务之本，开太平之基，建万世之长策。他希望朝廷明选求贤，废除“任子之令”[③]，皇帝外戚和故旧者可以多给财产，不应任高官；去各种供游玩处，“明视天下以俭”。他认为，朝廷去侈靡，行节俭，那么“民见俭则归本，本立而末成”[④]。但汉宣帝并没有对王吉的这篇奏疏给予重视，他认为王吉所言

---

① 《汉书·王吉传》。

② 《汉书·王吉传》。

③ “任子令”为汉朝关于选官的律令。其中规定，凡吏二千石以上任职满三年者，得任其同产(兄弟)若子一人为郎。任子一般为郎官或太子官属。

④ 《汉书·王吉传》。

“迂阔”，空谈而已，也因为如此，对王吉也不那么信任和宠异了。于是，王吉就称病离朝，回到琅琊乡里。汉宣帝死后，汉元帝刘奭即位，即遣使者征王吉到朝廷任职。这时王吉已年老体衰，走到半道，竟病死在路上。汉元帝闻报很是悼念，专门派遣使者去吊唁。

关于王吉为人，《汉书·王吉传》记录了他早年居住于长安的一件轶事。当时他已成家，在家中苦读求学。所居东家有一棵大枣树，枝繁叶茂，直接垂挂在王吉庭院之中。王吉的妻子就顺手摘取了树上的枣子给王吉吃。王吉后来知道枣子为邻家枣树所结，大怒，认为妻子私取他人之物，违背做人礼仪，就将妻子赶出家门。这件事闹大以后，让东家知道了，想将这棵惹祸的枣树砍掉，被四邻共同阻止。又一起到王吉家做工作，坚持要王吉原谅妻子，让妻子回来。王吉最后还是原谅了妻子的过错，将妻子接回家中。这件事传开以后，有顺口溜记有此事：“东家有树，王阳妇去，东家枣完，去妇复还。”通过王吉因枣树“去妇”“还妇”这件事，《汉书》称“其厉志如此”，肯定了王吉重视家庭人员品行的自我约束和磨砺。

王吉的儿子、孙子并有清廉之名

王吉是西汉著名的经学家，他兼通“五经”，能解说《驺氏春秋》，教授《诗》《论语》等儒家经典，尤其喜欢梁丘贺解说的《易》。在父亲的影响和直接教育下，儿子王骏也学习了这些经典。后来，王骏便以“举孝廉”任郎官。左曹陈咸认为王吉、王骏父子，“明经行修，宜显以厉俗”，即学问、人品兼优，应该使他们发达扬名，以激励大家，于是就举荐王骏。而光禄勋匡衡也同时推举王骏，认为王骏思路敏捷，见问即对，有“专对”之才。这样，王骏就到了淮阳王刘钦那里任职，后又被调任赵国内史。

此前朝中昌邑王刘贺事件发生后，王吉曾遭受髡刑。他就告诫儿孙，千万不要到王国那里任职，以免罹祸。因此，王骏在到赵国赴任的半道上就称病，被免官而回到家中。后来，又被朝廷征用，先后任幽州刺史、司隶校尉，后升迁为少府，位列九卿。汉成帝刘骜即位以后，想重用王骏，就任命他为京兆尹。京兆尹在西汉是一个具有地方行政官员与中央朝官双重性质的重要职位，在管理京畿地区的各方面行政事务的同时，还具有参与国家政务的权力。汉成帝任命王骏为京兆尹，目的是“试以政事”，既是对他的考察，也是让他经受历练。王骏没有辜负汉成帝的信任。《汉书》载：“先是京兆有赵广汉、张敞、王尊、王章，至骏皆有能名,故京师称曰:‘前有赵、张,后有三王。’”王骏因政绩突出,后任御史大夫,成为三公高官,在任上干了六年因病逝世。王骏生前,没有封侯,朝中同僚为王骏感到遗憾。王骏在任少府时,妻子死了,王骏不再另娶。有人问王骏,为什么不考虑续弦,王骏回答说:“德非曾参,子非华、元,亦何敢娶?”[①]王骏的这一回答,用了个典故:原来在春秋时期,孔子的学生曾参在妻子死了以后,就没有再娶妻。有人就问曾参为何不另娶妻室。曾参回答说因为自己两个儿子曾华、曾元都是好孩子。曾参之意是怕孩子和后母之间会生抵牾。王骏用曾参不续弦的典故表明自己对孩子热爱和负责的态度。

王吉的孙子王崇,最早以父荫任郎官。后历任刺史、郡守等官职,都赢得“治有能名”的官声。汉哀帝建平三年(前4),以河南郡太守的任上被征入朝中任御史大夫。但几个月后就因牵进一桩外戚案而被汉哀帝策诏批评,左迁任大司农,由三公之位降为九卿,后又徙职卫尉左将军。到了汉平帝即位,王莽秉政,被任为大司空,封扶平侯。一年多以后,为避王莽,称病提出退休归田。王莽最终批准了王崇的请求,让他回到自己的封地。最后被婢女毒死。

王吉、王骏、王崇祖孙三代,都为朝廷高官,王骏、王崇父子还先后任御史大夫,位居三公之列。祖孙三人“世名清廉”,有着很好的家风和官声。祖孙三人虽然“皆好车马衣服,其自奉养极为鲜明”,但绝无金银锦绣等奢侈之物。每次职务变动,迁徙去处,“所载不过囊衣,不畜积余财”。辞职或退休居家,便穿布衣,吃蔬食,生活俭朴,“天下服其廉”[②]。

琅琊王氏,是中国古代的大姓望族,人才辈出,簪缨不绝,王吉是琅琊王氏公认的始祖。

第八节　韦贤、韦玄成父子俱为丞相

《幼学琼林》是旧时风靡全国的一本蒙学读物。在卷二“祖孙父子”中有一联曰:“经遗世训,韦玄成乐有贤父兄;书擅时名,王羲之却是佳子弟。”其中上联提到的“韦玄成乐有贤父兄”,是指西汉韦贤、韦玄成父子,俱以明经位至丞相,形成西汉家庭教育中的一段佳话。

---

① 《汉书·王吉传》。
② 《汉书·王吉传》。

邹鲁大儒，汉昭帝老师

韦贤(前143—前62)，字长孺，西汉鲁国邹人。

韦贤先祖韦孟，家本居住在彭城，汉朝初年为楚元王刘交太傅，教授刘交次子楚夷王刘郢客和孙子第三任楚王刘戊。从刘交到刘戊，韦孟成为三代楚王的师傅。刘交为刘邦同父异母弟，跟随刘邦起兵反秦，出生入死，为汉王朝的建立立下大功。刘交喜欢读书，且多才多艺，作为楚王，将楚国治理得不错，但在家教方面存在问题。他的儿子刘郢客在位四年就去世，孙子刘戊继位。刘戊"荒淫不遵道"[①]，完全违背了祖父刘交和父亲刘郢客的教导。作为刘戊的老师，韦孟曾作诗予以讽谏。但刘戊屡劝不听，韦孟只得辞去职位，举家迁徙到邹城。韦孟虽然离开刘戊，但刘戊的种种荒唐无道的行为还是让他记忆犹新，于是，他又写下一首长长的谏诗，为了给自己也是给家人孩子提个醒。而刘戊则在汉景帝二年(前155)因参与吴王刘濞作乱，于次年事败自杀。

韦贤是韦孟的五世孙。他继承了先祖的好品质，为人"质朴少欲，笃志于学，兼通《礼》《尚书》"[②]，他在《诗》的研习方面，继承前辈申公和自己的老师江公的研究成果，并有所阐发，形成自己的特色，被时人称作"韦氏学"。他在邹鲁一带教授《诗》，被誉为"邹鲁大儒"。

汉昭帝时韦贤被朝廷征为博士，又加官为给事中。给事中是内朝重要官职，可以随时出入宫禁，常侍皇帝左右，备顾问应对。韦贤以博士加给事中的身份，得以直接教授汉昭帝《诗》，成为汉昭帝的老师。后又被升迁为光禄大夫詹事，至大鸿胪。汉昭帝驾崩后，因无嗣，在大将军霍光和众公卿的拥立之下，汉宣帝即位。由于韦贤参与了拥立汉宣帝继位之谋，对汉江山的稳定有功，被赐爵关内侯，又迁徙为长信宫少府。因为韦贤曾是汉昭帝的老师，因此在朝廷上下很受尊重。到了汉宣帝本始三年(前71)，被任命为丞相，封扶阳侯。当时韦贤已经七十多岁了。韦贤任丞相整整五年，一直到汉宣帝地节三年(前67)，才正式"以老病乞骸骨"，自请退休回到家乡。《汉书·韦贤传》称"丞相致仕自贤始"。"致仕"是对古代官员退休的说法，而丞相的辞官退休，就是从汉朝韦贤开始的。韦贤在82岁时病逝，赐谥"节侯"。

---

① 《汉书·韦贤传》。
② 《汉书·韦贤传》。

韦玄成为辞让侯爵于兄故装狂病

韦贤育有四个儿子，长子韦方山，担任过汉高祖刘邦陵寝令，早逝。次子韦弘，积官至东海郡太守。第三个儿子韦舜，没有出仕，留居在家乡鲁地守着先人坟茔。最小的儿子叫韦玄成。玄成，字少翁，先以父荫任为郎官，常侍从皇上随骑。韦玄成从小就好学不倦。他在父亲韦贤的教育下传承了父亲的学业，通晓儒家经典，同时也继承了父亲在待人接物方面的礼仪修养，谦逊下士。他骑马坐车出行，遇到相识之人在步行，一定将这人接到马上或车上同行，而且习以为常。他对待人，凡是贫贱者他更加予以尊敬，因此，好名声越来越大。他学问也很突出，以明经被擢拔为谏大夫，后又迁升为大河郡都尉，主管郡中军事。

起先，韦玄成的二哥韦弘曾经担任过太常丞，主要负责供奉皇室宗庙，负责皇陵地方政务。这个职务为皇家办事，事烦又容易出错获罪。父亲韦贤担心儿子会因罪见黜，出于对儿子的保护，又为家族继嗣大计考虑，就要求韦弘主动称病辞官，继嗣封侯称号和相应待遇。但韦弘为人谦怀，他不愿意代父为侯，出于避嫌不肯主动辞官。就在韦贤病重之时，韦弘果然如韦贤所料，受宗庙事牵连而被关进监狱，但罪名尚未谳定。这时，族人就询问韦贤，在几个儿子中由谁来继嗣为侯。韦贤正为韦弘不听自己话惹下祸端而愤恚不已，于是不肯表态。韦贤有个叫义倩的门生就和韦贤家族商议，决定假传韦贤之命，让当时正任大河郡都尉的小儿子韦玄成继嗣为侯。而就在这时，韦贤病逝。韦玄成是在大河郡都尉任上接到家中丧报，同时也才知道要由他继嗣为侯的消息。韦玄成深知让自己继嗣绝不是父亲的本意，于是他就佯装病狂，躺在床上任意大小便。还满嘴胡言乱语，狂笑不止，一副精神错乱的样子。韦贤的丧事办完以后，朝廷下诏，由韦玄成袭爵。韦玄成以病狂之症不能应诏。这件事回报到长安，发下丞相、御史府案验韦玄成病情。韦玄成平素名声很好，大家都怀疑他病狂有假，其真实意图就是为了将爵禄让给哥哥韦弘。于是就由负责案验此事的丞相史写信给韦玄成，直接指出他为辞爵于兄，假装狂痴，不惜自坏容貌，蒙受耻辱。韦玄成友人侍郎章上疏皇上，大意是说："一个圣明的君王应该重视臣下礼让为国的行为和表现，因此，对韦玄成辞让侯爵的行为给予优待和肯定，不要枉屈了他礼让的志向和好意，使他能安心居住于民间。"而丞相御史同时也以韦玄成佯为病狂之罪弹劾韦玄成。汉宣帝下诏，不要因此而劾奏韦玄成，并传旨韦玄成入京朝拜。在这种情况下，韦玄成不得已最终接受了父亲传下来的爵位和封邑。对于韦玄成和哥哥韦弘辞让爵位之事，汉宣帝“高其节”[1]，充分加以肯定，下旨以韦玄成为河南郡太守，韦弘为太山郡都尉，不久，又升迁其为东海郡太守。

“遗子黄金满籯，不如一经”

韦玄成任河南郡太守几年之后，又被朝廷征为未央卫尉。未央宫是西汉皇帝居住办公之地，是汉中央的政令中心。卫尉负责保卫宫门和宫内，职权地位很重要，为九卿之一。后又升迁为太常。太常是朝廷掌宗庙礼仪之官，兼管国家文化教育、陵县行政，也统辖朝中博士和太学，位列九卿之首，地位十分崇高。韦玄成平素与同朝杨恽交好厚善。后来杨恽被腰斩，所交好之人都受到牵连被免官。韦玄成也遭免官，以列侯侍祀孝惠庙。按照规定，每天早晨韦玄成应该驾驭驷马车而至庙前下车。有一天，天降大雨，道路泥泞，韦玄成就没有驾驷马车前往，直接骑马来到庙前。结果被有司劾奏，韦玄成等一批人都遭到削爵为关内侯的处分。所谓关内侯，是一种有爵位之号但无封国的爵位名。韦玄成对此很是伤心，认为父亲挣来的爵位名号竟贬黜在自己手上，感叹道：“我现在有什么脸面来侍奉祭祀先祖父辈！”为此，还作诗进行自我劾责。在这首自劾诗的最后，韦玄成表示：“谁谓华高，企其齐而；谁谓德难，厉其庶而。嗟我小子，于贰其尤，队彼令声，申此择辞。四方群后，我监我视，威仪车服，唯肃是履！”[2]大意是说：华山虽高，我只要努力企仰就能和它齐观；树立好的道德不易，我只要克己厉行也差不多能够达到。对于我来说，同样的过错不能出现第二次，要努力去追求好的名声，也愿意受到四方众人的监管督促。

汉宣帝次子刘钦被封为淮阳王，好政事，通法律，汉宣帝一度有意立他为继嗣者。但当时汉宣帝已立刘奭为太子，而且刘奭生于民间，曾和他一起罹难于社会底层，刘奭的母亲又很早去世，因此，汉宣帝不忍心将太子刘奭换掉。但是，为了更好地教导淮阳王，汉宣帝决心找一个深通礼仪，又具备礼让之德的大臣来辅导淮阳王，于是，汉宣帝就召拜韦玄成为淮阳中尉。当时淮阳王尚未到达淮阳国就封，韦玄成和太子太傅萧望之以及朝中那些精通“五经”的儒生一起参加了由汉宣帝亲自主持召开的石渠阁会议，来讨论五经异同。在这次重要的学术会议上，韦玄成条奏其对，发表看法，对于儒家经典的进一步完善做出了自己的贡献。

---

① 《汉书・韦贤传》。
② 《汉书・韦贤传》。

汉元帝即位以后，韦玄成被任为少府，后又迁为太子太傅，一直到就任御史大夫，升入三公之列。汉元帝永光年间被拜为丞相。这是韦玄成遭贬黜十年以来，正式继承父亲韦贤曾担任过的丞相之位，恢复父亲当年受封的扶阳侯爵。父子相继为丞相，这在历代王朝中也是少有的，堪称韦家当世荣光。由于韦玄成精通"五经"，"以明经历位至丞相"，所以当时邹鲁一代盛传"遗子黄金满籯，不如一经"[①]这样的谚语。"籯"是指箱笼一类的器具，这句话的意思是说，与其留给儿孙黄金满满一箱笼作为遗产，还不如传给儿孙一部经书。"遗子黄金满籯，不如一经"这句话言简意赅，从西汉以来，一直成为中国家庭教育、家风建设的名言而传诵不已。

作诗戒示子孙

韦玄成任丞相以后，又写了一首诗，在感怀自己宦海浮沉的同时，更重要的是"以戒示子孙"[②]。在诗中韦玄表示：圣天子先后任命自己为九卿、丞相，荣登三公之位，又恢复往昔爵位。父子相继为丞相。今天我来到往日父亲办公的所在，不由泣涕涟涟。同朝群公百官前来相贺，但我心中却戚戚其惧，更要夙兴夜寐，小心谨慎地工作。他在诗中训诫自己的子孙说："嗟我后人，命其靡常，靖享尔位，瞻仰靡荒。慎尔会同，戒尔车服，无惰尔仪，以保尔域。尔无我视，不慎不整；我之此复，惟禄之幸。于戏后人，惟肃惟栗。无忝显祖，以蕃汉室。"其大意是说：我的孩子啊，命运无常，你们一定要好好思量保受你们现在的地位爵禄，不要追求糜烂荒怠的生活。你们要谨慎地交友，车服器用严格按照礼仪规定，不要生懒惰贪念之想，以保住你们现有的封国待遇。我现在得以恢复爵禄，此为蒙天之福幸，你们千万不可心生怠慢。啊，孩子们，希望你们时刻保持战战兢兢、恭敬庄重的态度啊！只有这样才不会辱没我先祖，壮大我大汉王室！韦玄成父子虽然相继为丞相，达到人臣的最高光时刻，但是，父子宦海浮沉，深知为官不易，稍有不慎，就会给自己和家族带来灭顶之灾。所以，韦玄成先后写下自劾诗和戒子诗，来警示自己，训诫子孙。

韦玄成担任丞相有七年，其守正持重，为汉元帝在位时一代明相，建昭三年(前36)病逝，赐谥"共侯"。韦氏宗族之后也大多成器。韦贤长子韦方山的儿子韦安世，历任郡守、大鸿胪、长乐卫尉等职，被朝廷称有宰相之器。韦贤次子韦弘的儿子韦赏继承家学，精通《诗》，汉哀帝刘欣在任定陶王时，担任过刘欣太傅。

---

① 《汉书・韦贤传》。
② 《汉书・韦贤传》。

等到刘欣即位为天子，韦赏被任命为大司马车骑将军，列为三公，赐爵关内侯，食邑千户，八十余岁以寿终。《汉书》作者称韦氏“宗族至吏二千石者十余人”[1]。韦氏一族从韦孟算起到汉哀帝，前后绵延近二百年而不坠，这和韦家历代重视家教家戒是分不开的。

第九节　邓禹：一家三代教训子孙“皆遵法度”

在京剧《上天台》中，汉光武帝刘秀出场时有一段二黄慢板唱腔，其中有两句唱词是这样的：“文凭着邓先生阴阳有准，武仗着姚皇兄保定乾坤。”这里说的“邓先生”是指邓禹，“姚皇兄”则是指铫期。邓禹和铫期都是东汉初年的开国功臣，名列“云台二十八将”之中。至于说邓禹“阴阳有准”等，那是小说家言。邓禹是刘秀开国功臣中具有战略眼光、又克己自律的政治家。

为汉光武帝刘秀指点江山，擘画开国方略

邓禹（2—58），字仲华，西汉南阳新野人。他在13岁时，就能诵诗，后到都城长安求学。当时，后来成为东汉开国皇帝的刘秀也正游学长安。邓禹年纪虽然比刘秀小，但他和刘秀交往以后，就觉得刘秀和一般人不一样，是个非常之人，于是就倾心结交刘秀，两人成为好朋友。邓禹和刘秀同窗数年后就回到了自己家乡。

王莽建立“新朝”后，天下大乱，起兵反对王莽“新朝”的队伍很多。当时力量最强的要数由刘秀族兄刘玄领导的绿林军。在绿林军的拥戴下刘玄称帝，年号更始。当时有不少人向刘玄推荐邓禹，但邓禹都没有应召前往。后来，他听说刘秀也拉起了一支队伍集结在河北一带，就即刻动身，北渡黄河，投奔刘秀部众。他一直追到鄴地，才得以见到了刘秀。刘秀见到自己的老朋友、老同学邓禹从南阳赶来，非常高兴，但又有些诧异。他就问邓禹：“我现在在军中已有封官拜将的专权，你远道而来，是不是想到我这里来讨个一官半职啊？”邓禹回答说：“我不愿啊！”刘秀就问：“如果是这样的话，那你到我这里来想干什么呢？”邓禹说：“我只希望明公能将自己的威德之名远播于天下，而我能在其中尽自己微薄之力，建立

---

① 《汉书·韦贤传》。

一些小小的功劳，使自己名垂青史就可以了。”刘秀听了高兴得笑了起来。邓禹和刘秀的这段对话很重要也很精彩。当时天下大乱，群雄并起，其中更始帝刘玄实力最强，而且已经称帝。刘秀初起，名气、实力都不能和刘玄相提并论。但是，邓禹却决意拒绝刘玄之邀，义无反顾地投奔刘秀，可以说是独具慧眼。在他看来，天下纷扰，其中只有刘秀才能成就大事。事实证明，邓禹虽为一介书生，但却具有非凡的政治眼光和战略眼光。

接着，邓禹给刘秀擘画军机，分析天下大势。他认为刘玄称帝于关西，但“不自听断，诸将皆庸人屈起，志在财币，争用威力，朝夕自快而已，非有忠良明智，深虑远图，欲尊主安民者也”。说明刘玄本人并不是一个领袖人物，优柔寡断，临机缺乏主见。而他的部众，又都是庸碌之辈，没有大的志向，只知争夺财产、权力，满足私欲，没有一个是真心拥戴刘玄，为天下民众过安宁太平日子考虑的。在这四方分崩离析之际，他建议刘秀“延揽英雄，务悦民心，立高祖之业，救万民之命，以公而虑天下，不足定也”①。当时，刘秀还只是占据着河北一带，而邓禹则认为他已具备日后统一天下的条件。对此，刘秀心生疑惑，就问邓禹为什么这样说。邓禹就进一步给刘秀分析说：“方今海内淆乱，人思明君，犹赤子之慕慈母。古之兴者，在德厚薄，不以大小。”②在邓禹看来，刘秀就是这样的“明君”。邓禹投奔刘秀之初，就提出“延揽英雄，务悦民心，立高祖之业，救万民之命”，提出“古之兴者，在德厚薄，不以大小”，可以说是刘秀日后平定群雄，统一天下，建立东汉王朝的一个政治纲领，它的重要性不亚于秦末刘邦入关打进秦都咸阳时制定的“杀人者死，伤人及盗抵罪。余悉除去秦法”③的“约法三章”。可以说这是邓禹为刘秀建立东汉王朝的一个巨大贡献。

邓禹的这番话，使刘秀非常高兴，他下令部众一律称邓禹为“邓将军”。作为老同学，刘秀还经常留邓禹宿止于大营，和他商量军机大事。在选拔任用各级将领时，刘秀多向邓禹咨询，邓禹也不断地向刘秀举荐人才，而经他举荐的“皆当其才”，受到重用。因此，刘秀称赞邓禹“知人”。建武元年(25)，刘秀在鄗即皇帝位，是为汉光武帝，正式建立了东汉王朝。即位以后，刘秀就派遣使者持节拜邓禹为大司徒，封酂侯。制诏称邓禹“深执忠孝，与朕谋谟帷幄，决胜千里”④。当

① 《后汉书·邓禹列传》。
② 《后汉书·邓禹列传》。
③ 《史记·高祖本纪》。
④ 《后汉书·邓禹列传》。

时邓禹只有24岁。建武十三年(37),天下平定,汉光武帝封邓禹为高密侯,因邓禹功高,又加封邓禹的弟弟邓宽为明亲侯。建武中元二年(57),刘秀病逝,太子刘庄继位,是为汉明帝。汉明帝因为邓禹为父亲光武帝的老臣元功,就拜邓禹为太傅,并赐他觐见皇上时不必身居北面,而是东向,尊如贵宾,"甚见尊宠"[1]。一年多以后,邓禹身染重病,汉明帝多次到邓禹病榻前探视慰问,并封邓禹的两个儿子为郎。汉明帝永平元年(58),邓禹病逝,年57岁,谥"元侯"。

修整闺门,教养子孙,皆可以为后世法

邓禹带兵,军纪严明,和赤眉军"所过残灭,百姓不知所归"形成鲜明对比,当时老百姓听说邓禹大兵到了以后,"皆望风相携负以迎军"。而邓禹虽为大军统帅,但每到一处,总是"停车住节",慰劳前来投奔者。当时那些百姓,不管是老人还是稚童,挤满在他的车下,没有一个不欢欣鼓舞的。对于邓禹治军严明,爱护百姓,刘秀多次赐书予以褒扬。

邓禹治军严格,师行有纪;其治家同样严格。他作为汉光武帝的同学、好友,又屡建大功,封侯拜将,地位高,权力大,却谦和明礼,笃行淳厚,在家事母至孝,率先垂范,给儿孙作出榜样。东汉政权建立以后,天下重归一统,朝野安稳,邓禹内心产生了远离权势名声的念头,一心治家和教育儿孙。他共有13个儿子,在他的教育和要求下,这13个儿子每人都掌握了一项能够安身立命的手艺。他重视门风的修整,对子孙严格要求,得到的朝廷俸禄,全用于封邑和家庭的日常用度开销,不会另行经营产业获取额外的收入。他在治家和教育子孙方面的措施和具体做法,《后汉书》称邓禹"修整闺门,教养子孙,皆可以为后世法",就是说邓禹的门风和家教都可以成为后代人效法学习的榜样。也正因为如此,邓禹生前备受汉光武帝刘秀和汉明帝刘庄两代皇帝的尊重。

此外,邓禹曾经说过:"吾将百万之众,未尝妄杀一人,后世必有兴者。"[2]

邓训:邓禹第二代中的佼佼者

邓禹儿子众多,其中长子邓震被汉明帝封为高密侯,次子邓袭为昌安侯,三子邓珍为夷安侯。最小的儿子邓鸿好筹策谈兵,曾被汉明帝刘庄召见议论边境兵事,才能受到汉明帝的重视和肯定,奉命率兵屯守边境重镇雁门关。汉章帝刘

---

① 《后汉书·邓禹列传》。
② 《资治通鉴》卷四十八。

烜即位后,被拜为度辽将军。在汉和帝永元年间率军随大将军窦宪出击匈奴,建功边庭,被任为车骑将军。邓禹的第六个儿子邓训,则是邓禹第二代中的佼佼者,他为东汉初年西北边境的和睦稳定做出了巨大贡献。

邓训(40—92),字平叔。他自小胸怀大志,但不喜爱文学,这一点很为父亲邓禹所不满。然而邓训为人谦恭知礼,乐施下士。待人接物无分贵贱,都像见到故旧朋友一样。宾朋好友的孩子来访,他都视若自己的孩子一样。有一次宫中太医皮巡跟从皇帝出猎上林苑回宫,晚上宿于殿门下。不想旧病发作,腹痛难忍。当时邓训正在宫中值班,听到皮巡因病痛发出的叫唤声,即上前施救。根据皮巡的指示,以口敛气嘘其背,又急呼同僚共同嘘其背,竟将皮巡急病治愈。正因为邓训乐善好施,礼谦他人,因此在同僚中威望很高,"士大夫多归之"[①]。

邓训任官实事求是,敢于向皇上进言。在汉明帝永平年间,朝廷拨款疏理滹沱、石臼河从都虑到羊肠仓一段,想使这两地之间通漕运。但是这个工程浩大又艰难,当地的官吏和役工深为这项工程所苦,连年修筑而不成,而漕运所要经过的险滩危隘多达 389 处,每次漕运过程中溺亡者不可胜数。汉章帝建初三年(78),朝廷拜邓训为谒者来负责监督这项工程。邓训到任以后,进行深入考量调查,得出"大功难立",即此项工程无法完成的结论。邓训就向皇上实事求是地汇报调查结果,并大胆地表达了自己的意见,建议放弃这项劳民伤财的工程。汉章帝听从了邓训的谏奏,下旨罢废了这项工程,改以驴车等运送物资。这样,每年可为朝廷节省费用多达亿万计,更重要的是不会再使大批役工死于工程和运输途中,"全活徒士数千人"[②]。

东汉初年,西北边庭并不安宁,乌桓、羌胡等部落常袭扰边关。朝廷下诏命邓训率黎阳营兵进驻狐奴拒敌。建初六年(81),邓训任乌桓校尉。黎阳故旧多携老扶幼,乐意跟随邓训徙往边塞。而这些边境部落,感念于邓训的威名和恩惠,都不敢进兵塞下。

汉章帝元和三年(86),邓训被拜为张掖郡太守。汉章帝章和二年(88),由于护羌校尉张纡失信于羌人,诸羌举兵报怨。朝廷举邓训代张纡任护羌校尉。当时部下建言,欲让边境的小月氏胡部族和诸羌部互相猜疑为敌,以收"以夷伐夷"之利。邓训不同意这样做。他认为由于张纡失信于羌人在先,故导致边境战事紧张。朝廷屯兵于此不下两万人,转运粮草等费用浩大,边境吏民也不

---

① 《后汉书·邓禹列传》。
② 《后汉书·邓禹列传》。

得安宁。最为紧迫和有效之举还是“以德怀之”，对诸胡、诸羌等结以恩信，才能彻底解决边塞之患。于是他下令采用种种措施保护和善待胡、羌等部族，派遣军医为羌族士兵医病疗伤，并出兵保护诸胡、诸羌，打退前来袭扰他们的敌人。邓训“威信大行”，很好地解决了这次边庭危机。直到汉和帝永元二年(90)，大将军窦宪率兵镇守武威，经朝廷批准，还采纳了邓训对羌、胡诸部“结以恩信”的方略。

邓训在羌胡部族中有着巨大的威望。永元四年(92)冬，邓训病逝于任上，享年53岁。邓训的部属和羌胡部众知道以后大为悲恸，每天从早到晚来灵前悼念送行者达数千人。按照羌人风俗，父母死都耻于悲泣，而是要骑马歌呼，来表达对逝者的怀念之情。听到邓训逝世的消息后，他们骑马狂奔，怒号不止，有的还拔刀自伤，刺杀自己的牛羊犬马等，说：“现在邓使君已死，我们也一起去死吧！”原来邓训的部属为邓训死奔走呼号，表达哀情，以至于把守城大事都忘了，使城郭为之一空。有关官吏就将这些出城悼念者抓起来，并向新任乌桓校尉告状要求处罚他们。这位新任校尉叹息道：“他们这样做也是一种怀念邓训的义举啊！”并下令释放他们。当地为了纪念邓训，为邓训立祠，每遇到生病，人们都要到邓训祠请祷求福。元兴元年(105)，汉和帝因为邓训是皇后邓绥之父，就派遣谒者持节到邓训墓祭拜，赐谥“平寿敬侯”。皇后邓绥亲临哭祭，文武官员大举集会于墓前。

邓训为人虽然“宽中容众，而于闺门甚严”[1]，也就是说在治家方面，传承了父亲邓禹的做法，治家有方，对待家人和子女要求严格。他重视家庭礼节，子侄辈前来拜见他，他总是以严肃的态度接待。在家里，他的兄弟们没有一个不敬畏他的，在亲族中他拥有很高的威望。

邓骘：髡妻绑子，主动承担家庭教育失职之罪

邓训一共有五个儿子，依次为邓骘、邓京、邓悝、邓弘、邓阊。兄弟五人都在朝中担任官职，其中以长子邓骘最为出名。

邓骘，字昭伯，很早就在大将军窦宪府中任职，后升迁为虎贲中郎将。汉殇帝延平元年(106)，被拜为车骑将军。汉安帝永初元年(107)，受封上蔡侯。这一年冬，被拜为大将军。永初四年(110)，由于母亲病重，邓骘和弟弟们上书请求回

① 《后汉书·邓禹列传》。

家侍奉母亲并得到朝廷批准。母亲病逝以后，邓骘和弟弟们都为母守孝，居住在母亲墓庐。直到丧服期满，才应诏回朝任职。汉安帝建光元年(121)，邓骘复封上蔡侯，后受到宫女诬告陷害被改封罗侯。回到封国后，邓骘与儿子邓凤一起绝食自杀。后汉安帝知道邓骘受冤屈死，于是谴责处罚了相关办案官员，诏回被流放在外的邓氏族人，下诏为邓骘举行隆重的葬礼。汉顺帝刘保即位以后，下旨为邓骘一案平反，恢复邓骘宗亲内外的有关待遇，任命邓骘兄弟的儿子及亲属 12 人都为郎中。

汉安帝永初年间，天下受灾，灾民四起，边境也频受侵扰。在这国家危难之际，邓骘带头崇尚并厉行节俭，又成功建言朝廷罢去力役，减少百姓的徭役负担。同时，为朝廷选拔人才。他曾经举荐东汉名臣何熙、李郃等列于朝廷，东汉有名的廉吏杨震和名臣朱宠、陈禅等，也都是由邓骘举荐而出仕显露头角的。邓骘为国家举荐人才的做法，受到当时朝野称赞。在邓骘等大臣的努力下，国家很快趋于稳定，“天下复安”。

邓骘的家世显赫，祖父邓禹为东汉开国元勋，父亲邓训在汉明帝、汉章帝两朝为臣，颇具威望。特别是自己的妹妹邓绥，于永元八年(96)入宫为贵人，永元十四年(102)被汉和帝刘肇立为皇后，可以说一门显贵。但是，邓骘并没有以此为荣。他为人谦逊，他和兄弟们因为妹妹的关系得以久居京中，心中不安。元兴元年(105)，汉和帝驾崩，汉殇帝、汉安帝先后继位，邓骘妹妹邓绥为太后，垂帘听政。邓骘就连续上本请求回到自己府第。直到一年多以后，才得到太后批准。

汉安帝永初元年(107)，邓骘和他的几个弟弟(除二弟邓京已逝世以外)，都被封侯，其中邓骘被封为上蔡侯，三弟邓悝被封为叶侯，四弟邓弘被封为西平侯，最小的弟弟邓阊被封为西华侯，各食邑万户。邓骘还增邑三千户。一门兄弟同时被封侯，这在当时是何等的荣耀之事啊！但是，邓骘和他的弟弟们都坚决辞让，不愿受封。几次推辞得不到批准，邓骘不得已，就直接上疏表达自己的意见。其大意是说：我和自己的兄弟们，没有什么功劳和才能，只是因为外戚的身份才列位朝中。现在接到诏书受封为侯，惊慌惭怖不已。追思前世政权倾覆的教训，真是不寒而栗。我们兄弟虽然不具备远见之虑，但还是有为国家担心的戒惧之情。因此终不敢横受爵土，以增罪累。太后没有批准邓骘兄弟的奏疏，结果邓骘反复上疏多达五六次，太后才不得不勉强同意自己哥哥和弟弟的请求，收回成命。俗话说“一人得道，鸡犬升天”，自己的妹妹身为一国太后，临朝称制，又大权独揽，兄弟跟着沾光，封侯拜爵，是多么顺理成章的事！再说，封侯拜爵又是多少家庭、多少男子追求向往的目标啊！然而，邓骘兄弟竟然援引前朝外戚当道给国家带来不幸为教训，再三上疏辞封；而邓太后最终也能收回成命，同意自己兄弟所请，这在中国封建社会的家庭、朝廷和外戚史上都是不多见的，也是中国家庭家风史上值得记取的重要一笔。

邓骘一家，自祖父邓禹开始，到邓骘三代，在教训子孙方面，“皆遵法度”。他们一家，常常以汉章帝时皇后窦氏一家三代，倚仗外戚之势在朝中交通勾连王侯，在地方肆意请托于郡县官员，扰乱朝政，最终以图谋不轨的罪名被诛为教训，来“检敕宗族，阖门静居”，严格要求家庭成员树立好的门风。邓骘的儿子邓凤，在朝中任侍中，曾牵连进一桩“断盗军粮”案，在案发之前，邓凤就先向父亲邓骘自首。邓骘大怒，按照当时的礼法规定，“髡妻及凤”，即剪去妻子和儿子邓凤的头发，带着妻子、儿子上殿请罪。这种不袒护家人犯错，主动承担家庭教育失职的举动，“天下称之”[①]。

邓禹孙女邓绥：邓氏好家风的集中代表

邓绥（81—121），邓禹的孙女，邓训的女儿。她的母亲阴氏，是汉光武帝皇后阴丽华从弟的女儿。邓绥身材修长，姿颜姝丽，凡是看到她的人都惊异于她的美貌。汉和帝永元七年（95），邓绥被选入宫。第二年，入掖廷被封为贵人，当时年16岁。永元十四年（102），皇后阴氏因巫蛊罪遭废，这一年冬天，邓绥被正式册封为皇后。邓绥被立为皇后之后，汉和帝便让她参与了外朝政事。

元兴元年（105），和帝驾崩，立殇帝刘隆，邓绥被尊为皇太后。由于皇帝出生仅一百多天，邓绥便临朝称制。不料八个月以后，殇帝夭折，继立刘祜为帝，是为汉安帝。安帝即位时年幼，依然由邓绥以皇太后身份临朝称制，开创了东汉王朝太后临朝的先例。从邓绥开始，东汉王朝先后有六位皇后临朝称制，掌握着国家最高的权力。太后临朝和宦官干政也成为东汉政权的两大政治生态之一。然而，邓绥作为“女君”，临朝亲政长达16年，在政治、经济、军事、文化、教育诸多领域，在鼓励农桑、兴修水利、救灾赈灾、恢复经济、对外关系、人才选拔、广开言路、鼓励人民参政、解放宫女和全国各官府奴婢、开发江南、保卫和扩张领土等诸多方面都取得了令人瞩目的成就，治绩斐然，是东汉“六后临朝”中最英明贤德的太后，邓绥也成为中国封建社会的一位杰出的政治家。汉安帝永宁二年（121），邓

---

① 《后汉书·邓禹列传》。

绥去世，在位20年，年41岁，谥“和熹皇后”。

邓绥作为邓禹的孙女，在她身上，集中体现了邓禹开创的邓氏好家风。

一是从小受到良好的家庭教育。邓绥6岁时就能读西周宣王命太史籀所作的史书，12岁时就读通《诗》《论语》等典籍。她和几个哥哥在一起读经传，常常被几个哥哥有意问一些经籍中比较难懂的问题，学业进步很快。作为一个姑娘，她一心一意诵读各种典籍，而不关心居家各种杂务。对此，邓绥的母亲很不满意，经常嗔怪这个女儿说：“你一个女孩儿家，整天不习女工之活以供衣服之用，反而专心于各种典籍的学习，难道你要当博士吗？”邓绥虽然被母亲批评，但颇不为意。她为了不违母训，就在白天习些女工之活，到了傍晚依旧痴迷于经典诵读不止。为此，家里上上下下都号称她为“诸生”，即秀才之意。邓训看到女儿如此喜欢读书，背诵经典，很是看重她。家中事无大小，竟都愿意和女儿详细探讨商议。

邓绥进宫以后，正值班固的妹妹、史学家班昭在洛阳南宫东观藏书阁续写《汉书》，邓绥便跟随班昭学习经书，兼及天文、算数等学问。邓绥还博览五经传记、百家图谶、风雨占候，以及《老子》《孟子》《礼记》《法言》等书，从不看浮华无用之书。

二是品德优良，宅心仁厚。邓氏一家培养教育儿女，不仅重视他们的学习，还注重品德教育。邓绥虽然一心向学，但并不是个书呆子。她孝敬父母和长辈，深得家中长辈的喜爱。还在她五岁的时候，祖母亲自为邓绥这个宝贝孙女剪头发。老夫人由于年纪高迈，眼神不太好，不意用剪刀伤着了邓绥的后脑勺。但小邓绥硬是忍住疼痛，没有叫唤一声。在一旁的家人看到感到奇怪，就问邓绥，既然被剪刀伤到头，为什么不叫出声来啊？想不到只有五岁的邓绥回答说：“我的后脑勺被祖母的剪刀误伤，怎么会不感到疼痛呢？可是祖母是因为喜欢我，亲自为我断发，不小心碰到。我不能因为这点伤痛而拂了祖母疼爱我的这番好心，所以我必须忍住伤痛，不能让祖母知道后而不安。”汉和帝永元四年(92)，邓绥被初选入宫，正在这时，父亲邓训病逝，邓绥就居家为父亲守孝。邓绥一向深爱自己的父亲，为此昼夜因思念父亲而哭泣。在服孝的三年中，竟不食一点盐菜，身体为之憔悴以致容貌改变，连自己的亲人都差一点不认识她了。

三是谦让知礼，坚不争宠。邓绥进宫以后被册封为“贵人”。她虽然美貌非常，但在宫中她从不自恃貌美而跋扈争宠，而是“恭肃小心，动有法度”。承事皇后，夙夜兢兢业业；对宫中其他嫔妃，常克己待之以礼。即使宫中的普通宫女甚至一般隶役，她都善待有加，施以恩惠。为此，汉和帝刘肇非常喜欢她，但邓绥却不因此而恃宠骄横。有一次，邓绥患病，汉和帝为示对邓绥的恩宠，特别下旨，让邓绥的母亲和兄弟入宫探病，并且允许他们入住宫中，不限天数。这在当时对臣子来说是一种极大的荣耀，但是邓绥即向皇上奏道："宫禁本是朝廷重地，现在皇上让外人久住于其中，虽然这是皇上对我们邓家一门的恩宠，但是，这样却会招来一些讥讽和毁谤，认为这是皇上因为我的缘故而有偏私之心，而我也会被认为是倚仗皇上宠幸而不知足。这对皇上圣誉和我们邓家的名声都会带来不必要的损害，这种结果确实是我不愿看到的。"汉和帝听了邓绥这一番话，感慨地对邓绥说道："一般人都会以能多次进入宫禁为荣耀，贵人你却反以此为忧，对自己和家人深自抑损，确实是难能可贵啊！"

宫中每次举行宴会，嫔妃都精心打扮，服饰鲜明，簪珥光彩，争奇斗艳，而只有邓绥穿着朴素，装服无饰。如果发现自己的衣服与皇后阴氏颜色相同，立刻换掉。每次和阴皇后觐见皇上，从不敢正坐或与阴皇后并排而立。和阴皇后同行时，她谦卑屈身。每遇皇帝动问，也从不抢在阴皇后前回答。这一切汉和帝都看在眼里，他知道邓绥的谦卑自抑、劳心曲体、用心良苦。

永元十四年(102)，皇后阴氏因巫蛊罪遭废。当邓绥得知皇上有意册封自己为皇后时，惶恐不安，便称自己病体加重，深自闭绝。当有司向皇上提出要赶紧确立皇后时，汉和帝说："皇后地位尊贵，与朕同体，继承宗庙，母仪天下，难道是容易当的吗？只有邓贵人德行冠于后庭，可以当选。"同年冬十月，汉和帝正式下诏立邓绥为皇后。当时，邓绥再三谦让无果才正式即皇后位。她又亲自写表谢恩，在表中力陈自己德薄，不足以担当皇后这样的高位。

四是厉行节俭，对邓氏亲族要求严格。当时，四方外族属国，每年会竞求珍丽之物向汉中央进贡。邓绥即皇后位以后，对此下令全部禁绝，严禁铺张奢靡。每到岁时节气之时，只要求四方及臣下供纸墨而已。汉和帝因邓绥身为皇后的缘故，每次想为邓氏亲族加官晋爵，邓绥都力辞谦让，因此，邓绥的哥哥邓骘在汉和帝在位期间，任官一直没有高过原来就担任的虎贲中郎将一职。在邓绥临朝秉政期间，水旱十载，盗贼内起。她在深宫每次听到百姓受饥，总是忧愁于心，以致通宵达旦不寐。还要求给自己减撤饮食日用待遇，以赈救灾荒。

邓氏是一个大家族，外戚宗族主要集中在京都洛阳和老家南阳。邓绥为了严格约束自己的亲人、家属遵纪守法，就颁布《检敕外戚令》，诏告司隶校尉、河南尹、南阳太守说："每览前代外戚宾客，假借威权，轻薄謥詷，至有浊乱奉公，为人患苦。咎在执法怠懈，不辄行其罚故也。今车骑将军骘等，虽怀敬顺之志，而宗门广大，姻戚不少，宾客奸猾，多干禁宪。其明加检敕，勿相容护。”其大意是说：我每每看前朝的外戚宾客，往往有假借威权，轻视忽遽法律，甚至出现公然浊乱违法之举动，为地方带来患苦。外戚宾客动辄犯法违宪，一个重要的原因就在于地方上执法懈怠，发现问题不立即按律处罚。现在我的哥哥车骑将军邓骘等亲族，虽然可以说对朝廷、对法律还怀有敬顺遵从之心，但是毕竟邓氏宗门广大，姻戚众多，其中一定有奸猾违禁犯律之徒。我要求你们对我邓氏宗族上上下下明加检敕，严格管束，不要宽容庇护。邓绥的这道诏告，意义重大，她身为一国太后，又秉持国家大权，却下诏严令京师和南阳执法部门与地方官员，对邓氏亲族严加检敕管教，这道饬令至今对我们仍然有着现实的教育意义。《后汉书·皇后纪》称，这道诏令颁布以后，“自是亲属犯罪，无所假贷”。这在中国封建社会是难能可贵的。

邓绥对自己外戚亲族严加检敕，对后世影响很大。一直到清朝，邓绥仍为后宫学习的榜样。清代宫廷画家焦秉贞绘有《历朝贤后故事图》，其中第四幅就是邓绥的《戒饬宗族图》。这幅画现藏于北京故宫博物院。

在邓禹、邓训、邓骘和“和熹皇后”邓绥祖孙三代的率先垂范、以身作则下，邓氏族人也都遵循好家风。范晔在《后汉书·邓禹列传》中写道：“邓氏自中兴后，累世宠贵，凡侯者二十九人，公二人，大将军以下十三人，中二千石十四人，列校二十二人，州牧、郡守四十八人，其余侍中、将、大夫、郎、谒者不可胜数，东京莫与为比。”邓禹家族的故事，是中国古代家庭家教和家风史上的一笔重要的宝贵遗产。

第十节　马援书诫子侄不要“陷为天下轻薄子”

“马革裹尸”这句成语，是说壮士拼死沙场后，就用马皮包裹尸体。形容战士在战场上英勇无畏、一往无前的气概。这个成语出自东汉名将马援之口。原句是这样的：“男儿要当死于边野，以马革裹尸还葬耳，何能卧床上在儿女子手中邪？”[1]马援的这句豪言壮语不知激励了后代多少战士保家卫国，慷慨赴死。

① 《后汉书·马援列传》。

志存高远不当“守钱虏”

马援(前 14—49),字文渊,东汉扶风茂陵人。其先祖为战国赵国名将赵奢。赵奢号曰马服君,子孙于是就以马为姓。马援有三位兄长,为马况、马余、马员,都很有才能,在王莽新朝担任郡守。

马援在少年时就胸怀大志,他的几个哥哥都认为他与众不同,并看好他。12岁时,父母先后逝世,当时马援大哥马况任河南太守,马援就跟随大哥来到河南。在河南,马援在哥哥的教导下接受了正规的文化教育,跟随颍川学者满昌学《齐诗》。在学习中马援有自己的独立见解和独到的方法,不像当时的经学家那样墨守章句。当时他的几个哥哥虽然做官为吏,但家中经济并不宽裕。为了减轻家庭经济负担,马援就向大哥马况提出,想离家到边郡去从事畜牧营生。大哥对自己这个最小的弟弟的才能、志向都很了解,很支持马援的想法,便对马援说:“汝大才,当晚成。良工不示人以朴,且从所好。”[①]这段话实际上是鼓励弟弟下定决心走自己的路,想要做的事一定要做到完美,而不是半途而废。马况的这段临别赠言对当时尚是少年的马援鼓励极大。正在这时,哥哥马况病故,马援身穿孝服为哥哥服丧整整一年,没有离开过哥哥的墓所。对于新寡的嫂嫂,他极为敬重,严格依礼而行。在家中,如果不穿戴整齐,他是不会入门舍拜见嫂嫂的。这一切足见马援一家的良好门风。

后来马援担任郡督邮一职,奉命押送囚徒至司命府,对身负重罪的囚徒起了哀悯之心,竟在半道上将囚徒放跑,他自己也不得不亡命北地郡。幸遇赦,就留在当地从事牧畜业。由于马援为人豪侠仗义,当地许多人都归附于他,部属竟达数百家。他来往于陇汉之间,常对部属宾客说道:“丈夫为志,穷当益坚,老当益壮。”[②]这句话体现了马援的不凡志向。在他的经营下,牧畜之业发展很快,至有牛马羊数千头,谷数千斛,俨然是个大财主。然而面对自己聚财经营取得的成就,马援感叹道:“凡殖货财产,贵其能施赈也,否则守钱虏耳。”[③]这是说,凡经营聚集资财,成功赢利,最可贵的是能将所得财产施赈于他人,否则,就是一个守财奴罢了。”马援是这样想的,也是这样做的。他将所聚财产全都赈施于兄弟、故旧和宾朋,自己穿着羊裘皮裤,过着普通人的清简生活。

---

① 《后汉书·马援列传》。
② 《后汉书·马援列传》。
③ 《后汉书·马援列传》。

“男儿要当死于边野，以马革裹尸还葬耳”

王莽末年，四方兵起。马援几经转折，直到汉光武帝建武四年(28)，才到洛阳投奔于刘秀。见到刘秀，马援说道：“天下反复，盗名字者不可胜数。今见陛下，恢廓大度，同符高祖，乃知帝王自有真也。”①马援的这番话是说当今天下大乱，欲争夺天下者比比皆是，但真正具有重新统一江山，重建汉家天下的只有刘秀一人。而且在他眼里，刘秀具有像汉高祖刘邦那样的气质、格局。这也是马援先后比较了当时割据一方的隗嚣、公孙述等以后得出的结论。这也显示出马援与众不同的见识和眼光。同样，刘秀对马援也欣赏有加。这样，马援便跟随刘秀转战南北，成为东汉的开国功臣之一。马援虽然屡立战功，但他一直不忘北边的匈奴、乌桓还在不断侵扰边境，一直想请命北上击之。他的那句“男儿要当死于边野，以马革裹尸还葬耳，何能卧床上在儿女子手中邪?”就是在他征战得胜还朝时说的，孟冀听了以后感慨地说：“谅为烈士，当如此矣。”②这是夸赞马援真是一位有抱负、有气节、有远大志向之人。

汉光武帝建武二十五年(49)，马援以六旬高龄统率大军南征武陵、五溪“蛮夷”，初战获胜，“蛮夷”余部逃到山林乘高守隘。三月，适值暑热，士卒多疫死，马援也染病，不久，殁于军中，真正实践了他战死沙场，马革裹尸还的誓言。死时 64 岁。死后他受人诬陷，被收回新息侯印绶。直到汉章帝建初三年(78)，汉章帝为他平反，追谥“忠成侯”。

马援军中写信训诫侄子马严、马敦

马援不但是中国历史上一员名将，在中国的家教家训史上，也有重要的地位。他写给两个侄子的家信，是中国家训家教名篇。

那是在他率军南征交趾途中，听说自己的两个侄儿，也就是二哥马余的两个儿子马严、马敦，喜欢和一些轻狂任侠的子弟交往，并且好议人长短，谈政论得失。他颇不以为然，并且很为侄儿担心，于是在军务倥偬之间，提笔给两个侄儿写了一封信。《后汉书 · 马援列传》全文录下了这封家信：

吾欲汝曹闻人过失，如闻父母之名，耳可得闻，口不可得言也。好论议

① 《后汉书 · 马援列传》。
② 《后汉书 · 马援列传》。

> 人长短，妄是非正法，此吾所大恶也，宁死不愿闻子孙有此行也。汝曹知吾恶之甚矣，所以复言者，施衿结缡，申父母之戒，欲使汝曹不忘之耳。龙伯高敦厚周慎，口无择言，谦约节俭，廉公有威，吾爱之重之，愿汝曹效之。杜季良豪侠好义，忧人之忧，乐人之乐，清浊无所失，父丧致客，数郡毕至，吾爱之重之，不愿汝曹效之。效伯高不得，犹为谨敕之士，所谓"刻鹄不成尚类鹜"者也。效季良不得，陷为天下轻薄子，所谓"画虎不成反类狗"者也。讫今季良尚未可知，郡将下车辄切齿，州郡以为言，吾常为寒心，是以不愿子孙效也。①

将这封信译成白话文是这样的："我希望你们听到别人的过失，就如同听到父母亲的名字一样，耳朵可以听，口里却不能说。喜欢议论别人的长短，对时政是非妄加评论，这是我最为厌恶的，我宁死也不愿听到我的子孙有这种行为。你们知道我非常厌恶这种行为，现在之所以再次向你们重申这些话，想起《诗》中所说'施衿结缡'，重申做父母的对你们的训诫，就是让你们不要忘记罢了。龙伯高为人敦厚，考虑问题周到谨慎，平时谦虚节俭，廉洁公正，颇有威望。我喜爱他敬重他，希望你们能效法他。杜季良为人豪侠仗义，能够以人忧为忧，以人乐为乐，结交广泛，各种朋友都有。他的父亲死了办丧事，周边几个郡的差不多都来参加丧礼。我喜爱他敬重他，但不希望你们效法他。为什么呢？如果你们效法龙伯高，即便达不到像他那样，仍不失为谨慎之人，所谓想'画天鹅不像但还是像只野鸭子'；而如果效法杜季良不到家，便会沦为天下鄙薄之人遭人耻笑，这就是所谓的'画虎不成反而像一只狗'罢了。到现在杜季良的前途究竟如何还不得而知，但我听说那些郡中的将官一到任就对他切齿痛恨，州郡的人们也都把杜季良当作谈论的对象。我常常对此心怀戒惧，为之担心，因此不愿你们效法他啊！"

马援是一员武将，但这封家书写得言简意赅，文采斐然，通篇训诫两个侄子如何交友、如何做人、如何处世。他特别提出，像杜季良这个人，虽然豪侠仗义，他"爱之重之"，但力戒侄子们不要向他学习，并留下了"画虎不成反类狗"的名句。马援的这封家书，世称《诫兄子严、敦书》，成为古代家训家教的精品。

马援信中所说的杜季良，名叫杜保，当时担任越骑司马一职。马援写给侄子的这封信传开以后，有人上书汉光武帝刘秀，称杜保"行为浮薄，乱群惑众"，还说

---

① 《后汉书·马援列传》。

伏波将军马援从万里之外的前线写信告诫兄子，而朝中大臣梁松、窦固却与之交结，将“扇其轻伪，败乱诸夏”。汉光武帝接到书奏，就当面责问梁松、窦固，将弹劾他们的书奏和马援诫侄子的书信副本给梁松、窦固看。梁松、窦固当面向刘秀叩头请罪，以致头上流出了血，刘秀才下旨免除梁松、窦固之罪，又下诏罢免了杜保的官职。而被马援称许的龙伯高，当时正担任山都县长，根据马援信中所说，他被擢拔为零陵太守。

马援子侄不辱父辈令名

马援有四个儿子，分别是马廖、马防、马光、马客卿。

马廖，字敬平，年少之时以父荫为郎。他从小在父亲的督促下钻习《易经》，为人清约沉静，先后在朝廷任羽林左监、虎贲中郎将。汉明帝刘庄驾崩时，接受遗诏典掌门禁，为卫尉，很得继位的汉章帝刘炟的敬重。当时马廖的妹妹，也就是汉明帝刘庄的皇后，已经为皇太后。皇太后躬履节俭，事从简约。马廖对此很赞成，但又担心这种俭约之风难以持久，便上疏皇太后，提出“前世诏令，以百姓不足，起于世尚奢靡”，而社会形成风气的原因是上行下效。皇太后“躬服厚缯，斥去华饰，素简所安，发自圣性。此诚上合天心，下顺民望，浩大之福，莫尚于此”，对皇太后倡导的节俭简约之风气作了充分肯定。但是，他希望皇太后能“法太宗之隆德，戒成、哀之不终”，即效法西汉文帝，将崇尚节俭、反对奢靡的风气坚持下去，不要像汉成帝、汉哀帝那样半途而废，为俭不终，最后还是走上奢靡之路，并且要皇太后时时自警，不断提醒自己。皇太后完全接受马廖的奏议，并下发朝廷让大臣深入讨论以便有针对性地查访[①]。马廖为人质朴谨慎，尽心履职，忠于朝廷，不贪权势，不计较毁誉声名。有司多次提出要为马廖加封官爵，马廖屡屡谦让。直到汉章帝建初四年(79)，才受封为顺阳侯。他每次得到赏赐，总是再三辞让不敢当，京师上下都对他称赞有加。汉和帝永元四年(92)病逝，赐谥“安侯”。

马防，字江平，汉明帝永平十二年(69)任黄门侍郎。汉章帝即位后，被拜为中郎将，后即迁为城门校尉。建初二年(77)，西北羌族反叛，奉命以车骑将军职率军击败羌兵，得胜还朝。建初四年(79)，受封颍阳侯。马防像哥哥马廖一样，每次受封总是上表让位。数次上奏建言朝政，多见采用。建初七年(82)，主动以

① 见《后汉书·马援列传》。

病要求去职退休。

马光为人小心周密。母亲死时，哀恸感伤，形销骨立，于是受到皇上特别喜爱。建初四年(79)，受封许侯。

马客卿为马援幼子，自小聪慧，6岁时他就能应接诸公，专对宾客，而且颇有胆识。曾有一身犯死罪者逃到他们家中，马客卿竟将他藏匿起来并让他逃走而不为人知。马客卿外表好像木讷，实际上内心沉着敏捷，因此，马援很看好这个小儿子，以他为奇，认为他具有将相之器，因此为他取名客卿，认为他是战国张仪、虞卿一类的人物。只是天不假年，在马援死后，马客卿也夭殁了。

马援的两个侄子马严、马敦，曾受过马援的书信训诫。马严，字威卿，在他七八岁时，父母先后病故。马严自小好击剑，习骑射。后跟从平原杨太伯、司徒祭酒陈元学习，专心于经书研读，能通《春秋左传》等经典。又喜欢览诸子百家群言，结交各路英贤，京城长者都很看重马严。在郡中任督邮，马援常常和他商量事情，并将家事委托他处理管教。马敦，字孺卿，亦有名气。马援死后，马严和马敦一起归安陵，居于一个叫钜下的地方。在地方上，兄弟俩常有义行被称赞，当地号称他们为“钜下二卿”。

马援的女儿被立为皇后以后，作为皇后堂兄弟，马严为避嫌就闭门自守。即便如此，马严还是担心会招致物议，于是干脆更徙于北地郡，断绝与宾客的往来。汉明帝永平十五年(72)，马皇后下敕命马严移居洛阳，马严才回到京城。汉明帝召见了马严，马严进对得体娴雅，汉明帝对他的才能很感惊异，就下诏让马严留在朝中，与校书郎杜抚、班固等编定《建武注记》。马严也经常和宗室近亲临邑侯刘复等在一起议论政事，很受明帝的信任。后来马严又被拜为将军长史，率领北军五校士、羽林禁军三千人，屯驻于西河美稷，北拒匈奴。马严还奉命主持祭蚩尤的仪式，汉明帝到现场检阅马严的部众，当时朝廷上下都认为这是一件很荣耀的事情。汉章帝即位以后，又先后被拜为侍御史中丞、五官中郎将。马严多次向朝廷荐举贤达有能之士，多被纳用。建初二年(77)，被拜为陈留太守，他一到任，就“明赏罚、发奸慝，郡界清净”，显示了他治理地方的才能。汉章帝驾崩以后，窦太后临朝，马严就退居家中自守，训教子孙。汉和帝永元十年(98)，病卒于家中，享年82岁。弟弟马敦，做官累至虎贲中郎将。

马皇后：两汉皇后之最贤者

说起马援的家教、家风，很值得重点讲述的就是马援的小女儿明德马皇后。

马皇后(40—79),史佚其名,世称“明德马皇后”。虽然在小的时候,父亲马援就病逝于作战前线,但马援的家风还是对这个女儿产生了重要影响。10岁时她就料理家务,家里的童仆都由她指挥安排。家中大小事务,如料理家事,管理教育仆人,内外之事咨询禀报,都由她酌情处理,俨然大人一般。起初,亲戚众人不知道这个家庭是由一个女孩童管理的,当知道后都惊叹不已。13岁时,她被选入太子宫中。她在宫中“傍接同列,礼则修备,上下安之”[①],动辄尊礼而行,上上下下都和她相处得很好,她因此受到太子刘庄的宠爱,经常居住在刘庄寝宫的后堂。

汉明帝刘庄即位后,她被立为贵人。当时汉明帝已生有太子刘炟。汉明帝因为她无子,就命她负责抚养刘炟,并对她说:“人未必当自生子,但患爱养不至耳。”[②]这句话是说:“一个女人未必一定要自己生养儿子,而最怕的是对孩子的爱心和精心抚养不周到。”对于汉明帝的信任,她很是感激,对刘炟精心抚育,而刘炟天性孝顺淳厚,所以母慈子爱。马皇后和刘炟,虽然不是亲生骨肉,但母子之间始终没有一点间隙隔阂。在后宫,她对众嫔妃都待之以礼,很受后宫众人的爱戴。汉明帝永平三年(60),有司奏请立皇后,汉明帝并未明言,皇太后阴丽华则说:“马贵人德冠后宫,即其人也。”[③]于是她便被立为皇后。皇太后阴丽华称马皇后“德冠后宫”,可以说是对马皇后的人品德行的一个很高的评价。

马皇后身材修长,长得很美。她自幼在家中接受文化教育,能诵《易》,喜欢读《春秋》《楚辞》,尤其善读《周礼》及董仲舒的著作。为人谦和,被立为皇后以后,她更加谦卑谨肃。她作为一国之后,始终保持作简朴的生活习性,穿着朴素,六宫莫不叹息。作为皇后,她从不以美色惑主,反而总是对皇上进行必要的规劝。有一次汉明帝要到皇家苑囿去,马皇后告诫皇上要注意“风邪露雾”侵袭。汉明帝游北宫擢龙园,召集后宫诸才人,下邳王也随侍在侧。众人提出请马皇后一起来聚乐游玩。汉明帝对马皇后的为人十分了解,就笑着说:“是家志不好乐,虽来无欢。”[④]这是说:“皇后志趣不喜欢热闹取乐,即使她来了,也不会给大家带来欢乐的。”正因为如此,皇帝后宫凡游娱之事马皇后很少

---

① 《后汉书·皇后纪》。
② 《后汉书·皇后纪》。
③ 《后汉书·皇后纪》。
④ 《后汉书·皇后纪》。

跟从参与。

马皇后对于国家的治理也颇有建树。当时朝中文臣武将上言奏事，或者汉明帝将奏本下发公卿诸臣议论，意见纷纭，难以裁定。汉明帝多次尝试让马皇后来评议定夺。马皇后总是能条分缕析，讲清其中原委。对于朝政之事，马皇后所言对汉明帝决策多有辅助补益。发生在永平十三年(70)的楚王刘英谋反案，审讯经年，受拷问刑讯者言辞相互攀扯相连，受牵连和入狱者人数众多。马皇后担心此案蔓延多滥，于国不利，就在和汉明帝闲谈时讲到此事，神情恻然，为国安危稳定之情溢于言表。汉明帝听后深有感悟，竟夜半起身彷徨，思考此事。最后作出决定，对此案受牵连和被诬告者多有宽宥，从而了结此案。

马皇后虽然多有机会向皇上建言发表意见，但难得的是她从未以私家之事请求过汉明帝。因此，汉明帝对马皇后的喜爱和宠敬与日俱增而不衰败。

马皇后身为皇后、皇太后，对自己的娘家人要求极严，为当代和后世史家所称道。

永平初年，汉明帝图画建武时期名臣二十八人，列于南宫云台，史称“云台二十八将”。马皇后的父亲马援，以其战功完全应该入东汉开国功臣之列，名垂云台画阁。但是，马援却不在其列。当时东平王刘苍在参观了云台二十八将图以后，就向自己的哥哥汉明帝询问，为什么不画伏波将军马援的图像？汉明帝笑而不答。但是《后汉书》在《马援列传》中记载此事，明确讲“以椒房故，独不及援”。所谓“椒房”，本泛指后妃居住之宫殿，也是后妃代称。范晔在这里所记，明确说因为女儿为皇后的缘故为避嫌而没有将马援登上“云台二十八将”之列。我们完全可以认为，这是马皇后的谦让在其中起了关键的作用。

永平十八年(75)，汉明帝驾崩，汉章帝刘炟即位，马皇后被尊为皇太后。她自撰《显宗起居注》，将汉明帝在位时的言行记录下来。这是中国历史上史书体例“起居注”的滥觞之作，马皇后也因此名居史学家行列。在这部起居注中，她删去了哥哥马防在宫中参与为汉明帝诊病提供医药方子之事。汉章帝看不过去，就提出：“舅舅马防在宫中为先帝看病旦夕侍奉了整整一年，您现在一点都不记录他的突出功绩，也不言他的辛劳，岂不是有点过分了吗？”她回答说：“我之所以要这样写，就是想不让后世听到先帝多次偏心于后宫外戚之家啊，所以不著录也。”[①]

---

① 见《后汉书·皇后纪》。

汉章帝建初元年(76),皇帝提出要封马皇后的几位哥哥爵位,马皇后阻止了此事。第二年天下遭大旱,有人竟上奏称国家遇旱灾是因为不封外戚的缘故。马皇后即下诏说:“说这种话的人都是想讨好谄媚皇上而邀福罢了。”她列举了西汉时外戚受宠骄奢横恣,给国家带来倾覆之祸的教训,又提出:“吾为天下母,而身服大练,食不求甘,左右但著帛布,无香薰之饰者,欲身率下也。”①她认为,自己的亲属应该了解自己素来好俭,表示决不会上负先帝之旨意,下亏马氏先人的行德。而为此,她坚决不允许为自己几个哥哥加封爵位。汉章帝看了这道诏书感叹不已,再一次请封马皇后几个哥哥。他说:“汉兴,舅氏之封侯,犹皇子之为王也。太后诚存谦虚,奈何令臣独不加恩三舅乎?且卫尉年尊,两校尉有大病,如令不讳,使臣长抱刻骨之恨,宜及吉时,不可稽留。”意思是说,自从大汉建立以来,皇帝的舅舅受封侯,就如同皇帝的儿子封王一样。太后确实很谦虚,但这样一来却显得朕单单没有加恩于三位国舅。再说现在大舅马廖年纪大了,另外二舅马防、三舅马光也都患病,万一他们身体出现什么问题,会使朕抱刻骨般的遗憾。因此,给几个舅舅封侯之事应该及时进行,不可再推托不办。马皇后又回报汉章帝说:我反复考虑这件事,反对让自己的哥哥受封难道是想获得谦让的名声吗?我常常看那些富贵之家,所获禄位重叠,就好比‘再实之木,其根必伤’。我为人向来刚急,胸中有气,不能不使之通顺。如果国家阴阳调和,边境清静,然后再按照你的意志行事吧。到那时我一定在家含饴弄孙,不再操心国家的政事。”②到了建初四年(79),农业丰收,天下安定,汉章帝封三个舅舅为列侯。他们兄弟三人共同辞让,只愿就封关内侯,领受爵号而不受封地。马皇后知道后又表示反对,以孔子的名言“戒之在得”来化导兄弟。

马皇后对自己要求也很严格。当时新平公主家的仆人失火,火烧到了北阁后殿。马皇后认为这是自己的过失,为此吃不好、睡不着。按照原定日程,应该去拜谒汉光武帝的原陵,马皇后自觉在宫中安全守备方面不谨慎,愧见先帝陵墓,于是取消了这次谒陵之行。

马皇后的母亲去世以后,她发现为母亲所置墓按照规格稍微高了一些,就将自己的意见告诉家人,哥哥马廖立即将母亲坟墓的高度削减如制。马皇后的娘家人,凡是有谦逊义行表现的,她都温言相慰,给予赏赐;而有哪怕细小的过错,她都要严肃对待,加以批评谴责。而对于那些穿华服、坐豪车招摇过市、不遵法

---

① 《后汉书·皇后纪》。
② 见《后汉书·皇后纪》。

度的娘家亲戚，她会断然开除他们的族籍，遣送回老家。在马皇后的严格要求和管教下，连诸王子也都“车骑朴素，无金银之饰”[①]。马皇后母仪天下，“于是内外从化，被服如一，诸家惶恐，倍于永平时”[②]，即风气好于汉明帝刘庄当朝之时。马皇后还在擢龙园中设置织室，几次亲往视察，作为宫中的一种娱乐。在宫中她经常利用早晚空闲的时间与皇帝讨论国家政事。有空的时候就教授诸小王子读书，讨论经书。在她的倡导和带领下，后宫一派雍和景象。

就在这一年六月，马皇后病逝，谥号“明德皇后”。明德马皇后素有“千古贤后”之名，她知书达礼、贤德仁厚、待人和善、母仪天下，倡行节俭，辅佐汉明帝、汉章帝两代皇帝，抑制外戚，不徇私情，成为明、章政治安定的基石，对东汉王朝的“明章之治”起着不可忽视的历史作用。马皇后同时也是中国第一位践行《周易》思想精髓的女性，以自强不息和厚德载物的精神为后代女性树立了榜样，成为中国历代贤后的典范。《续列女传》称赞她“在家则可为众女师范，在国则可为母后表仪”。

马援第三代中的两位著名学者马融和马续

在马援家族的第三代中，最为出名的是马援之子马严的两个儿子马融和马续。马严生有七个儿子，马融为第五子，马续是最小的儿子。

马融(79—166)，字季长，东汉著名经学家。他自幼“美辞貌，有俊才”，早年随儒士挚恂游学。汉安帝时入大将军邓骘幕府，历任校书郎、郡功曹南郡太守等职。又在东观校勘儒学典籍。于汉桓帝延熹九年(166)去世，享年88岁。马融才高博洽，为当世通儒。他尤长于古文经学。他设帐收徒，经常跟随他的门人有千数人之多。东汉经学家卢植、郑玄都是其门生。他综合各家学说，遍注群经，使古文经学开始达到成熟的境地，预示着汉代经学发展将步入新的时期。另有赋、颂等作品，其文集已佚，明人辑有《马季长集》。

马续，字季则，东汉将领、学者。他自幼聪明好学，博览群书，7岁就能通《论语》，13岁明《尚书》，16岁已经能治《诗》，他通晓天文，还特别精通刘徽的《九章算术》。曾受邓太后邓绥之命为班固的《汉书》补写《天文志》。汉顺帝时，任护羌校尉、度辽将军，曾打败鲜卑，在军中很有威望。

---

① 《后汉书·皇后纪》。
② 《后汉书·皇后纪》。

第十一节　班门三杰及班固家教不严家风败坏的教训

中国的正史，一向有“二十四史”之说，均为纪传体。其中，列在最前面的两部史书，一部是司马迁的纪传体通史《史记》，另一部是班固记述西汉历史的纪传体断代史《汉书》。如果说《史记》一书凝聚了司马迁和他的父亲司马谈两代人的心血，那么，《汉书》则汇集了班固和他的父亲班彪、妹妹班昭两代三人的精力与智慧。他们给中华民族留下了两部彪炳千古的历史巨著。《汉书》的写作和成书，也成为班固家族的一个传奇。

班彪上书汉光武帝刘秀建议为太子的教育问题慎选太傅

讲到班固的《汉书》，必须从他的父亲班彪说起。

班彪（3—54），字叔皮，汉扶风安陵人。他的祖父班况，汉成帝时担任过越骑校尉。父亲班稚，汉哀帝时担任过广平郡太守。所以，家庭也算官宦世家。班彪性格沉稳，用功好学，尤其喜欢看古书。在他青年时代，正赶上群雄并起，反对王莽“新朝”，因而天下大乱。班彪就到割据河西的大将军窦融处避难，任从事。窦融对班彪“深敬待之，接以师友之道”[①]。于是班彪就为窦融赞画军机，劝说窦融投奔刘秀。对于班彪的才能，刘秀早就闻名，于是就召见班彪，拜他为徐县令。

班彪才高而喜欢著述，志不在仕宦。于是他就专心于史籍。西汉武帝时，司马迁写了史学皇皇巨著《史记》，为史著立下了一个很高的标杆。但是，在班彪看来，自汉武帝太初以后，也就是司马迁完成《史记》以后的历史，阙而不录。其间虽有一些学者史家著述这段历史，但“多鄙俗，不足以踵继其书”[②]，也就是说司马迁以后的学者史家，虽留下了史著，但水平太差，完全不能接续承继司马迁的《史记》。于是，班彪立下誓愿，来接续《史记》，完成司马迁以后，也就是从汉武帝太初年间到他生活的时代长达100多年的历史。于是他“继采前史遗事，傍贯异闻，作后传数十篇”，开始了史著的撰写。

在家庭教育方面，班彪还给我们留下了一篇珍贵的文献。

班彪曾在司徒玉况府上任过职。当时汉光武帝初立刘庄为太子，而太子府官属配置尚不完备，负责教育太子的老师也还有空缺，于是班彪就上言汉光武帝

---

① 《后汉书·班彪列传》。
② 《后汉书·班彪列传》。

刘秀，对太子的教育问题发表了自己的看法。在奏折中，班彪引用《左传》中石碏“爱子教以义方，不纳于邪。骄奢淫佚，所自邪也”这段名言，回顾了汉兴以来从汉文帝到汉宣帝重视对太子的教育，重视为太子选择人品、学问好的教师的历史，而“今皇太子诸王，虽结发学问，修习礼乐，而傅相未值贤才，官属多阙旧典”。也就是说班彪认为为太子及诸王配备的老师各方面条件尚不够格。因此，他提出：“宜博选名儒有威重明通政事者，以为太子太傅。”当时班彪本身的官职地位并不高，但向皇上刘秀提出的为太子选拔合适的老师这个建议却非常重要，也是班彪重视对子女进行“义方”教育思想的体现。刘秀接到书奏以后，同意并采纳了班彪的这个重要建议。

后来，班彪被举荐担任望都县长，治绩突出，为一县的官吏和百姓所称颂爱戴。汉光武帝建武三十年(54)，病卒于任上，年 52 岁。作为学者史家，他留下赋、论、书、记、奏事等合计 9 篇。

班固：治史良才，治家无能

班彪生有二子一女，长子班固，次子班超，女儿班昭。从班彪的两个儿子、一个女儿的成长、发展和取得的成就来看，他们都达到了当时时代的高点，班门三杰可以说显示了班彪在家庭教育、子女培养方面成就斐然。

班固(32—92)，字孟坚。他从小就受到良好的家庭教育，9 岁时他就能背诵诗、赋，撰写文章。渐渐长成以后，更是博览典籍，对于先秦以来传下来的九流百家之言，无不融会贯通，深入研究。他勤于学习，转益多师。读书不像有些腐儒为章句所拘，而是举大义而已。班固为人性情宽和，虽然才高，但从不自恃有才而狂傲，总是和众人和睦相处，因而受到同学、诸儒的敬慕。13 岁时，著名学者、他父亲班彪的好友王充来访，见到班固，就曾对班彪言道：“你这个儿子长大以后一定会做记录汉事的学者。”

汉明帝永平初年，汉明帝刘庄的弟弟东平王刘苍以骠骑将军的身份辅政。刘苍自幼喜爱读书，博学多才。辅政以后，就开东阁延揽学者、英杰。当时班固年方弱冠，就上奏进谏刘苍，希望刘苍“总览贤才，收集明智，为国得人，以宁本朝”，国家不要出现以前卞和为献宝而被断足、屈原申忠言而遭流放自沉汨罗江的悲剧。刘苍接受了班固的这个意见。

父亲班彪死后，班固回到乡里服孝。他记住父亲临终嘱托，开始了《汉书》的撰写。他觉得父亲接续前史的工作虽然做了许多积累，并写了若干文章，但仍觉得所记不够详尽。于是在父亲的基础上,"潜精研思",下决心完成父亲留下的未竟事业。但是就在班固埋首修撰《汉书》之际,有人却向汉明帝告发班固在家私撰国史。汉明帝不明就里,下诏扶风郡,将班固押解到京兆大狱,并没收其家中所有的书稿。在此之前,扶风郡有个叫苏朗的人曾伪言图谶之事被下狱处死,家人也因此担心班固会因受到拷讯而遭难。班固的弟弟班超立即从家乡扶风安陵赶到京都洛阳,上书为哥哥鸣冤。汉明帝也不愧为一代明主,他召见了班超,当面听取了班超的申诉,并认真阅览了扶风郡上缴的班固《汉书》草稿。汉明帝看了以后,深为班固所写的文字所奇,认为班固确有史官大才。同时又了解所谓班固在家"私撰国史"罪名的来龙去脉,决定赦免班固无罪,并任命他为兰台令史,到校书部工作。其间他和同僚一起撰成《世祖本纪》,被升迁为郎,典校秘书。班固又连续撰成列传、载记 28 篇,上奏汉明帝。汉明帝下诏让班固完成整部《汉书》的撰述。班固从汉明帝永平中开始受诏正式撰写《汉书》,"精研积思二十余年,至建初中乃成"①。

班固的《汉书》又称《前汉书》,是中国第一部纪传体断代史。《汉书》和《史记》为中国史著双璧,班固和司马迁也被称为"史家班马"。根据《后汉书・班彪列传》所记,《汉书》成书以后,"当世甚重其书,学者莫不讽诵焉",形成了一股读《汉书》热潮。

汉章帝刘炟继位以后,由于雅好文学,班固更加受到信任。汉章帝建初四年(79),汉章帝在白虎观召开经学讨论会,集中当时学者讲议"五经"异同,史称"白虎观会议"。班固奉命担任会议的记录整理工作,根据会议纪要,整理撰写了《白虎通德论》,也作《白虎通》《白虎通义》。在《白虎通德论》中,班固提出了"三纲六纪"说,所谓"三纲",即"君为臣纲,父为子纲、夫为妻纲";所谓"六纪",是指人与人之间的各种社会关系,如叔伯、兄弟、族人、舅姑、师长、朋友等。"三纲六纪"说后来渗透到封建社会人们社会生活的方方面面,尤其是对中国传统社会的家庭生活产生了极大的影响。

班固可以说是一位能与司马迁媲美的一代治史良才。然而,在治家方面,班固则远不如他的父亲班彪。首先,班固从思想上就不重视对子女的教育,他"不教学诸子"②。这"不教学",包括既不对诸子进行文化知识教育,也包括不认真对孩子进行品德教育,以至于他的孩子"多不遵法度",即在地方胡作非为,违反

① 《后汉书・班彪列传》。
② 《后汉书・班彪列传》。

朝廷和地方法律法规，使地方上的官员吏人为班固的孩子屡次犯禁所苦。班固不但不管教儿子，对家里的奴仆也是多所纵容，任他们横行霸道。有一次，洛阳令种兢在道上行走，班固家中奴仆竟顶撞种兢车骑。种兢随从呼斥班固家奴仆走开，不料这个家奴借酒辱骂种兢。由于当时班固正受到外戚、大将军窦宪信用，种兢害怕窦宪权势，虽遭班固家奴顶撞，但隐忍不发，可是心里对班固衔恨不已。后来窦宪事败，窦氏宾客受牵连遭到逮捕拷问，种兢就在这个时候乘机捕系班固，班固竟就此死于狱中，年 61 岁。虽然皇帝最终下诏谴责了种兢，并处以责罚，但是，一代良史竟因自己在家教门风方面的不重视、不检点甚至放纵家奴犯禁而死于非命，真是令人扼腕长叹不已。《后汉书》作者在评论班固时，曾说班固认为司马迁"博物洽闻，不能以智免极刑"，而班固自己却"亦身陷大戮，智及之而不能守之"。这是说班固讥笑司马迁学问那么深厚，见识那么广博，但却不能凭借自己的智慧免除腐刑之辱；而班固自己最终身陷牢狱被处死，自恃有过人之智而最终不能自守其身。班固家教不慎、门风不严，不能不说是祸及自身的一个重要原因，其教训是深刻的。

从班昭上书汉和帝看班超、班昭兄妹情深

班超(32—102)，字仲升，班彪的小儿子，班固的弟弟。他少有大志，不修细节。受家风熏陶影响，对父母长辈孝谨。居家之时对于家中的累活脏活都抢着干，从不叫苦喊累，也从不以干体力活为耻。像他的父亲班彪、哥哥班固一样，喜欢读书，涉猎广博，尤喜欢读《公羊春秋》。班超虽然勤于读书，但绝不是书呆子，他有胆识、有能力，又有着极好的口才，这也为他日后成为外交家打下了一个口辩的良好基础。

汉明帝时有人向朝廷告发班固在家私撰国史，班固被拘押大牢，班超为救哥哥，上书皇帝，为哥哥鸣冤叫屈，并迅速从家乡赶到京都洛阳，直接向皇帝申诉，显示了他非凡的胆识和行动力。班固获赦被任为皇家校书郎，班超就侍奉母亲从家乡来到洛阳。因家中不富裕，班超谋了一份为管家抄书的职业以供养家中。但是，胸有大志的班超不甘心久居于笔砚之间讨生活，曾投笔叹道：大丈夫应当向傅介子、张骞那样立功异域，以取封侯。傅介子是西汉昭帝时外交家，出使西域，立功边陲，被封为义阳侯；张骞是西汉武帝时外交家，两次奉命出使西域，打通了汉朝通往西域的南北道路，汉武帝以军功封其为博望侯。当时班超讲出自己的志愿时，左右的人都取笑他说大话，班超轻蔑地回答："这些人怎么能真正了

解一个壮士的志向呢!”过了很长时间,汉明帝问班固:“卿弟班超现在哪里?”班固回答说:“班超现在为管家抄书,所得报酬用来奉养老母亲。”于是汉明帝就任命班超为兰台令史。

汉明帝永平十六年(73),班超终于实现了投笔从戎、为国家建功边陲的志向。这一年他随奉车都尉窦固出击匈奴,立功以后,又率部 36 人出使西域。从汉明帝到汉章帝,再到汉和帝,班超经年转战于西域,通过军事、外交手段,恩威并施,剿抚并重,收服了西域 50 多个国家。永元七年(95),被汉和帝封为定远侯。班超也成为中国历史上著名的外交家、军事家。

班超自出使西域,直到封侯,在西北绝域艰苦转战 20 多年。年纪越大,思念故土之情越是强烈。于是他于永元十四年(102)上书汉和帝,提出“臣不敢望到酒泉郡,但愿生入玉门关”①,希望在自己有生之日能返回中土。但是上书朝廷后久久没有回音。班超的妹妹班昭知道哥哥亟盼回中土的心愿后,即上书皇帝为哥哥请命。在上书中,班昭满含对哥哥的钦佩之情,说班超“以一身转侧绝域,晓譬诸国,因其兵众,每有攻战,辄为先登,身被金夷,不避死亡。赖蒙陛下神灵,且得延命沙漠,至今积三十年。骨肉生离,不复相识。所与相随时人士众,皆以物故。超年最长,今且七十”。她请求皇帝原谅她“愚憨不知大义,触犯忌讳”②的过错,能答应哥哥班超的请求,让他回到中原故土。汉和帝为班昭这封书奏深深感动,于是下诏让班超回到洛阳。可见班固、班超和班昭之间真挚和睦、生死相助的骨肉之情。

班超在西域整整 31 年。直到永元十四年(102)八月才回到洛阳。一个月后因病逝世,年 71 岁。

班昭作《女诫》对中国封建社会的家庭影响至深

班昭作为女性,所取得的成就和她的两个哥哥班固、班超相比,一点都不逊色。

班昭(约 49—120),一名姬,字惠班,班彪的女儿。她从小就受到良好的家庭教育,博览群书,学问高深。14 岁时,她就嫁给了同郡的曹世叔。但很不幸,曹世叔很早就病逝,班昭年纪轻轻就寡居在家。但她深知家庭礼仪,居家“有节行法度”,为史家所称赞。哥哥班固根据父亲班彪遗命,修撰《汉书》,可惜在“八

---

① 《后汉书 · 班超列传》。
② 《后汉书 · 班超列传》。

表”和《天文志》还没有完成时竟辞世。由于班昭的名声早就震动朝野，汉和帝刘肇就下诏，让班昭到东观的藏书阁，来续写班固《汉书》未竟之部分。现在我们看到的《汉书》，“八表”即《异姓诸侯王表》《诸侯王表》《王子侯表》《高惠高后文功臣表》《景武昭宣元成功臣表》《外戚恩泽侯表》《百官公卿表》《古今人表》就是由班昭补写的，班昭因而成为中国第一位修撰正史的女史学家；《天文志》则是由班昭的弟子马续补写的。

班昭帮助哥哥班固完成《汉书》的同时，还为《汉书》的传播起到很大的作用。《汉书》行世以后，即被认为是一部比较难懂的书。当时班昭同郡的马融曾跟从班昭受读《汉书》。班昭还多次应皇帝诏而入宫为皇后和诸贵人讲解《汉书》，被尊称为“大家”。在这里，“大家”的“家”念“姑”，是当时对女子的一种尊称。班昭因而又称“曹大家”。

汉和帝元兴元年(105)，邓绥以太后身份临朝称制，作为太后的老师班昭也参与政事。汉安帝永初四年(110)，由于母亲病重，邓太后的哥哥邓骘和弟弟们上书请求离职回家侍奉母亲。邓太后一时难以决定邓骘兄弟去留，就征求班昭的意见。班昭上疏充分肯定了邓骘兄弟们回家侍奉母亲于病榻的要求，认为自古以来治理国家“谦让之风，德莫大焉”，“推让之诚，其致远矣”。邓骘和他的三个弟弟“深执忠孝，引身自退”正是先贤一再倡导的“礼让为国”。朝廷如果对邓骘兄弟的离职要求“拒而不许”，那么国家的“推让之名不可再得”①。邓太后最终听从了班昭的建议。

班昭对于中国家庭、家教、家风影响最大的就是写下《女诫》七篇。《后汉书·列女传》介绍班昭撰《女诫》七篇的目的是“有助内训”。班昭自己在《女诫》的开篇中写道：她撰写《女诫》，“但伤诸女方当适人，而不渐训诲，不闻妇礼，惧失容它门，取耻宗族”。其大意是说：“只是担心家中的女孩子正是到了该出嫁的时候，而没有受到过很好的训导教诲，没有听说和不懂得妇女应守的礼仪，恐怕会令未来的夫家失面子，辱没了宗族。”《女诫》分别为卑弱、夫妇、敬慎、妇行、专心、曲从、叔妹七篇。《女诫》问世以后，学者马融对其评价很高，就让自己的妻子、女儿好好学习。但也有表示不接受的，如班昭的小姑曹丰生就写过反驳的文字。《女诫》在后世，产生的影响很大，赞誉者有之，批评者有之。但有一点无可否认，班昭的《女诫》如同他的哥哥班固撰写的“三纲六纪”一样，对中国古代的家

① 《后汉书·列女传》。

庭、家教和家风产生的影响，无疑是巨大的。

班昭享年70余岁。逝世以后，皇太后身着素服为其举哀，并派使者监办丧事，可以说备极哀荣。

班勇：绍继父业，建功西北边陲

班氏家族班固这一支由于家教不严，其“诸子多不遵法度”，没有培养出值得史籍记载的人物。班超生有三子，长子班雄，官至屯骑校尉。在羌部侵扰三辅地区时，奉诏率五营兵屯驻长安，并被拜为京兆尹。小儿子班勇，字宜僚，是班氏从班彪算起第三代中最杰出的人物。

班勇从小就有父亲班超的风范。汉安帝永初元年(107)，西域反叛，班勇和哥哥班雄同时奉命兵出敦煌，迎接西域都护和甲兵回转中原。同时，朝廷下旨撤销了西域都护一职，导致西域地区没有中央任命的官吏长达十多年。西域都护，是汉朝设立的西域最高行政军事长官。汉和帝永元三年(91)，班超被任命为西域都护。班超回中原后由任尚继任都护。汉安帝元初六年(119)，匈奴北单于侵边，汉敦煌太守曹宗请求出兵击匈奴，复取西域。临朝称制的邓绥邓太后召开御前会议讨论此事。班勇也参加了这次会议。当时公卿中大多数人认为应该关闭玉门关，放弃西域。邓太后征求班勇意见，班勇既反对放弃西域，又反对发兵攻北匈奴。他建议恢复敦煌营兵三百人。恢复置护西域副校尉，居于敦煌，并遣西域长史将五百人屯楼兰，保证周边安全。席间诸臣先后向班勇责难，被班勇一一驳回。最后，邓太后采纳了班勇的建议，恢复敦煌郡营兵三百人，复置西域副校尉驻节敦煌。汉安帝延光二年(123)，又拜班勇为西域长史，将五百人屯柳中。其后一直到汉顺帝永建年间，班勇一直率兵转战西域。东汉重新开通西域，其意义不亚于张骞首通西域。班超、班勇为东汉确立在西域的地位立下的功劳足以彪炳史册。

班勇虽然勒兵边陲，但像他的祖父班彪、大伯班固一样，用文字给我们留下了珍贵的信史。班勇成长于西域，熟悉西域政治、地理、风土等情况。他于戎马倥偬之余，将自己在西域的见闻，写成重要文献《西域传》。该书内容广博翔实，囊括了自光武帝建武元年(25)至安帝延光四年(125)整整100年的西域诸国概况，涉及诸国的地理方位、山川形胜、人口物产、风土民情、宗教信仰、人物事件、王位更迭、争战讨伐、历史沿革等。此传被《后汉书·西域传》全部采纳。

第十二节　“清白吏子孙”——杨震留给子孙的“遗产”

中共中央纪律检查委员会、中华人民共和国国家监察委员会网站，曾多次发表文章和发布视频，介绍东汉名臣杨震为官清廉，重视门风，形成杨氏好家风的故事。故事虽然发生在两千多年之前，但对于我们来说，如刃发于硎，仍然具有现实的警示作用和教育意义。

“天知，神知、我知、子知，何谓无知？”

杨震（？—124），字伯起，东汉弘农华阴人。八世祖杨喜，在汉高祖刘邦打天下时建有功勋，被封为赤泉侯。高祖杨敞，汉昭帝时曾任丞相，封安平侯。其父杨宝，著名学者，以研究《欧阳尚书》出名。在汉哀帝、汉平帝当朝年间，隐居乡间以教书为生。汉孺子刘婴居摄二年（7），与当时名流龚胜、龚舍、蒋诩等一起被朝廷征聘，但杨宝高节，不愿入朝而逃遁，一时不知逃匿到何处。汉光武帝刘秀建立东汉王朝以后，很赞赏杨宝的气节，下诏特征杨宝入朝为官，但杨宝还是以老病为托不到任，最后病逝于家。

杨震自幼在父亲的教导和要求下好学不倦。虽然杨宝本人是研究《欧阳尚书》的专家，但他还是让儿子杨震拜在著名学者桓郁门下学习《欧阳尚书》。在父亲和名师桓郁的教导下，杨震明经博览，对学问无不穷究，在学业上名声大振，杨震父亲去世以后，杨震随母亲徙居湖城。虽家境清寒，但杨震侍母至孝，租地耕种以养家，当地都盛称杨震孝行。杨震居家在执耒耜于田亩之余，设席教授子弟，长达 20 余年。其间州郡多次前来征召，杨震都称病不应。杨震的学识修养和人品操守，在当时关西一带名声很大，被当时的知识界称为“关西孔子杨伯起”。一直到 50 岁时，他才接受州郡所辟出仕为官。

大将军邓骘早就听闻杨震的贤孝名声，就辟他为茂才。后来杨震先后任荆州刺史、东莱太守。在他赴东莱郡上任的途中，经过昌邑。当时昌邑县令王密，是杨震举荐之人，和杨震有师生之谊。王密听说老师途经昌邑，就于夜间到杨震住处去拜谒老师，并“怀金十斤以遗震”，即以“金十斤”作为给老师的礼物。杨震见到以后，正色对王密说：“我很了解你的为人，你却不了解我的为人，这是什么道理啊？”这是婉转地批评王密作为学生竟然不知道自己做人的原则和作风。王密确实太不了解老师了，还解释说自己是趁着夜色来的，没有人看见他怀金而来。杨震说：你这次来，“天知，神知，我知，子知”[1]，怎么能说没人知道呢？这就是杨震在“拒金”时留下的“四知”名言。当时王密很为老师的清廉品格所感动，便怀着愧疚的心情取回礼金离开了老师。杨震“四知”拒金的故事从此千古流传，杨震也被称作“杨四知”“四知太守”“四知先生”。

杨震的遗产：“清白吏子孙”

杨震后来又从东莱太守转任为涿郡太守。虽然身为俸禄二千石的中高级官员，但杨震“性公廉，不受私谒”[2]，为官清廉，一心为公，不接受私人之间的往来拜谒。他治家严谨，生活节俭朴素，儿子、孙子等都“蔬食步行”[3]，过着普通百姓的生活。他的长辈和故旧朋友看不下去了，就建议杨震治产业，以便作为遗产留给子孙。这也是人之常情，不无道理。但杨震却拒绝了长辈和朋友的这番好意，明确表达了自己的遗产观，说：“使后世称为清白吏子孙，以此遗之，不亦厚乎！”[4]这也是杨震留给杨门的家训，对杨家子女的成长和杨氏好门风的形成产生了重要影响。

“清白吏”杨震

杨震为官以“清白吏”自许，任职期间，他也确实没有辜负“清白吏”这个名声。杨震从汉安帝元初四年(117)被征入朝廷任太仆，又迁升为太常。永宁元年(120)起，先后在朝中担任司徒、太尉官职，位居三公但杨震始终清廉自守，忠君为国，正直不阿。太常是朝廷掌宗庙礼仪之官，位列汉朝九卿之首，地位十分崇高，又兼管文化教育，统辖博士和太学。此前在博士选举方面“多不以实”，存在许多问题。杨震任太常以后，力革此弊。由他举荐的杨伦等五人，皆为地方明经名士，具有真才实学，到任以后“显传学业”，受到当时学界和读书人的称赞。汉安帝建光元年(121)，对后宫一向管理严格的邓太后邓绥病逝，以汉安帝乳母王圣为代表的内宠开始横行，王圣倚仗自己为皇上乳母，对皇上有保养之功，因此在宫中为所欲为，败坏后宫风气。而王圣的女儿伯荣也“出入宫掖，传通奸赂”。对此，杨震上疏汉安帝，点名批评王圣和伯荣败坏后宫的种种恶行，建议皇

---

① 《后汉书·杨震列传》。
② 《后汉书·杨震列传》。
③ 《后汉书·杨震列传》。
④ 《后汉书·杨震列传》。

上立即将王圣迁出宫廷，让她居于外舍，并断绝与伯荣的往来。汉安帝接到杨震奏疏后，竟将奏疏给王圣等看，结果引来王圣等内倖都对杨震心怀忿恚，而伯荣更加骄淫放荡。杨震对此深感忧虑和不满，再一次上疏，但汉安帝最终并没有采纳杨震的意见。

延光二年(123)，杨震任太尉，为国家最高军事长官。汉安帝的舅舅耿宝向杨震举荐中常侍李闰的哥哥，杨震没有接受耿宝的意见。耿宝就亲自拜望杨震，当面对杨震说："李常侍国家所重，欲令公辟其兄，宝唯传上意耳。"东汉时中常侍都由宦官担任，为皇帝近侍。耿宝这段话是明确告诉杨震，是皇上要求为李闰的哥哥安排职务。杨震正色回答说："如果朝廷想要让三公府正式辟召李闰的哥哥，应该要有尚书台正式下达公文。"于是正式拒绝了耿宝的要求。耿宝又羞又恼，怀恨而去。皇后的哥哥执金吾阎显也向杨震推荐自己的亲信，杨震也加以拒绝。结果，司空刘授知道了杨震先后拒绝耿宝和阎显的推荐，就利用职权，很快就辟用了耿宝、阎显所推荐之人。这样，杨震更是遭到以耿宝、阎显等内宠的嫉恨。

当时，汉安帝不听杨震的劝告，竟下诏派遣使者大张旗鼓地在洛阳南面津城门为乳母王圣修造府第，中常侍樊丰及侍中周广等更是到处宣扬，推波助澜，一时朝廷上下为之震动。当时国家正遭受水旱之灾，边庭又遇羌部侵袭，三边震扰，国库空虚，而皇上竟然在这时下诏为乳母王圣修建府第，于是杨震又上疏，明确提出反对意见，但汉安帝对杨震所谏置之不理。樊丰等见皇上这个态度以后，更是无所顾忌，诈作皇帝诏书，明目张胆地调发国家钱谷，大兴土木，各起家舍、园池、庐观，耗费了国家财力、物力、人力无数。

杨震出于对朝廷的忠心，对国家的负责，不顾皇上的不快和反对，屡次上疏表达自己的意见，言语恳切直率，搞得皇上心中很不快，而樊丰等内宠也都对杨震恨得侧目愤怨。但是，杨震毕竟是当朝大儒，名声卓著，他们还不敢加害于他。到了延光三年(124)春，汉安帝东巡泰山，樊丰等乘机竞修自己的宅第。杨震部掾高舒召大匠令史稽查樊丰等私造宅第之事，并且查明樊丰等伪造皇帝诏书之事，准备在汉安帝东巡返京之后上奏。樊丰等心中惶怖，便勾结已任大将军的耿宝诋毁陷害杨震。汉安帝回京以后，听信樊丰、耿宝捏造的诽谤之辞，遣使者策收杨震太尉印绶。杨震交回印绶，闭门谢客。耿宝又继续在安帝前造谣说杨震身为大臣"不服罪，怀恚望"。安帝又下诏令杨震回原籍。杨震走到洛阳城西夕阳亭，慷慨悲愤地对自己的儿子、门生说道："死，是一个读书人不可避免之事。

蒙受皇恩居高位，最痛恨奸臣狡猾而不能惩治诛杀他们，最厌恶佞幸嬖人倾乱朝纲而不能禁。既然这样，我还有什么脸面再见日月！我死之后，你们要以杂木为棺，覆盖布被，只要能遮盖尸身就可以了。也不要将我葬于冢墓，也不要设灵堂祭祀！只要用牛车载灵柩还乡。”[①]这是杨震对自己的儿子和学生留下的最后遗言。说完就饮鸩自尽，终年70岁。

直到一年以后，汉顺帝刘保即位，陷害杨震的樊丰、周广受诛而死，杨震的门人虞放、陈翼等上书皇上为杨震鸣冤。朝廷上下都称杨震为国家忠臣。皇上下诏为杨震平反，任杨震的两个儿子为郎，赠钱百万，以礼改葬杨震于华阴潼亭。汉顺帝感于杨震所受冤枉，特下诏策，称赞杨震“正直是与，俾匡时政”[②]。

杨震第二代杨秉："我有三不惑：酒，色，财也。"

杨震一共有五个儿子，长子杨牧、次子杨里、三子杨秉、四子杨让、最小的儿子杨奉。五个儿子各有所长，其中杨秉最有成就。

杨秉(92—165)，字叔节，很小就传承父亲杨震的学业，博通书传，并明晓《京氏易》。虽然是“官二代”，却常年隐居乡间教授学生。直到40余岁才应司空辟召，拜为侍御史。先后出任豫州、荆州、徐州、兖州刺史，又迁升任城国相。杨震以父亲的“清白吏子孙”家训为勉，自担任州刺史、任城国相，俸禄达二千石，他坚持按任职实际天数受俸禄，多余的俸禄绝不入自家门。他的故吏部下曾集钱百万给他，他坚守家规，闭门不受。所以，杨秉任官“以廉洁称”，没有辜负父亲“清白吏子孙”的遗言要求。

汉桓帝刘志即位以后，杨震因为精通《尚书》被召进宫担任皇上侍讲，向皇上讲解《尚书》。先后拜太中大夫、左中郎将，迁升为侍中、尚书。有一次汉桓帝微服私行，到河南尹梁胤府舍，这是严重违背宫廷礼仪规定的大事。杨秉上疏谏奏，批评汉桓帝这种做法。汉桓帝没有接受杨秉的劝告，杨秉就以病为由要求退休，结果被降职到三辅之一的右扶风郡任职。后来太尉黄琼上奏，称杨秉在皇上身边劝讲《尚书》，不宜外迁，才留在朝中任光禄大夫。正值外戚大将军梁冀用权，杨秉不愿和他为伍，就称病不朝，直到汉桓帝延熹二年(159)梁冀事败自杀以后，杨秉才又被拜为太仆，迁升太常，列位九卿之首。

杨秉为官有父亲杨震风范，敢于直言，虽多次遭贬斥免官，但忠心不改。一

① 见《后汉书·杨震列传》。

② 《后汉书·杨震列传》。

些朝臣屡次上奏，认为杨秉忠正，为人谦虚，不宜久抑不用。于是汉桓帝只得下诏重征杨秉入朝。延熹五年(162)冬，杨秉任太尉，位居三公高位。当时朝中宦官势力正炽烈浩大，任用亲信子弟为官布满天下，竞为贪淫，引来朝野一片嗟怨之声，杨秉与司空周章果断上言，认为现在朝中"内外吏职，多非其人"，建议皇上将这些人一律罢去。这一次，汉桓帝听从了杨秉、周章的建言，将州牧郡守以下50多人的官职罢去，有的人还按律处死。这样一来，宦官势力大受挫折，"天下莫不肃然"[①]。

中常侍侯览，是当时朝中宦官势力的主要代表，他专横跋扈，贪婪放纵，势力浩大。杨秉在和宦官斗争的过程中，敢于直接和他交锋。当时侯览的弟弟侯参任益州刺史，累有贪污受贿之罪，暴虐一州。汉桓帝延熹八年(165)，杨秉上疏弹劾侯览，并用囚车将侯览押解到廷尉受审。侯参在半道上畏罪自杀。杨秉就上书奏劾侯览和另一名中常侍具瑗，尖锐地指出，宦官本应在宫内司昏守夜，随时听命为宫中服务，"而今猥受过宠，执政操权"。中常侍侯览的弟弟侯参，"贪残元恶，自取祸灭"，而侯览"顾知衅重，必有自疑之意"。杨秉认为，像侯览这样的宦官，"不宜复见亲近"，也就是说，他建议皇上立即将他斥退，免官送回原郡。汉桓帝不得已，只得免去侯览官职，削去具瑗封国。《后汉书》作者评杨秉敢于直谏说："每朝廷有得失，辄尽忠规谏，多见纳用。"[②]也就在这一年，杨秉病逝，享年74岁。

杨秉为人性不饮酒，又早年丧妻，于是不复再娶，为官以清白而闻名于世。他曾经说过："我有三不惑：酒，色，财也。"[③]他一生也确实履践了这"三不惑"，以他的行为诠释了父亲留下的遗言。杨秉的"三不惑"和其父亲杨震的"四知"说，都成为中国古代家训家教中的名言。

杨震第三代杨赐："三叶宰相，辅国以忠"

在杨震的第三代中，有杨统、杨著、杨赐、杨馥、杨敷等。《后汉书・杨震列传》用了比较多的篇幅记载了杨赐的事迹。可以说杨赐是杨震第三代中的杰出者。

杨赐，字伯献，为杨秉子。他少传家学，笃志博闻。虽出自名门，却如祖父、

---

① 《后汉书・杨震列传》。
② 《后汉书・杨震列传》。
③ 《后汉书・杨震列传》。

父亲一样，谦和自守，退隐乡间，教授门徒。州郡虽多次礼命辟召，他都不应。后来虽勉强应大将军梁冀所辟，任职于梁府，但这并非他所好。后外出任陈仓令，因病没有成行。尽管不断有征辟令至，甚至三公府都有辟召，但杨赐依然屡次辞让不就命。一直到最后，才先后到司空府任职，后迁升侍中、越骑校尉。

建宁元年(168)，刚即位的汉灵帝应接受学习教育，下诏给太傅、三公，命他们广选通晓《尚书》的著名学者。三公共同推举了杨赐。于是杨赐就进宫到华光殿担任皇上侍讲，成为汉灵帝的老师。后来迁升为少府、光禄勋，进位九卿。汉灵帝熹平二年(173)，任司空，位列三公之尊。熹平五年(176)，为司徒。由于汉灵帝好微行，到宫外苑囿游玩，杨赐上疏谏奏给予批评劝说，特别指出自己作为皇帝的师傅，“不敢自同凡臣”，回避自己的责任。光和元年(178)冬，汉灵帝想造毕圭灵琨苑，杨赐又上疏谏言，认为现在京城内外已有苑囿五六个，足以满足皇上“逞情意，顺四节”的愿望。现在欲“猥规郊城之地，以为苑囿，坏沃衍，废田园，驱居人，畜禽兽”，这不符合对待百姓“若保赤子”的古义。然而汉灵帝最终并没有接受杨赐的上奏，坚持大兴土木建筑毕圭灵琨苑。光和五年(182)，杨赐拜太尉。到了中平元年(184)，黄巾事起，杨赐上奏“切谏忤旨”被免职。后又就平黄巾事提出对策，汉灵帝见到杨赐所奏以及以前杨赐担任侍讲的注录以后“乃感悟”，下诏封杨赐临晋侯，邑一千五百户。杨赐认为他和太尉刘宽、司空张济三人一起到宫中担任侍讲，不能自己一个人独受封赏，就上书灵帝，提出愿意分出所封户邑给刘宽、张济。汉灵帝为杨赐的谦让大为感叹和嘉赏，又加封刘宽和张济的儿子，并拜杨赐为尚书令。中平二年(185)九月，杨赐病逝。汉灵帝为之身穿素服，三日不临朝。赠东园梓器襚服，赐钱三百万，布五百匹，下旨为杨赐举行了隆重的丧礼，谥“烈侯”。汉灵帝颁策称杨赐“三叶宰相，辅国以忠”①。“三叶”是指从杨震、杨秉再到杨赐，祖孙三代都担任宰相，忠心为国。

值得一叙的是杨赐在文化建设上也立有功绩。熹平四年(175)，杨赐与五官中郎将堂溪典，谏议大夫马日磾，议郎蔡邕、张驯、韩说，太史令单飏等人上奏，指出经学典籍传习久远，讹谬的情况日趋严重，请求正订“六经”的文字。灵帝同意他们的建议，遂命蔡邕等进行校勘，并将校正过的经籍刻于石碑，立在太学之外，作为经籍正本，这就是著名的《熹平石经》。

---

① 《后汉书·杨震列传》。

杨震的第四代：杨奇、杨彪俱为东汉名臣

在杨震的第四代中，有杨奇、杨众和杨彪。其中杨奇和杨彪也为东汉名臣。

杨奇，一作杨琦，为杨震长子杨牧的孙子，父亲杨统。少承家教，勤勉向学，尤长《尚书》。汉灵帝时，任侍中，为灵帝所重用。有一次汉灵帝召见杨奇，问杨奇："朕与桓帝相比，卿以为何如？"汉灵帝动问的目的自然是要杨奇夸奖他比先帝英明，但杨奇却说："陛下相较于桓帝，就好像将虞舜比德于唐尧。"虞舜和唐尧是上古时期两个君王，唐尧为君在前，虞舜继位于后。这个回答是汉灵帝不愿听到的，面对憨直的杨奇，汉灵帝无可奈何，只得悻悻说道："卿强项，真杨震子孙。"[①]汉灵帝的这番话虽然充满着对杨奇的不满，但"卿强项，真杨震子孙"这句话，还是让我们领略了杨震的门风和风骨。后来杨奇出任汝南郡太守。汉灵帝驾崩后，复入朝为侍中卫尉。随汉献帝西迁，有功勋。汉献帝到达许昌后追封杨奇的儿子杨亮为阳城亭侯。

杨彪(142—225)，字文先，杨秉的孙子、杨赐的儿子。他少传家学，接受了杨门很好的家庭教育。长大以后"初举孝廉，州举茂才，辟公府，皆不应"[②]。也就是说杨彪曾多次被州郡举荐任官，但都没有接受。直到汉灵帝熹平年间，杨彪 30 多岁了，才以"博习旧闻"被朝廷征为议郎，与马日磾、卢植、蔡邕等著名学者一起在东观从事著述。建安元年(196)，随汉献帝定都许县。黄初二年(221)被曹丕拜为光禄大夫。黄初六年(225)病逝于家中，享年 84 岁。

杨彪作为杨震的曾孙，颇有杨氏正直的门风。汉灵帝光和年间，杨彪任京兆尹，时黄门令王甫指使自己的门生在郡界搜括聚敛国家财物达七千余万，杨彪揭发了这个大案，并上报司隶。负责监督京师和周边地方的司隶校尉阳球因此上奏皇上诛杀王甫，天下都为此感到大快人心。汉献帝初平元年(190)，关东兵起，当时秉政的董卓提议迁都于长安避之，就召集公卿来讨论此事。百官中没有人敢发言，只有杨彪站出来表示反对，认为现在"天下无虞，百姓乐安"，一旦迁都，"恐百姓惊动，必有糜沸之乱"[③]。杨彪的反对态度自然得罪了董卓。兴平元年(194)，杨彪被拜为太尉，录尚书事。当时正值李傕、郭汜之乱，杨彪尽力保护汉献帝于崎岖危难之间，差点遇害。

---

① 《后汉书・杨震列传》。
② 《后汉书・杨震列传》。
③ 《后汉书・杨震列传》。

杨彪的儿子杨修，即杨震的第五代，字祖德，绍继家学，有俊才，担任丞相曹操主簿。因恃才放旷，再加上政治立场原因，为曹操所杀。一次，曹操在见到杨彪时问道："您为什么如此消瘦?"杨彪回答道："愧无日磾先见之明，犹怀老牛舐犊之爱。"[①]"日磾先见之明"，是指发生在西汉武帝时期的一件事。日磾即金日磾，匈奴人，为受汉武帝信任的大臣。他的两个儿子都受到汉武帝的喜爱。两个儿子长大以后在后宫行为不检点，有一次大儿子在殿中和宫女嬉闹，正好被金日磾看见，金日磾担心儿子会闹出淫乱之事祸及全家，就将大儿子杀死以绝后患。在这里，杨彪说"愧无日磾先见之明"，就是说：我早知道自己的儿子杨修今天会死在你的手里，我就应该像金日磾那样先将杨修杀死。"犹怀老牛舐犊之爱"，是说自己年纪那么大了却意外丧子，能不像老牛疼爱小牛那样表达对儿子的爱吗?这段话实际上是杨彪对曹操滥杀自己儿子杨修的一种控诉。当时曹操听后为之改容，竟无言对答。这句"老牛舐犊"也流传了下来，成为父母疼爱自己子女的成语。

杨震一门，从杨震到杨彪，杨氏门风代代相传。论做官，四代都官居太尉之职，达到人臣极致，但都能保持"清白吏"家训和清廉门风，官声极佳。《后汉书》称杨氏一门"自震至彪，四世太尉，德业相继，与袁氏俱为东京名族云"。这里的袁氏，是指袁绍一门。但《后汉书·杨震列传》注引《华峤书》又说："东京杨氏、袁氏，累世宰相，为汉名族。然袁氏车马衣服极为奢僭；能守家风，为世所贵，不及杨氏也。"这是将杨氏、袁氏两大家族相比，袁氏虽"四世三公，门生故吏遍天下"，但其门风奢僭，和杨氏"清白"门风不可同日而语。在评论杨震几代门风时范晔又说：杨氏"遂累叶载德，继踵宰相。信哉，'积善之家，必有余庆'"。《后汉书·杨震列传》在最后以"赞"的形式总结杨震门风，说："杨氏载德，仍世柱国。震畏四知，秉去三惑。赐亦无讳，彪诚匪忒。"

---

① 《后汉书·杨震列传》。

第三章 三国两晋南北朝的家教和家风

第一节 曹操父子：建安文学的倡导者和成功实践者

建安文学在中国文学史上，以其独特的风格和深刻的社会意义占有重要地位。“建安”是东汉献帝的年号，文学史上所说的建安文学，一般是指建安前几年至魏明帝曹叡最后一年(239)这段时期的文学。曹操、曹丕、曹植父子既是建安文学的倡导者、开创者，也是建安文学的成功践行者。“三曹”在建安文学中的成就如同唐宋八大家中的北宋“三苏”一样，都是一段佳话。

曹操父祖的敦厚仁义家风

曹操(155—220)，即魏武帝，字孟德，小名阿瞒，沛国谯县人。他是西汉开国元勋曹参的后代。他的父亲曹嵩，是东汉桓帝时中常侍曹腾养子。曹腾的父亲曹节，按照辈分，应是曹操的曾祖父，素以仁厚为人称道。居家时，邻居中有人丢失一头猪，长得和曹节家的猪相似，邻人就上门认领而去。曹节知道邻人弄错了，也不与之争，任邻人将自己的猪带走。后来邻人的猪找到了，邻人为此大觉惭愧，赶紧将错认之猪送回曹家，并一个劲地向曹节道歉。曹节一笑了之。为了这件事，乡里都十分佩服和感叹曹节的雅量。

曹节有四个儿子，长子曹伯兴，次子仲兴，三子叔兴，曹腾为四子。曹腾在少年时就任黄门从官。汉安帝永宁元年(120)，曹腾被选中陪同皇太子刘保读书。

在侍读过程中，曹腾和太子相处得很好，很受太子喜爱。太子继位为皇帝后，任曹节为小黄门，并升迁为中常侍大长秋。曹腾在宫中长达30多年，历事四朝皇帝，从来没有出现过错。作为内侍，尤其不容易的是，曹腾"好进达贤能，终无所毁伤"[①]。经曹腾举荐的人才，后来都致位公卿，但曹腾从来不宣传自夸自己的推荐之功。有一次蜀郡太守有书信给曹腾，负责监察的益州刺史种暠在函谷关搜得这封信，便上奏皇上，称曹腾作为内臣，私自结交外臣，是违规之举，应当免官治罪。皇上说，此书信自外而来，曹腾又没有书信出内廷，曹腾没有过错，便压下了这份奏折。曹腾知道这件事以后，并不介意，认为种暠奏劾自己是他职责所在。后来种暠升为司徒，他对别人说：今天能居三公高位，不能忘记曹腾对自己的恩惠啊。到了汉桓帝即位，因为曹腾是先帝旧臣，忠孝昭著，就封他为费亭侯，加位特进。

曹操的父亲曹嵩，字巨高。为人敦厚谨慎，忠孝两全。曾担任司隶校尉。在汉灵帝时，受到擢拔，先后任大司农、大鸿胪，位列九卿。后又任太尉，居三公高位。

曹操治家"雅性节俭，不好华丽"

曹操自小为人机警，有权术，并且任侠放荡，曾受到他的叔父的管教。初举孝廉，任洛阳北都尉，迁顿丘令。后在镇压黄巾起义和讨伐董卓的战争中，逐步扩充军事实力。初平三年(192)，为兖州牧，收编青州黄巾军的一部分，称为"青州兵"。建安元年(196)迎献帝都许，从此用献帝名义发号施令，先后削平吕布等割据势力。官渡之战大破河北割据势力袁绍后，逐步统一了中国北部。建安十三年(208)，进位为丞相，率军南下，被孙权和刘备的联军击败于赤壁。建安二十一年(216)封魏王。汉献帝延康元年 (220)病逝于洛阳，年66岁。

曹操是三国时期的政治家、军事家、诗人。他在北方屯兵，兴修水利，解决了军粮缺乏的问题，对农业生产的恢复有一定的作用；他用人唯才是举，大量罗致地主阶级中下层人物，抑制豪强，加强集权。所统治的地区社会经济得到恢复和发展。精兵法，著《孙子略解》《兵书接要》等书。善诗歌，有《蒿里行》《观沧海》《龟虽寿》等篇，抒发自己的政治抱负，并反映汉末人民的苦难生活，气魄雄伟，慷慨悲凉。散文亦清峻整洁。他是建安文学的主要倡导者，也是建安文学的主要代表。

---

① 《三国志·魏书·武帝纪》注引司马彪《续汉书》。

曹操作为军事统帅，身居汉丞相、魏王高位，在家庭生活中却“雅性节俭，不好华丽”。当时的王公高官，多穿着华丽服饰，习尚以戴幅巾为雅，如袁绍之徒，都以细绢制巾束首。但是曹操却因为当时天下频遭凶荒，资财乏匮，仿制古时皮弁而已。在曹操的率先垂范下，女眷“衣不锦绣”，所用帷帐屏风，坏损以后能修则修，能补则补。席蓐被褥只要能保暖取温，不加花边修饰。每次战争胜利所获，得美丽稀罕之物，全部赏赐给有功之人，而不留给家人。四方有贡纳献礼，和部下共有，不入私家。在婚丧嫁娶方面，厉行节俭，他很反对嫁娶时奢靡之风。在丧葬问题上，他认为送终的制度规定太烦琐铺张没有什么好处，为此他自己预先制好丧服，“四箧而已”。他留下遗令，称：“天下尚未安定，未得遵古也。葬毕，皆除服。其将兵屯戍者，皆不得离屯部。有司各率乃职。敛以时服，无藏金玉珠宝。”[①]这道遗令，就是严命在他身后实施薄葬。他还手书送终题识，说自己万一生病不治，“随时以敛，金珥珠玉铜铁之物，一不得送”[②]。

中华书局的《曹操集》，辑录了曹操一系列的《内诫令》，其中有：“孤不好鲜饰严具，所用杂新皮韦笥，以黄韦缘中。遇乱无韦笥，乃作方竹严具，以帛衣粗布作里，此孤之平常所用也。”“吾衣被皆十岁也，岁岁解浣补纳之耳。”“昔天下初定，吾便禁家内不得香薰。后诸女配国家为其香，因此得烧香。吾不好烧香，恨不遂所禁，今复禁不得烧香，其以香藏衣著身亦不得。”以上所引几条，可以见曹操“雅性节俭，不好华丽”之一斑。在军中，他甚至用竹子制成妆具；所穿衣服和所盖被子，都已用了十年；禁止家中烧香熏衣，还为自己不能杜绝香薰之习而甚觉遗憾[③]。

曹操是怎样教育自己的儿子的

曹操共有25个儿子，他虽然在朝廷身居高位，又掌握着百万大军，但对儿孙的教育依然抓得很紧。特别是他对和卞夫人所生的曹丕、曹彰、曹植的教育，用心最多。

曹操一生博览群书，《三国志・魏书・武帝纪》注引《魏书》曰：“御军三十余年，手不舍书，昼则讲武册，夜则思经传，登高必赋，及造新诗，被之管弦，皆成乐章。”因此，教育督促儿子读书，成为曹操家庭教育的一个重要方面。曹丕，字子

---

① 《三国志・魏书・武帝纪》。

② 《曹操集》引《通典》七十九，中华书局1959年版，第67页。

③ 《曹操集》，中华书局1959年版，第52—53页。

桓，八岁时就显示出非凡的才能，能写文章，博贯古今经传、诸子百家之书。他从小跟随曹操身处军旅之中，在读书学习方面受到父亲的影响很大。曹丕著有《典论》一书，这是中国最早的文艺理论批评专著。在《自叙》篇中，曹丕谈到父亲曹操的读书学习，说父亲“雅好诗书文籍，虽在军旅，手不释卷，每每定省从容，常言人少好学则思专，长则善忘，长大而能勤学者，唯吾与袁伯业耳。余是以少诵诗、论，及长而备历五经、四部，《史》、《汉》、诸子百家之言，靡不毕览”。曹丕从小诵诗读经，毕览诸子百家，受到父亲的影响至深。曹彰，字子文，自小就“善射御，膂力过人，手格猛兽，不避险阻。数从征伐，志意慷慨”[①]。曹操虽然喜欢曹彰，但他对于曹彰重武轻文还是不满意，就告诫曹彰：“汝不念读书慕圣道，而好乘汗马击剑，此一夫之用，何足贵也！”[②]明确告诉儿子要多读书，不能逞匹夫之勇。曹植，字子建，少年早慧，年十岁余，便诵读《诗》《论》及辞赋数十万言，又善文。有一次，曹操看了曹植写的文章，惊喜地问他：“这是你请人代写的吧？”曹植回答说：“话说出口就是论，下笔就成文章，只要当面考试就知道了，何必请人代作呢！”曹操在邺城造铜雀台落成，曹操率诸子登台，并要诸子当场作赋赞之，曹植下笔成章，而且写得很好，让曹操很是惊奇和满意。

曹操手不释卷，酷爱读书之风，也深刻影响了他的第三代。曹叡，字元仲，曹丕之子，后来成为魏第二代君主魏明帝。曹叡一出生就受到曹操的喜爱，经常让他陪伴左右。曹叡好学多识，特别留意于法理方面的问题。他位居太子之时，居住在东宫，但他“不交朝臣，不问政事，唯潜思书籍而已”[③]。

曹操在家为父亲，在朝为丞相，因此常常告诫儿子们不要触犯国法，不要违犯军令。汉献帝建安二十三年(218)，代郡乌丸反，曹操任命曹彰以北中郎将行骁骑将军的身份率军击之。大军临出发之前，曹操告诫曹彰说：“居家为父子，受事为君臣，动以王法从事，尔其戒之！”[④]曹彰听从父亲的教导，大破乌丸，得胜而回，没有辜负曹操既作为父亲又作为三军统帅的要求和诫勉。曹植才气过人，很受曹操宠爱。曹操南征孙权之时，命曹植率兵留守邺城。这是一个极为重要的任命。曹操临出征之前，专门召曹植当面训诫道：“吾昔为顿丘令，年二十三。思此时所行，无悔于今。今汝年亦二十三矣，可不勉欤！”[⑤]这是曹操为培养曹植，

---

① 《三国志·魏书·任城陈萧王传》。
② 《三国志·魏书·任城陈萧王传》。
③ 《三国志·魏书·明帝纪》注引《魏书》。
④ 《三国志·魏书·任城陈萧王传》。
⑤ 《三国志·魏书·任城陈萧王传》。

给他压重担，既让他在实际政务、军务中得到锻炼，也让他能为朝廷建立功业，以便重用。起先，曹操在决定接班人时，在曹丕和曹植之间摇摆过。然而曹植毕竟书生气十足，混淆了家庭和国家、儿子和臣子之间的界限，没有完全理解曹操治家、治军、治国的苦心和方略，"任性而行，不自雕励，饮酒不节"[①]，也就是依着公子哥的性情，没有严格自律，还无节制地饮酒，违背了曹操的训诫，辜负了曹操的期望，从而失去曹操对他的信任。

汉献帝在位期间，曹操实际上掌握着军国大事，大权在握，但他对自己的儿子在朝中任职一事很谨慎。建安十三年(208)，曹操时任司空，司徒赵温举荐曹丕任掾这样的官职，曹操认为赵温的这次举荐曹丕，不是看上曹丕的真实才能，而是因为曹丕是自己的儿子，因此，就以赵温"选举不实"为由，上表汉献帝，罢免了赵温的官职。对于儿子在军中任职，曹操同样提出要求，不徇私情。当寿春、汉中、长安三地，需要将领镇守，他考虑派遣自己的儿子前往督领，提出用人标准，即选择"慈孝不违吾令"。他说几个儿子在小的时候都受到自己的喜爱，而现在长大了如果表现得好，一定会加以重用，对此绝无二言。

"不可以我故坏国法"

讲到曹操治家，不能不提到他的妻子卞夫人。卞夫人(161—230)，琅琊开阳人。她出身倡家，即从事音乐歌舞的乐人。20岁时她在谯地被曹操纳为妾，汉献帝建安初年成为曹操正室。她是曹丕、曹彰、曹植的亲生母亲，曹丕称帝后，她成为皇太后。魏明帝曹叡继位后，成为太皇太后。魏明帝太和四年(230)去世，谥号"宣"，陪葬于高陵，史称"武宣皇后"。

作为曹操的妻子，魏文帝曹丕的母亲，卞夫人并没有过着肆意享乐的骄奢生活。她"性约俭，不尚华丽"[②]，起居之处，没有锦绣珠玉等摆设，器皿涂的只是普通的黑漆。为了替国家节省开支，她主动提出"减损御食，诸金银器物皆去之"[③]。有一次曹操在外头得到了几副精美的耳环，拿回王府让卞夫人首先选择。她只拿了其中一副中等档次的耳环。曹操感到很奇怪，她淡淡地说："如果选最好的那是贪心；如果选最差的就是虚伪；所以我择其中者。"[④]

---

① 《三国志·魏书·任城陈萧王传》。
② 《三国志·魏书·后妃传》。
③ 《三国志·魏书·后妃传》注引《魏略》。
④ 见《三国志·魏书·后妃传》注引《魏略》。

还有一次,曹丕下令为卞夫人的弟弟卞秉新造一座府第,落成以后,卞夫人出面宴请前来庆贺的外亲。但宴会只是“设下厨,无异膳”,同家常便饭没什么两样。而卞夫人的左右,也同样是“菜食粟饭,无鱼肉”[①]。

卞夫人不但自己厉行节俭,就是对自己的亲戚,也同样严格要求。她曾对自己的亲戚说:“居家当务节俭,不当望赏赐。”[②]她告诫亲戚说:“有犯科禁者,吾且能加罪一等耳,莫望钱米恩贷也。”也就是说,她要亲戚好自为之,奉公守法,反之则要从严治罪。

卞夫人克俭如此,同她的出身、经历不无关系。她出身一个普通的倡家,社会地位不高,自嫁给曹操以后,曾与曹操一起经历过一段患难生活;她又经常随军出征,亲眼看到人民耕织之难和战乱给人民带来的苦难。在行军途中,她每次见到年高白首的老人,总要停车,向老人表示慰问,并赠送给老人绢帛一类的东西。这些都同她养成节俭的习惯有很大关系。这正如她自己说的:“吾事武帝四五十年,行俭日久,不能自变为奢。”[③]

在政治生活中,卞夫人深明大义,很得曹操的赞赏。当曹丕被曹操立为太子时,左右都向卞夫人庆贺,说“将军拜太子,天下莫不欢喜,后当倾府藏赏赐”[④]。在封建社会里,“妇以夫贵,母以子贵”是人们社会生活的信条。曹丕被立为太子,作为母亲的卞夫人日后的政治地位可想而知。然而她面对这样的大事头脑冷静。作为母亲,她说:“王自以丕年大,故用为嗣,我但当以免无教导之过为幸耳,亦何为当重赐遗乎!”[⑤]意思是说,我夫曹操是因为曹丕年龄大,所以立他为太子,而我只要在孩子的教育上没有出过差错,已经算是万幸的了,怎么还谈得上为此而遍行赏赐呢!对此,曹操赞许道:“怒不变容,喜不失节,故是最为难。”[⑥]

曹植是卞夫人最小的儿子,有一次曹植犯了法,被朝廷官员检举弹劾。这件事对已经成为皇帝的曹丕来说,既是国家公事,又是家庭私事,而且曹丕也知道曹植最为母亲所钟爱,因此,他委托奉车都尉卞兰把曹植犯法的原委和朝廷公卿的看法告诉卞夫人,实际上是把矛盾上交。卞夫人很为曹植犯法的事感到惋惜,

---

① 《三国志·魏书·后妃传》。
② 《三国志·魏书·后妃传》。
③ 《三国志·魏书·后妃传》注引《魏书》。
④ 《三国志·魏书·后妃传》。
⑤ 《三国志·魏书·后妃传》。
⑥ 《三国志·魏书·后妃传》。

说："不意此儿所作如是。"可是她毕竟是个识大体的人，没有因为私情而袒护包庇爱子。她要卞兰回复曹丕说："不可以我故坏国法"[①]，明确要求曹丕秉公而断。

卞夫人作为曹操的妻子，虽然并没有在政治上有过多大作为，可是她的尚节俭、识大体，在曹操的家庭教育中起的作用无疑是很重要的。

第二节　诸葛亮：一门忠孝，死而后已

在中国书法界，无论是专业的书法家还是业余爱好者，在他们的作品展览中经常会出现书写"淡泊以明志，宁静以致远"条幅的作品。"淡泊以明志，宁静以致远"出自诸葛亮的《诫子书》，他的这句话，深受后世喜爱，并且成为许多家庭教育孩子和职场励志为人的座右铭。

"特立刚直"的诸葛亮先祖诸葛丰

诸葛亮(181—234)，字孔明，号卧龙，三国时期琅琊阳都人。西汉诸葛丰之后。

诸葛丰，字少季，西汉琅琊诸县人。博学明经，性格特立刚直，曾担任过御史大夫龚禹的属官侍御史。汉元帝时任司隶校尉，负责对京师和周边地区官员的监察。由于他为人刚直，办案捕人无所回避，因此，京师有民谚："问何阔，逢诸葛。"意思是说老朋友为什么久不相见，是因为被诸葛丰监察拿问。汉元帝嘉赏诸葛丰的气节和胆识，加任他为光禄大夫。

当时侍中许章凭外戚关系受到皇上宠幸，骄奢淫逸不遵法度。他的宾客犯事牵连到许章，诸葛丰在核查处理此案时就打算向皇上奏劾许章。恰逢许章私自出宫，诸葛丰侦知许章的行踪后就驻车举着皇上所赐节杖等候许章。见到许章后诸葛丰喝令许章下车就范。许章一看这架势，吓得赶紧驱车而逃。诸葛丰也立即驰车追赶。许章逃进宫中，到汉元帝面前哀求乞告。诸葛丰也毫不退让，将许章牵涉宾客犯法之事上奏于汉元帝。不料汉元帝包庇许章，并收回象征司隶校尉监察百官权威的节杖。班固说："司隶去节自丰始"[②]，意谓司隶校尉不再

---

① 《三国志·魏书·后妃传》注引《魏书》。

② 《汉书·诸葛丰传》。

持节正是从诸葛丰开始的。

于是，诸葛丰就上书汉元帝表达了自己对此事的看法。在上书中诸葛丰表示，自从自己拜为司隶校尉以后，就发下誓愿，愿意捐献自己的生命而断奸臣之首，将之悬挂于都市之中，并通过文字布告他们的罪恶，使四方之人明确知道做坏事犯恶行将要受到的惩罚，罪大恶极的还要受到斧钺诛杀。这也是自己作为臣子所甘心去做的事。在普通百姓之中，尚且还有不惜过命的刎颈之交，现在以四海之大，却没有为追求气节道义而死的臣子，反而大多是苟合取容、阿党相为之人，他们一心惦念私门之利，忘却国家大政的需要。这是自己作为臣子深感耻辱的。自己担任司隶校尉，陛下却派尚书令尧赐书信，提出"司隶校尉纠举不法之事，奖善惩恶，不能独断专行，应该事处中和，顺从经术本意"。对此，自己虽感激陛下的恩深德厚，但内心则不胜愤懑。愿陛下能赐自己以清闲[①]。但汉元帝并没有批准诸葛丰的这封上书。此后，诸葛丰多次建言，汉元帝更加不听，但诸葛丰没有退让，继续上书，表示如果"使臣杀身以安国，蒙诛以显君，臣诚愿之。独恐未有云补，而为众邪所排，令谗夫得遂，正直之路雍塞，忠臣沮心，智士杜口，此愚臣之所惧也"[②]。诸葛丰真不愧是班固所说的"特立刚直"之人啊！

由于诸葛丰在任总是指摘朝政的不足和短处，汉元帝难以忍受，就把他贬为城门校尉，但诸葛丰依旧不改他的"特立刚直"之性，仍上书言事告发朝臣，使得汉元帝忍无可忍，将他贬为庶人。诸葛丰最终病逝于家。

蜀汉廉洁丞相

诸葛亮的父亲诸葛珪（？—189），字君贡，在东汉末年曾担任太山郡丞一职。诸葛亮的叔叔诸葛玄，在东汉末年担任过豫章郡太守。诸葛珪病逝以后，诸葛玄将年方8岁的诸葛亮和弟弟诸葛均两个孩子带到官衙一起生活。东汉末年天下大乱，诸葛玄离职到荆州牧刘表处依附刘表。建安二年（197），诸葛玄去世，诸葛亮就在南阳邓县隆中定居，"躬耕陇亩"[③]，过着隐居生活。他平日间留心世事，被称为"卧龙"。

建安十二年（207），刘备三顾茅庐，诸葛亮向刘备提出占领荆州、益州两地，谋取西南各族统治者的支持，联合孙权，对抗曹操，统一全国的建议，即所谓"隆

① 见《汉书·诸葛丰传》。
② 《汉书·诸葛丰传》。
③ 《三国志·蜀书·诸葛亮传》。

中对”，从此成为刘备的主要谋士。后刘备根据其策略，联孙攻曹，取得赤壁之战的胜利，并占领荆、益二州，建立了蜀汉政权。曹丕代汉的次年(221)，他劝刘备称帝。建兴元年(223)，刘禅继位，他被封为武乡侯，领益州牧，政事无论大小，都由他决定。当政期间，励精图治，赏罚严明，推行屯田政策，并改善和西南各族的关系，有利于当地经济、文化的发展。曾五次出兵伐魏，争夺中原。建兴十二年(234)，与魏司马懿在渭南相拒，病死于五丈原军中，年 54 岁，谥“忠武侯”。

诸葛亮一生简朴。死后根据他的遗命，葬于汉中定军山。他的墓顺着山势起坟，墓冢狭小，只容得下棺椁而已。入殓时穿的是常服，没有陪葬器物。诸葛亮生前曾上表后主刘禅，称自己在成都的家中有桑树 800 株，薄田 15 顷，并说自己的家人子弟衣食自有余饶。还说他长期在外任职，在经济上没有其他调度安排。随身衣食，都仰仗公家供给，从来不另外别治生计，以增加家庭收入。在这份表的最后，诸葛亮表态说，如果自己死了以后，一定“不使内有余帛，外有赢财，以负陛下”[1]。等到诸葛亮死了以后，人们发现他家中财产完全如表中所说。

“非淡泊无以明志，非宁静无以致远”

诸葛亮作为蜀汉丞相，其家庭颇为普通。他的大哥诸葛瑾，长期在东吴孙权处任职，为东吴重要谋士，官至大将军；他的弟弟诸葛均，后在蜀汉为官，拜为长水校尉。他还有两个姐姐，大姐嫁给襄阳蒯祺，二姐嫁给襄阳庞山民。诸葛亮的岳父黄承彦，为沔南名士。《三国志·蜀书·诸葛亮传》注引《襄阳记》记载了诸葛亮娶妻的故事，称“黄承彦者，高爽开列，为沔南名士，谓诸葛孔明曰：‘闻君择妇；身有丑女，黄头黑色，而才堪相配。’孔明许，即载送之。时人以为笑乐，乡里为之谚曰：‘莫作孔明择妇，正得阿承丑女。’”关于诸葛亮妻子是否真如其岳父黄承彦所说是丑女，并没有其他史料可证，也不排除黄承彦自谦之说。但黄承彦说其女与诸葛亮“才堪相配”，可见诸葛亮择妻的标准之一是重视妻子的才干。

诸葛亮生有一子名叫诸葛瞻，字思远。后主刘禅建兴十二年(234)，诸葛瞻年方 8 岁，诸葛亮兵出武功，在前线写信给身在东吴的哥哥诸葛瑾，称自己的儿子诸葛瞻“今已八岁，聪慧可爱，嫌其早成，恐不为重器耳”。对儿子既喜爱又担心。为此，他先后两次写下《诫子书》：

其第一封《诫子书》全文为：“夫君子之行，静以修身，俭以养德，非淡泊无以

---

① 《三国志·蜀书·诸葛亮传》。

明志，非宁静无以致远。夫学须静也。才须学也，非学无以广才，非志无以成学。淫慢则不能励精，险躁则不能治性。年与时驰，意与日去，遂成枯落，多不接世，悲守穷庐，将复何及！”[①]这篇《诫子书》流传很广，全文分成几个部分：一是提出："修身""养德""明志""致远"，这是对儿子在德行方面提出的要求；二是提出必须重视学习；三是抓紧时间，不要空掷年华，到头来追悔莫及。其中，"静以修身，俭以养德，非淡泊无以明志，非宁静无以致远"，千古流传，成为名句。

其第二封《诫子书》全文为："夫酒之设，合礼致情，适体归性，礼终而退，此和之至也。主意未殚，宾有余倦，可以至醉，无致迷乱。"[②]这是针对饮酒这一具体的生活习性对儿子的训诫。大概他发现诸葛瞻性喜喝酒，就提出饮酒本身是人与人之间礼节的重要组成部分，"合礼致情"，甚至必要时"可以至醉"，但是"无致迷乱"。可见诸葛亮作为父亲，还是很开明的，对喝酒的认识也是比较客观、全面的。

《诸葛亮集》还辑录了诸葛亮《诫外生书》，其文曰："夫志当存高远，慕先贤，绝情欲，弃疑滞，使庶几之志，揭然有所存，恻然有所感；忍屈伸，去细碎，广咨问，除嫌吝，虽有淹留，何损于美趣，何患于不济。若志不强毅，意不慷慨，徒碌碌滞于俗，默默束于情，永窜伏于凡庸，不免于下流矣！"[③]在这封书中，诸葛亮对晚辈的教育提出要树立"志当存高远"的志向。而要实现自己的志向，就必须能屈能伸，意志强毅慷慨，否则就碌碌无为，滞于流俗，永远处于凡庸和下流之辈。后两封书信，虽然不及第一封《诫子书》名声大、流传广，但是从家训家教角度来看，仍然值得我们认真学习。

"相门父子全忠孝，不愧先贤忠武侯"

诸葛亮生前留下一句名言："鞠躬尽瘁，死而后已。"他最终病殁于伐魏前线五丈原，出师未捷身先死，用自己的行动实践了自己的誓言。诸葛亮的忠勇大义也深刻地影响了他的儿孙。其子诸葛瞻、长孙诸葛尚，在保卫蜀汉的战斗中均牺牲在战场上，向他们的父祖那样，为蜀汉鞠躬尽瘁，死而后已。

诸葛瞻在 17 岁时，就和公主结婚，拜骑都尉。第二年为羽林中郎将，后来，又屡次得到升迁，先后任射声校尉、侍中、尚书仆射，加军师将军等。诸葛瞻正如

---

① 《诸葛亮集》引《太平御览》卷四百五十九，中华书局 1960 年版，第 28 页。
② 《诸葛亮集》引《太平御览》卷四百九十七，中华书局 1960 年版，第 28 页。
③ 《诸葛亮集》引《太平御览》卷四百五十九，中华书局 1960 年版，第 28 页。

诸葛亮所说聪慧异常，而且“工书画，强识念”。诸葛亮死后，蜀汉老百姓对这位忠荩廉洁的丞相一直心怀追念，于是都把对诸葛亮的这份爱戴思念之情转移到其子诸葛瞻身上，他们喜爱诸葛瞻的才气和敏捷，还把朝廷推出的每一项善政佳事，不管是否为诸葛瞻所建言倡导，都相互转告传言为“葛侯之所为也”，难免出现了言过其实的情况。后主炎兴元年（263），魏征西将军邓艾攻打蜀汉，偷渡阴平，由景谷道旁攻入蜀地。诸葛瞻率军在绵竹拒敌。邓艾派遣使者携带书信企图诱降诸葛瞻，许愿说如投降一定表奏魏主封诸葛瞻为琅琊王。诸葛瞻大怒，当场砍了使者的头以示抵抗到底的决心，最后牺牲在战场上。诸葛瞻的长子，也就是诸葛亮的长孙诸葛尚，一向痛恨后主刘禅宠幸宦官黄皓误国，面对强敌当前，说道：“父子荷国重恩，不早斩黄皓，以致倾败，用生何为！”[①]于是驰赴军中，和父亲一起壮烈殉国。诸葛瞻生前受到诸葛亮喜爱，并受到父亲手书家诫，虽才能不能和父亲相比，但却继承了诸葛亮为公鞠躬尽瘁的门风。《三国志·蜀书·诸葛亮传》注引东晋史学家干宝所记，称：诸葛瞻“虽智不足以扶危，勇不足以拒敌，而能外不负国，内不改父之志，忠孝存焉”。《三国志·蜀书·诸葛亮传》还注引《晋泰始起居注》所载晋武帝司马炎的诏书说：“诸葛亮在蜀，尽其心力，其子瞻临难而死义，天下之善一也。”这些评价都是非常实事求是的。

在今四川绵竹存有“诸葛双忠祠”，原有的塑像前殿祀诸葛瞻、诸葛尚父子，启圣殿则祀诸葛亮。在成都的武侯祠殿壁嵌有清代安岳令洪成鼎题的《乾隆壬辰秋月过绵竹吊诸葛都尉父子双忠祠》诗碑：“国破难将一战收，致使疆场壮千秋。相门父子全忠孝，不愧先贤忠武侯”。“忠武侯”是诸葛亮死后的谥号，这是说诸葛瞻、诸葛尚父子战死沙场，履践忠孝，无愧于其父祖诸葛亮。而绵竹、成都两处祠堂展示的诸葛亮祖孙三代“鞠躬尽瘁，死而后已”的高风亮节，为后人敬仰追慕不已。

诸葛亮的孙子，即诸葛瞻次子诸葛京，于蜀汉后主刘禅炎兴元年，也即魏元帝曹奂咸熙元年（264），于同族的诸葛显（诸葛亮兄诸葛瑾的孙子）等举家迁徙到河东。诸葛京后来凭着自己的才能任郿县令。西晋竹林七贤之一的山涛，在朝中任尚书仆射，负责选官。他在《启事》中说：“郿令诸葛京，祖父亮，遇汉乱分隔，父子在蜀，虽不达天命，要为尽心所事。京治郿自复有称，臣以为宜以补东宫舍人，以明事人之理，副梁、益之论。”[②]这是说诸葛京担任郿县令，有治绩，为人所

① 《三国志·诸葛亮传》注引《华阳国志》。
② 《三国志·诸葛亮传》注引尚书仆射山涛《启事》。

共见，受到称誉，特推荐他担任东宫舍人。后来诸葛京位至江州刺史。

第三节　上海松江乡贤陆逊及其家风

提起上海松江，不能不提“华亭”；提起“华亭”，则不能不提三国时期东吴名将陆逊。陆逊作为松江的先贤、乡贤，他的功绩、他的为人，他身体力行而形成的陆氏家风，是值得我们永远记取并不断加以宣传和发扬光大的。

陆逊(183—245)，本名议，字伯言，吴郡吴县人。《三国志・吴书・陆逊传》称陆逊“世江东大族”。因此，在这里有必要先介绍陆逊的祖上陆续、陆康和陆绩。

陆续母亲“截肉未尝不方，断葱以寸为度”

陆续，字智初，东汉会稽郡吴人。其祖父陆闳，东汉光武帝时任尚书令。长得姿貌秀美，喜欢穿越地所产布制成的单衣，刘秀竟然经常下敕令会稽郡贡献越布供陆闳制单衣。陆续从小就失去了父亲，和母亲相依为命。长大以后曾任郡户曹史。当时年岁饥荒，百姓缺粮少食，郡守尹兴命陆续在都亭为饥民施粥。陆续在为百姓施粥的同时，记下了这些饥民的人数和姓氏。舍粥以后，郡守尹兴动问当天前来领粥的人数，陆续应声答到共六百余人，并一一说出这些饥民的姓字，竟无一差错。尹兴为此深为陆续的才能感到惊异。后来州刺史到会稽郡巡视，辟陆续为别驾从事，陆续托病离去，依然回到郡中任郡守尹兴的门下掾。

东汉明帝时楚王刘英蓄意谋反，暗中接纳天下名士。案发以后，明帝见到刘英结交名单中有会稽郡守尹兴的名字，就将尹兴及包括陆续在内的郡中一干幕僚随从总计五百多人都抓捕关押在京城洛阳诏狱拷问。人们不堪忍受刑讯痛楚，死者大半。只有陆续等少数几个人虽被“掠考五毒，肌肉消烂，终无异辞”[①]。陆续的母亲闻讯后，从家乡千里迢迢赶到洛阳，探听儿子的消息。因案情重大，陆续不能和母亲见面。陆续母亲就亲手做了点心食品托狱卒带给陆续。陆续面对严刑拷打，从来就是正气凛然，不曾低头服罪，但一见到送进来的食品，不禁悲从中来，泪流满面。负责审案的使者感到奇怪，便问陆续为什么忽然变色悲痛而

---

① 《后汉书・独行传・陆续传》。

不能自已。陆续回答说:“母亲来看我而我们母子不能相见,所以为之伤心哭泣。”使者听后大怒,以为是狱卒从中通气传话,立即要拿狱卒是问。陆续赶紧解释说:“并没有人向我母亲传话,我的母亲在家中切肉,从来就是方方正正的,断葱也都是以寸为标准。现在我看到送进来的食品,我就知道是母亲亲手所做,因此悲痛不已。”使者经过了解,才知道陆续的母亲果然从家乡赶到京城,心中暗暗嘉许陆续和母亲,就上书向皇上汇报了此事,结果汉明帝即下诏赦免了陆续、尹兴一行,让他们俱还会稽郡吴地乡里。陆续也回到了母亲身边。

以“义烈”“守节”称名的陆康

《三国志·吴书·陆逊传》称陆逊从小失怙,曾跟随从祖庐江太守陆康在官。陆续共育有三个儿子,长子陆稠,官至广陵太守,在治理地方上有比较好的名声。次子陆逢,曾担任乐安太守。最小的儿子陆褒,自小就好学不倦,有志操,不虚慕名利,虽多次征召而不就。陆康就是陆褒的儿子,陆续的嫡孙。

陆康(126—195),字季宁,年纪很轻时就任职于郡中,以“义烈”称名于当时。曾任高成县令。这个县东汉末属渤海郡,地处边陲。按照高成县原有法令,为了备战,规定县中每家每户都要推出一人具备弓弩以备不虞,而且民众不得随意往来。县官又动辄征发民众修缮城郭,使一境不得安宁。陆康到任以后,将这些旧制和做法尽行罢去,而是“以恩信为治”[1],受到百姓的欢迎和拥护,原来肆虐的盗寇也停息不再作案。陆康的治理才能受到州郡的表彰。汉灵帝光和元年(178),先后升任武陵、桂阳、乐安等郡守,在治理方面都有好的名声。

当时汉灵帝想铸造铜人,而国用不足,就下诏向农民征税敛财。当时四处本身就水旱灾祸不断,加上汉灵帝又新征赋敛,老百姓苦不堪言。陆康就上疏汉灵帝,反对汉灵帝借敛财以铸铜人的做法。在谏疏中陆康直言不讳地批评汉灵帝“聚夺民物,以营无用之铜人;捐舍圣戒,自蹈亡王之法哉!”[2]陆康谏疏上奏以后,汉灵帝身边的内侍佞幸立即对陆康大肆诋毁,污蔑陆康诋毁皇帝圣明,结果陆康被以“大不敬”的罪名下廷尉大狱。幸亏负责此案审理的侍御史刘岱秉公而断,为陆康表陈解释,他才被免职放归田里。后来又被朝廷起用征拜为议郎。

当时正赶上庐江黄穰等聚众十余万人造反,连续攻没周边四座县城。于是陆康又临危受命,被拜为庐江太守。陆康到任以后,申明赏罚,很快击破黄穰,其

---

① 《后汉书·陆康列传》。
② 《后汉书·陆康列传》。

余部也都缴械投降。陆康此举受到皇上嘉奖，拜陆康的孙子陆尚为郎中。汉献帝即位以后，天下大乱，陆康在这危难时刻一心奉贡朝廷，被加官为忠义将军，秩中二千石。后在东汉末年的混战中，发病而死，年70岁。其宗族100多人，在战乱中死者过半。朝廷表彰陆康为国守节，拜其子陆俊为郎中。

怀橘奉母的陆绩

陆绩(约188—约219)，字公纪，是陆康的小儿子。他的年龄虽然小于陆逊，论辈分却是陆逊的族叔。陆绩自幼就懂得孝敬母亲。6岁时曾跟随长辈到九江拜见袁术。袁术拿出橘子来招待。陆绩就拿了三只橘子放在怀中。不料在告辞之时，怀中橘子不慎落地。袁术就以开玩笑的口吻说："陆郎你今天来做客还要怀藏橘子吗?"陆绩当即跪下，回答说："我母亲很喜欢吃橘子，我怀藏橘子是为了回家以后奉献给母亲受用啊。"[①]袁术听后，不禁为眼前这个只有6岁的孩童孝奉母亲的赤诚之心而惊异。元代郭居业编撰的《二十四孝》，以"怀橘遗亲"为题，记录了这件事。将陆绩怀橘奉母和其先祖陆续不忘其母"截肉未尝不方，断葱以寸为度"联系在一起来看，陆氏孝亲的家风感人至深。

陆绩很早就在东吴孙策帐下。一次孙策集合张昭、张纮、秦松等讨论军国大事，陆绩年纪最小也在座中。当时大家都认为"四海未泰，须当用武治而平之"。陆绩当即在末座大声说："过去管仲为相辅佐齐桓公，'九合诸侯，一匡天下'，不用兵车；'远人不服，则修文德以来之'。现在你们在这里讨论来讨论去，不考虑提倡道德和怀柔之术来取胜，而是一味地崇尚武力。我虽然只是一个童蒙，心中实实为你们所论而不安啊!"[②]张昭等听了陆绩这番话很觉得惊异。

陆绩博学多识，除了当时儒家经典以外，还遍览"星历算数"等书籍，钻研现在属于自然科学范畴的学问。当时的名士虞翻、庞统等年岁都长于陆绩，但都和他交好友善。孙权掌管东吴以后，辟任陆绩为奏曹掾，由于陆绩为人正直敢言，连孙权都对他有所忌惮。后任他为郁林太守，加偏将军。但是陆绩志不在为官，虽有军事才能，却一心著述不废，著有《浑天图》，还注释《易》《玄》等著作。在他自知身亡之时，留下遗言曰："有汉志士吴郡陆绩，幼敦《诗》《书》，长玩《礼》《易》，受命南征，遘疾逼厄，遭命不永，呜呼悲隔!"[③]年32岁。

---

① 见《三国志·吴书·陆绩传》。
② 《三国志·吴书·陆绩传》。
③ 《三国志·吴书·陆绩传》。

陆逊：忠诚恳至，忧国亡身，社稷之臣

陆逊祖父陆纡，字叔盘。为人勤勉敏捷，心地善良，又有见识学问。曾任城门校尉等职。父亲陆骏，字季才，为人朴实深沉，笃厚守信，为族人所敬重。官至九江都尉。陆逊在年纪很小的时候，父亲就病故，他就跟随任庐江太守的从祖父陆康生活在一起，因此，他受到陆康一家的门风影响很大。后来袁术攻打陆康，陆康就安排陆逊及其他亲戚回到吴郡。论辈分，陆逊虽然是陆康的儿子、陆绩的侄子，但由于陆逊年长于陆绩，就由陆逊负责管理起了陆家的具体事务。

孙权掌控东吴政权以后，陆逊在21岁时出仕任幕府。后任海昌屯田都尉，负责管理一县政事。当时县中连年干旱，陆逊就大胆开仓放粮以赈灾民，并亲自劝督百姓种田植桑，度过灾荒，深得百姓依赖和好评。当时地方上一直有盗贼横行，历年不得安宁，陆逊亲自招兵训练，深入敌穴讨治，所向皆伏。因功拜为定威校尉。孙权做主将已故兄长孙策的女儿嫁给了陆逊。陆逊虽然年轻，但孙权遇有军国大事，经常咨询于陆逊。

汉献帝建安二十四年(219)十一月，陆逊与吕蒙定袭取刘备大将关羽之计。陆逊攻打占据荆州的蜀将关羽有功，“领宜都太守，拜抚边将军，封华亭侯”①。华亭即今上海松江。松江又名华亭即源于此。吴黄武元年(222)，刘备攻吴，陆逊任大都督，以逸待劳，巧用火攻之计，以少胜多，取得对刘备的夷陵之战胜利。黄武七年(228)，又破魏扬州牧曹休于石亭。后任荆州牧，久镇武昌，官至丞相。

陆逊不仅是三国时有名的军事家、政治家，即使从人品和道德角度来审视，陆逊也完全体现了陆氏家风。《三国志·吴书·陆逊传》记载了这样一件事：会稽太守淳于式上表孙权，批评陆逊“枉取民人，愁扰所在”。陆逊后来却在孙权面前夸奖淳于式为“佳吏”。孙权就问陆逊：“(淳于)式白君而君荐之，何也?”陆逊回答说：“(淳于)式意欲养民，是以白逊。若逊复毁式以乱圣德，不可长也。”孙权听了感慨地说：“此诚长者之事，顾人不能为耳。”孙权认为陆逊这种态度和气量，真是忠厚长者才具有的，换了其他人还真是做不到啊！这个故事真实地体现了陆逊一心为公，不计个人毁誉的良好品行。还有一件事，也可见陆逊之光明磊落、无私无惧的品行。吴黄龙元年(229)，孙权东巡建业，留陆逊辅佐太子，并总

---

① 《三国志·吴书·陆逊传》。

理军国大事。在这期间，他偶然看到孙权次子建昌侯孙虑在殿堂前建了一个斗鸭栅栏，就很严肃地对孙虑说："君侯宜勤览经典以自新益，用此何为？"[①]陆逊批评的对象是已经就位皇帝的孙权的次子，可见他的无私和敢言。幸好孙虑也不是糊涂人，当即听从陆逊批评，将斗鸭栅栏拆毁掉。吴赤乌七年(244)，陆逊被拜为丞相。当时有个名叫全琮的大将给陆逊反映了宫中内廷的一些事，陆逊表示："子弟苟有才，不忧不用，不宜私出以要荣利；若其不佳，终为取祸。"[②]原来当时孙权的两个儿子太子孙和与鲁王孙霸之间正明争暗斗，而全琮的儿子全寄却明显地阿附鲁王。针对这一点，陆逊专门写信给全琮，警告全琮不要让儿子掺和其中，以免给自己和家庭带来祸患。而作为丞相，陆逊为了维护国家政权的稳定，不计个人得失，多次上书孙权，明确表态维护太子正统地位。陆逊的这一做法，遭到孙权的不满，他屡次派人批评责骂陆逊。陆逊为此忧伤过度，愤恚去世，年 63 岁。死时"家无余财"，保持了忠心为国、清白廉正的本色。陈寿说："及逊忠诚恳至，忧国亡身，庶几社稷之臣矣。"[③]

"贞亮筹干，咸有父风"的陆抗

陆逊生四子，其中次子陆抗不仅秉承父业，而且继承了陆逊的品德，延续了陆氏家风。陆抗也是一代名将，官至大司马、荆州牧。《三国志・吴书・陆逊传》说：陆抗带兵打胜仗以后，"貌无矜色，谦冲如常，故得将士欢心"。陆逊死后，陆抗送葬东还，到孙权处谢恩。孙权接见陆抗时，将鲁王孙霸之党杨竺在他跟前批评陆逊的 20 件事一一责问陆抗，作为陆逊的儿子，陆抗"无所顾问，事事条答"[④]，依据事实为父亲的清白和忠诚一一辨析回答，使得孙权"意渐解"，明白了事情的真相。吴太元元年(251)，孙权终于流着眼泪对陆抗说："吾前听用谗言，与汝父大义不笃，以此负汝。"[⑤]作为一国之主，孙权明白了自己误听谗言，不公正地对待陆逊，特向陆抗道歉。

最可见陆抗之品行的，是他带兵在边境和晋名将羊祜对垒时，偶患病，羊祜得知以后派人送来了药，陆抗即毫无疑心地服下。部下许多人提醒他，小心药中

---

① 《三国志・吴书・陆逊传》。
② 《三国志・吴书・陆逊传》。
③ 《三国志・吴书・陆逊传》。
④ 《三国志・吴书・陆逊传》。
⑤ 《三国志・吴书・陆逊传》。

有毒。陆抗回答说:“羊祜岂鸩人者!”[①]翻成白话就是“羊祜哪里是用毒药来害人的小人!”羊祜带兵,以德为本,出兵行军到吴境,割麦充军粮,送绢给吴人作为割麦之补偿。吴人感于羊祜之仁德,都“翕然悦服”,尊称羊祜这样一个敌国统帅为“羊公”。面对羊祜这样一个对手,陆抗告诫部下:“彼专为德,我专为暴,是不战而自服也。”因此他指出和羊祜的晋军对峙,只是“各保分界而已,无求细利”。吴主孙皓听说边界陆抗和羊祜交和,就责问陆抗,陆抗回答说:“一邑一乡,不可以无信义,况大国乎! 臣不如此,正是彰其德,于祜无伤也。”[②]陆抗的所做所言,一方面显示了他善于带兵,有战略头脑,不是莽夫;另一方面可以看出他的品质为人。他和羊祜之间,既是对手,又是惺惺相惜的同道。这也是中国军事史上的一桩美谈。

陈寿在《三国志・吴书・陆逊传》最后也对陆抗作了一番评论,说:“抗贞亮筹干,咸有父风,奕世载美,具体而微,可谓克构者哉!”说陆抗“咸有父风”,就是说陆抗在许多方面都继承了陆逊的品德和风范。这不仅是史官对陆抗个人的充分肯定,也是对陆逊的家教和家风作出的正确公允的评价。

云间“二陆”

陆抗生有六子,其中最有名的就是以文学见长的陆机、陆云,人称“二陆”。《晋书・陆机传》称陆机“少有异才,文章冠世,伏膺儒术,非礼不动”。《晋书・陆云传》则称陆云“六岁能属文,性清正,有才理。”在陆机 20 岁时,吴灭于晋。陆机、陆云昆仲即退回故里华亭,“闭门勤学,积有十年”。至今松江小昆山还留有遗迹“二陆读书台”。弟弟陆云对松江的一个重要贡献就是给了松江一个极富于文化品位和诗意的别称——“云间”。二陆闭门读书 10 年以后,弟兄双双来到洛阳张华府上,见到荀隐。此前陆云并不认识荀隐,见面后便自我介绍“云间陆士龙”,荀隐应声回答“日下荀鸣鹤”。士龙、鸣鹤分别是陆云、荀隐的字。这一著名的典故就此给松江多了一个美称。

从官声、人品来看,陆云也不负松江陆氏家风。刺史周浚曾召陆云为从事,周浚对陆云的评价是“陆士龙当今之颜子也”。颜子即颜渊,孔子弟子中名列七十二贤之首,以德行著称,周浚称陆云为当今“颜子”,这是对陆云德行和学问的

---

① 《晋书・羊祜传》。
② 《晋书・羊祜传》。

一个高度评价。后陆云以公府掾为太子舍人，出补浚仪令。浚仪县地处交通要地，向来很难治理。可陆云到任不久就将浚仪县管理得井井有条，史载“云到官肃然，下不能欺，市无二价”[①]，建立了良好的治安秩序。后陆云遭上司妒恨辞去官职，浚仪县“百姓追思之，图画形象，配食县社”[②]。在封建社会，这是百姓对一个地方官员极高的褒奖。

后来，陆云被任命为吴王司马晏的郎中令。居官期间，陆云直言敢谏，对吴王的弊政多所匡正。明代张溥在《汉魏六朝百三家集题辞注》中评论陆云说：“宰治浚仪，善察疑狱。佐相吴王，屡陈谠论。神明之长，谏诤之臣，有兼能也。”

中国历史上有一个著名的修身故事，叫“除三害”，也和陆云有关。据《晋书·周处传》记载，晋时宜兴人周处，从小就是孤儿，力量惊人，但不修细行，横行乡里。当地乡亲把他和南山猛虎、长桥水蛟并称为“三害”。后来周处知道乡亲把他列为“三害”，悔愧难当，就奋勇杀死猛虎和水蛟，并决心洗心革面，重新做人。《晋书》说他“乃入吴寻二陆，时机不在，见云，具以情告，曰：‘欲自修而年已蹉跎，恐将无及。’云曰：‘古人贵朝闻夕改，君前途尚可，且患志之不立，何忧名之不彰！’处遂励志好学，有文思，志存义烈，言必忠信克己。”从周处立志修身、改过自新这个故事可以看出，当时陆机陆云昆仲的名声很大，周处是专程到二陆家乡慕名寻访，拜师求学。当周处自感岁月蹉跎，再学习恐将不及的时候，陆云以古人贵朝闻夕改，患志之不立，来教训和点拨周处，使周处如醍醐灌顶，幡然醒悟，立志求学，终成著名学者。陆云教育周处的这段话，在今天对我们的修身都有着现实教育意义和作用。

作为兄长，陆机才学过人，又志存匡世，但复杂的政治斗争使陆机最终遭谗被杀。陆机遇害时，陆云也被逮捕了。由于陆云居官清正，爱才好士，当时许多人上疏成都王司马颖，要求不要株连陆云，但最终陆云还是被害。

上海松江乡贤：从陆逊、陆抗到陆机、陆云三代

纵观陆逊及其儿孙三代，对松江的贡献至少有这几个方面：一是因陆逊受封华亭侯而使华亭作为松江的古称始见于史志，其后裔世居华亭，陆抗、陆机、陆云的英名都与华亭相联系，华亭也从陆逊起始为国人所关注；二是华亭成为陆逊封地后，当地得到进一步发展，这对以后华亭地区，也就是今天的松江地区经济、

① 《晋书·陆云传》。
② 《晋书·陆云传》。

文化的发展起到了相当大的作用。三是如前文所述，陆云还为松江贡献了一个极有诗意的名称“云间”。为了表彰陆逊对松江地区的兴盛和发展作出的杰出贡献，当地专门兴建了“陆侯庙”以供邑人对陆逊进行祭祀和追念。成书于明朝正德年间的《松江府志》有一段关于为什么要为陆逊建庙的文字：“谨考秦汉之郡县，未闻有华亭。三国时，吴奉陆逊为华亭侯，始见于《吴志》。华亭乃逊之故里，兹土在汉时，海滨一弹丸不毛之地。逊仕吴，氏世居之，以此生齿日繁，地土日扩，后因置为县，开拓封疆，陆氏为大功于斯土。”“陆氏为大功于斯土”，松江地方志对陆逊的这个评价是符合松江发展历史的。陆逊庙虽然因年代久远，世事变迁，几度废坠，但从历代松江府志的记载来看，元、明两代都曾对陆逊庙进行重修，并将陆逊的弟弟陆凯和儿子陆抗置于陆逊神像两侧配享，可见松江地区的人民对陆逊一门的怀念。对于陆机、陆云兄弟，松江一直将他们作为松江的先贤、乡贤加以表彰和宣扬。据明朝《正德松江府志》记载：南宋“庆元末，徐民瞻始为堂于学，以祀晋陆机、陆云，名其堂曰‘二俊’。”到了元朝元贞初年，官府又重建“二俊堂”，还以唐宣公时名臣陆贽配享，时称“三贤祠”。另据明《崇祯松江府志》记载，元惠帝至正五年(1345)，又在二陆故里小昆山建成“二陆祠”。清《康熙松江府志》则记载明朝万历九年(1581)，松江府建“乡贤祠”，共祀乡贤13人，陆机、陆云兄弟名列其中。

从陆逊、陆抗到陆机、陆云，祖孙三代，人品、才能都是一流的，他们的事迹、功绩和家风，都为松江增添了文化品位和社会影响，他们名列松江先贤、乡贤，都是当之无愧的。

第四节　王祥王览昆仲：琅琊王氏家风的奠基者

在中国元代成书的一本宣传孝道的蒙学读物《二十四孝》中，有一则“卧冰求鲤”的故事，是说晋朝王祥在大冬天赤身卧于河冰之上求得鲤鱼回家奉母以食的故事。这个故事中的主人公王祥，是晋朝的高官，与其弟弟王览，都是琅琊王氏的杰出人物，是王氏家风的奠基者。

王祥：“高洁清素，家无余宅”的高官

王祥(185—269)，字休征，西晋琅琊临沂人。西汉宣帝时的谏议大夫王吉的

后人。王吉和其子王骏、其孙王崇祖孙三代，都为朝廷高官，“世名清廉”，有着很好的家风和官声。王吉是琅琊王氏公认的始祖。王祥的祖父王仁，在东汉担任过青州刺史。伯父王叡担任过荆州刺史。父亲王融，曾被公府征辟，但辞让而没有就任。

王祥早年之时，母亲逝世，父亲另娶继母朱氏。朱氏为人不慈，经常在父亲面前搬弄是非，说王祥的坏话，导致王祥和父亲失和。王祥性至孝，虽然父亲和继母对他不好，叫他干各种重活、脏活，但他毫无怨言，做事侍亲愈加恭敬。遇到父亲或继母生病，他衣不解带，悉心照顾，侍汤奉药，所煎汤药，一定自己先尝过，才喂食父母。有一天，继母突然提出要吃活鱼，当时天大寒，河水都结冰封冻。王祥为了实现继母的愿望，竟脱衣裸卧冰河之上，剖冰得鱼回家奉母。虽然一再受到继母的虐待、刁难，但王祥总是设法满足继母的愿望。其笃孝纯至受到乡里惊叹。

东汉末年天下大乱，王祥带着继母和同父异母弟弟王览踏上背井离乡的避难流离之途，一直走到庐江才安顿下来。在庐江，王祥隐居乡间长达 20 多年，其间州郡前来征召，王祥都不应命。继母病逝以后，王祥为母服丧，伤心不已，形销骨立，只能靠拐支撑方得起立。徐州刺史吕虔有文书前来聘王祥为别驾，负责州的政务。当时王祥已近 60 岁，因此坚决予以推辞。后来在弟弟王览的劝说之下，才应召赴任。王祥到徐州任职之时，正值盗寇充斥横行。王祥到任以后亲率兵士多次征讨，将盗寇除去。在王祥的教化下，整个州界清静太平，政化大行。当地百姓编了歌谣歌颂王祥道：“海沂之康，实赖王祥。邦国不空，别驾之功。”[①]对王祥做出了高度的评价。

王祥后任温县县令，一直累迁为大司农。三国时期魏高贵乡公曹髦即位，王祥被封关内侯，拜光禄勋，转任司隶校尉。在魏元帝曹奂当朝时，拜司空，转太尉，封睢陵侯，达三公高位。在晋武帝司马炎代魏建立晋朝后，拜太保，晋爵为公。王祥多次以年老疲耄为由，提出辞职退休，但晋武帝不予批准。在所下挽留王祥的诏书中称王祥“高洁清素，家无宅宇，其权留本府，须所赐第成乃出”[②]。可见王祥当时虽然位高权重，但为官清廉，家中起码没有和他官爵相配的高门豪宅。晋武帝泰始五年(269)，王祥病逝，享年 85 岁。

---

① 《晋书·王祥列传》。
② 《晋书·王祥列传》。

王祥给子孙留下的遗训

王祥在病重之时，亲著遗令训诫子孙。《晋书·王祥列传》全文记录了这道遗令：

> 夫生之有死，自然之理。吾年八十有五，启手何恨。不有遗言，使尔无述。吾生值季末，登庸历试，吾毗佐之勋，没无以报。气绝但洗手足，不须沐浴，勿缠尸，皆浣故衣，随时所服。所赐山玄玉佩、卫氏玉玦、绶笥皆勿以敛。西芒上土自坚贞，勿起甓石，勿起坟陇。穿深二丈，椁取容棺。勿作前堂、布几筵、置书箱镜奁之具，棺前但可施床榻而已。糒脯各一盘，玄酒一杯，为朝夕奠。家人大小不须送丧，大小祥乃设特牲。无违余命。高柴泣血三年，夫子谓之愚。闵子除丧出见，援琴切切而哀，仲尼谓之孝。故哭泣之哀，日月降杀，饮食之宜，自有制度。夫言行可复，信之至也；推美引过，德之至也；扬名显亲，孝之至也；兄弟怡怡，宗族欣欣，悌之至也；临财莫过乎让。此五者，立身之本。颜子所以为命，未之思也，夫何远之有！

王祥的这篇临终遗言在中国家教家风史上有着重要的地位。通篇讲了三个方面的问题：其一，是关于生死，他提出有生有死，这是自然之理，自己活了85岁得善终，没有什么遗憾的了。第二，是关于如何料理自己的丧事，他明确要求实施薄葬，而且对于墓穴、棺椁、入殓、丧服、陪葬品、丧礼等等，规定得很具体，中心意思就是节俭，不许铺张，并且对儿孙强调“无违余命”。第三部分，也是这篇遗言最重要的是，对儿孙今后做人，提出了“信”“德”“孝”“悌”“让”五个方面的要求。具体来说，就是一个人的言行要得到兑现，这是最好的诚信；善于推扬他人的美行，不断地寻找自己的过错，这是最好的道德；严于律己，为自己的父母扬名，使父母在宗族中赢得好名声，这是最好的孝行；兄弟之间和睦相处，宗族之中欣欣团结，这是最好的悌行；面对财物最好的表现就是礼让。王祥最后说，以上五点，是“立身之本”。面对王祥的临终遗言，他的孩子都认真听取，《晋书》的作者称“其子皆奉而行之”，并形成了琅琊王氏的家风。

“贞素之操，长而弥固”的王览

王览（206—278），字玄通。王祥的同父异母弟弟。他的母亲朱氏作为王祥的继母，对哥哥很不好。而王览在很小的时候，每当看到哥哥被母亲责打，就抱着哥哥大哭。后来年岁稍大，懂事了，他经常规劝母亲，不要这样对待哥哥，朱氏才稍微减轻对王祥凶虐的程度。王览和王祥弟兄情深，每当朱氏要无理地责打王祥，王览就和哥哥在一起共同接受母亲的辱骂和责罚。当朱氏虐待王祥妻子的时候，作为妯娌，王览的妻子也挺身而出，甘愿和王祥妻子一起任凭婆婆虐待使唤。王览和妻子这样护着哥嫂，才使朱氏稍稍收敛一些。

王祥父亲去世以后，王祥孝子的名声开始在乡里传开，朱氏很是不满和嫉恨，就在王祥的饮食中下毒，企图毒死王祥。王览知道以后就当着朱氏的面抢过王祥的酒杯要喝下去。王祥这时也怀疑酒中有毒，不愿弟弟中毒，就去抢弟弟手中的酒杯。兄弟俩竟当着朱氏的面争夺起这杯毒酒。朱氏在一旁吓坏了，生怕自己的亲生儿子王览真的喝下毒酒，赶紧将毒酒抢在手中倒掉。经过这次事件以后，王览对哥哥的保护更加用心了，凡是朱氏为哥哥准备的饭菜食品，王览都要先尝过。朱氏生怕误伤了王览，这才作罢。1930 年，湖州蔡振绅先生受二十四孝故事启发，根据历代正史所记，编撰二十四悌故事。其中的“王览争鸩”就是讲王览为了保护哥哥而舍生争尝毒酒的故事。

王览和王祥，虽然不是一母所生，但是他们对父母孝，对朋友恭敬谨慎，在乡里很有名声。在王祥应召仕进做官以后，王览也应本郡召出来任官，先后担任过司徒西曹掾、清河太守等职。咸宁初，晋武帝司马炎下诏，称赞王览“少笃至行，服仁履义，贞素之操，长而弥固”，封他为宗正卿，名列朝廷九卿。很快，王览就上疏，托病请求退休。晋武帝下诏批准了王览的请求，让他以太中大夫的职衔退休回乡。咸宁四年(278)，王览病逝，年 73 岁，获谥“贞”。

王氏后人英才辈出

《晋书·王祥列传》所附《王览列传》的最后，记载了这样一件事：有个叫吕虔的人，藏有一把佩刀，一个工匠看过以后，认为佩有此刀的人一定会登上三公之位。吕虔就对王祥说：“如果不是应该佩戴此刀的，这把刀说不定反而会造成伤害。我看你有着为公辅的雅量，所以，我决定将这把刀赠送给你。”当时王祥坚决推辞不肯接受，最后在吕虔的一再要求下，才收下这把刀。王祥临终前，又将这把刀交给了弟弟王览，很郑重地对王览说：“你的后代一定会兴旺，完全配得上佩戴此刀。”这段记载，抛开它的迷信与荒诞成分，王祥对弟弟说的“汝后必兴”，却是符合事实的。王祥、王览后代簪缨不绝，冠冕盛门，成为中国家庭家教和家风史上的典型家族之一。王导就是其中的代表。

王导(276—339),字茂弘,王览之孙,王裁之子。晋朝政治家、书法家,东晋开国元勋。如果从远祖西汉的王吉算起,王导是琅琊王氏家族的第十代。王导从小有远见,才智出众。14岁时,陈留高士张公就对王导堂兄王敦说王导“此儿容貌志气,将相之气也”。他初袭祖父王览爵位即丘子,司空刘寔推荐他为东阁祭酒,朝廷让他作秘书郎、太子舍人、尚书郎,他都谢绝了。后来,他做了东海王司马越的军事参谋。晋惠帝时,爆发“八王之乱”,天下大乱,王导一心推奉琅琊王司马睿,暗怀中兴晋室之志。为司马睿献策移镇建康。大兴元年(318)司马睿称帝,王导任丞相,其堂兄王敦握重兵,镇长江上游,时称“王与马,共天下”。王导历任东晋元、明、成三帝,领导南迁士族,稳定了东晋初期的南方统治。他虽然官居丞相,但为人“简素寡欲,仓无储谷,衣不重帛”[①],过着节俭的生活。东晋成帝咸康五年(339),王导病逝,年64岁。历史学家陈寅恪称赞王导“笼络江东士族,统一内部,结合南人北人两种实力以抵抗外侮,民族因得以独立,文化因得以续延”[②]。

王祥、王览的后人还有王羲之、王献之、王徽之等书法家。

第五节　谢安:东晋谢氏门风的奠基者

唐代诗人刘禹锡写过一首题为《乌衣巷》的诗,诗中说:“朱雀桥边野草花,乌衣巷口夕阳斜。旧时王谢堂前燕,飞入寻常百姓家。”诗中所说“王谢”,是指晋朝以王导、谢安为代表的两大家族。这里叙述以谢安为代表的谢氏家族的家教和家风。

谢安:“江左风流宰相”

谢安(320—385),字安石,东晋陈郡阳夏人,东晋时期杰出的政治家。他的祖父谢衡(240—300),字德平,精通儒术,博洽多闻。在晋武帝时期担任国子博士,历任国子祭酒、散骑常侍。父亲谢裒(282—347),字幼儒,才兼文武。东晋元帝永昌元年(322),任太长卿。晋穆帝永和三年(347),受封福禄县伯,

---

① 《晋书·王导列传》。

② 陈寅恪:《述东晋王导之功业》,《中山大学学报(社会科学版)》1956年第1期。

累迁吏部尚书、国子祭酒，卒于任上。追赠太常卿。其伯父谢鲲(281—324)，字幼舆，年少知名，生性豁达，喜读《老子》《易经》，成为名士王衍所亲善的“四友”之一。西晋末年避乱渡江后，成为江州长史，受封咸亭侯。东晋建立后，曾劝阻王敦不要起兵“清君侧”，出任豫章太守，世称谢豫章。为晋名士“江左八达”之一。谢安从兄谢尚(308—357)，字仁祖。年轻时就才智超群，精通音律，善舞蹈，工书法。晋穆帝永和中，拜尚书仆射，后出为都督江、淮等地军事，任前将军、豫州刺史，又加都督豫州、扬州等五郡军事，在任有政绩。晋穆帝升平初，又进都督豫、冀、幽、并四州军事。征拜卫将军，加散骑常侍。在历阳病逝。谢安的哥哥谢奕(？—358)，字无奕，又字奕石，自小就有美誉。东晋康帝建元元年(343)，任晋陵太守。永和二年(346)，升为吏部尚书。谢尚逝世以后，朝廷以谢奕代替其职，迁都督豫、司、冀、并四州军事兼安西将军、豫州刺史、持节。升平二年(358)，谢奕卒于任上。

谢安4岁时就被一个善于识鉴人伦的名士桓彝称赞为“风神秀彻”。至少年，为人沉着机敏，见识超群，又写得一手好字，尤善行书。连当时的大人物王导都非常器重他，因此，他很早就有名气。寓居会稽时，与王羲之、许询、支遁等游处，游弋山水，歌咏著文，没有出仕的念头。扬州刺史庾冰慕谢安的名气，多次行文郡县，敦促征召谢安，谢安不得已，勉强赴召，但一个多月后就辞职归家。后来，又多次拒绝征召，隐居会稽郡山阴东山。直到他40多岁才“东山再起”，出仕为官，历任征西大将军桓温的司马、吴兴太守。后入朝拜侍中、吏部尚书、中护军等职。晋简文帝死后，谢安与王坦之一起挫败桓温篡位意图。桓温死后，他更与王彪之等共同辅政，并争取到镇守荆州的桓冲的合作。晋孝武帝时，位至宰相。当时前秦强盛，先后攻破梁、益、樊、邓等地，谢安使自己的弟弟谢石和侄子谢玄为将领，加强防御。晋孝武帝太元八年(383)，前秦苻坚率领着号称百万的大军南下，志在吞灭东晋，统一天下。当时军情危急，建康一片震恐，可是谢安依旧镇定自若，以征讨大都督的身份负责军事，并派谢石、谢玄、谢琰和桓伊等率兵八万前去抵御，获得淝水之战的胜利，并乘机北伐收复洛阳及青、兖、徐、豫等州。会稽王司马道子执政，排挤谢氏，谢安出镇广陵避祸。太元十年(385)，谢安病逝，年66岁。获赠太傅、庐陵郡公，谥“文靖”。

谢安性情娴雅温和，处事公允明断不居功自傲，有宰相气度。他治国以儒、道互补，作为高门士族，能顾全大局，以谢氏家族利益服从于晋室利益。此外，他多才多艺，善行书、通音乐，精于儒、玄、佛、道学。齐人王俭称他为“江左风流宰相”[1]，后世多将他与王导并提，认为二人“相望于数十年间，其端静宽简，弥缝辅赞，如出一人”，“江左百年之业实赖焉”[2]。王夫之在《读通鉴论》中说：“王导、谢安，皆晋社稷之臣也。”

别开生面的家庭教育形式和方法

谢安一门英才辈出，这是和谢安重视家庭教育分不开的。《晋书·谢安列传》称谢安“处家常以仪范训子弟”。谢安的妻子也非常注重教育孩子，但她总觉得丈夫对孩子的教育不那么上心，于是有一次忍不住埋怨谢安：“怎么从来不见你教育孩子？”谢安回答说：“我总是用我自身来教育孩子。”其实，谢安不是不重视孩子的教育，只是他的家庭教育，无论在形式和内容方面，都生动活泼，别开生面，寓教育于日常闲谈之中，成就了中国古代家庭教育的一则则佳话。

在《晋书·谢安列传》中记载了这样一件事：在一次家庭聚会中，谢安与子、侄一起闲谈。在谈话中，谢安对子、侄提出戒约，说：“子弟亦何豫人事，而正欲使其佳？”当时在座的诸子弟一时都没有回答，只有侄子谢玄回答说：“譬如芝兰玉树，欲使其生于阶庭耳。”谢玄的回答是说：“这就好比芝兰玉树，总想使它们生长在自家的庭院中啊！”表达了对孩子用心培养使之出类拔萃的动机和原因。谢安的问话戒约是要让孩子们知道家庭教育的重要性，谢玄这样的回答自然让谢安听了很高兴。《世说新语》在“言语篇”中记载这件事时说“晋谢玄为叔父安所器”。而谢安正是通过这样的家庭闲谈，更加了解和器重谢玄。后来，前秦苻坚大举入侵东晋，谢玄被谢安任命为先锋，和叔叔谢石、从弟谢琰一起，在谢安的领导下，在淝水一举打败了苻坚，从此谢玄扬名朝野。“芝兰玉树”也就成了一个流传很广的专指家庭教育培养出优秀儿女的成语。

谢氏一家，都有较高的文学修养。在一个大寒的下雪天，谢安召集小辈在一起讲论文章义理。正在讨论热烈之时，不料雪越下越大。谢安兴致勃勃，欣然出题说：“白雪纷纷何所似？”他哥哥谢据的儿子谢朗应声道：“撒盐空中差可拟。”谢安大哥谢奕的女儿，也就是谢安的侄女谢道韫回答说：“未若柳絮因风起。”谢安听到侄子、侄女的先后敏对，快乐地大笑。还有一次，也是在谢安与小辈的聚会中，谢安问起他们“《诗经》中哪一句为最佳？”侄儿谢玄认为是《小雅》中的“昔我

---

① 《南齐书·王俭列传》。
② 陈亮：《龙川集》。

往矣，杨柳依依；今我来思，雨雪霏霏”为最佳，谢安则觉得还是《大雅》中的“讦谟定命，远猷辰告”为最妙，理由是这句诗“偏有雅人深致”[①]。由以上几则故事可以看出，谢安和小辈闲坐讨论经典和鉴赏作品，并不是偶一为之，而是家庭教育的一种常态，一种行之不辍的有效方法。

在《世说新语》的“言语篇”中还记载了这样一个故事：谢安和子侄在一起讨论圣人和普通人之间到底有多少距离的问题。谢安认为：“贤圣去人，其间亦迩。”也就是说圣贤和普通人的距离实际上是很近的。但是，他的子侄并不认可这位权威长辈的意见，都投了反对票。谢安并没有觉得丢面子，只是叹了一口气说：“若郗超闻此语，必不至河汉。”[②]这句话是什么意思呢？郗超(336—377)，字景兴、敬舆，小字嘉宾，高平郡人，东晋太尉郗鉴之孙。郗超年轻时卓越超群，有旷世之才。他善于清谈，见解义理精妙入微。因此，谢安认为：“如果郗超听了我的这番话，他就不会觉得我说得不着边际。”这几则故事，也是中国文学史中的美谈。通过谢安和小辈对话的画面，我们可以看到谢家的读书氛围之浓厚。谢安作为长辈，对小辈无论是做人还是读书，教育的方式都是讨论式、启发式的。谢氏人才辈出的密码从中可见一斑。

兄弟联芳，棠棣竞秀

在谢安的同辈中，他的哥哥谢奕和两个弟弟谢万、谢石也都为一时俊彦。

谢奕(？—358)，字无奕，又字奕石。年少时就有美誉。历任剡县县令、晋陵太守、吏部尚书。晋穆帝升平元年(357)，其堂兄镇西将军谢尚去世，因谢尚在豫州有德政，死后受到当地老百姓的怀念，朝廷在讨论谢尚后继者时认为谢奕“立行有素，必能嗣尚事”，但不多久，谢奕就死于任上，获赠镇西将军。

谢万(320—361)，字万石，才器隽秀，早有时誉。历任徐州刺史、淮南太守、监司豫冀并四州军事、假节。谢万“工言论，善属文”，曾撰《八贤论》，叙渔父、屈原、季主、贾谊、楚老、龚胜、孙登、嵇康“四隐四显”，以归隐为优，出仕为劣。根据《隋书・经籍志》记载，谢万著有文集 16 卷，并注有《周易系辞》2 卷、《集解孝经》1 卷。

谢石(327—389)，字石奴。初拜秘书郎，后迁升为尚书仆射，以军功封兴平县伯。在淝水之战中，担任征讨大都督，统兵抵御强大的前秦苻坚所率大军，和

① 《世说新语・品藻》。
② 《世说新语・言语》。

其侄谢玄、谢琰及刘牢之等以少胜多，大败苻坚，取得淝水之战的胜利。随后迁升中军将军、尚书令，更封为南康郡公。谢石虽为武将，但承继谢氏家风，很重视贵胄子弟的教育问题。当时他见学校废弛，就上疏请兴复国学，以教育训导贵族子弟，并要求在各州郡普遍修建乡校。谢石的这道奏疏，为孝武帝所采纳。

芝兰玉树，花团锦簇

自从谢安的侄子谢玄以“譬如芝兰玉树，欲使其生于阶庭耳”答谢安的问话以后，“芝兰玉树”就成为一个家族人才辈出的一种雅致的表达方式。细观谢安后代，真可以说芝兰玉树，不绝于门庭。

在谢安的第二代中，有谢琰、谢玄、谢道韫等。

谢琰(352—400)，字瑗度，谢安次子。在年纪很小时，就以英俊貌美、忠贞干练而出名。谢家虽是大族，但谢琰和同宗兄弟之间来往不多，只是与几位有才能令名者相接。初拜著作郎，后转秘书丞，历任散骑常侍、侍中等职。淝水之战爆发之前，谢安认为谢琰有军国才用，举贤不避亲，任命他为辅国将军，和叔父谢石、从兄谢玄一起，在淝水之战中率精兵八千，冲锋陷阵，一举赢得淝水大捷。以功勋封望蔡公。谢安病故以后，谢琰去官为父服丧。丧期满了以后，先后任征虏将军、会稽内史、尚书右仆射、会稽太守等。晋安帝隆安四年(400)，在镇压孙恩起义时和两个儿子谢肇、谢峻同时遇害，年 49 岁。晋安帝司马德宗下诏，称谢琰“父子陨于君亲，忠孝萃于一门”。追赠谢琰侍中、司空，谥“忠肃”。

谢玄(343—388)，字幼度，东晋名将，谢奕之子，为谢安的侄子。他从小就颖悟异常，为谢安所器重。渐渐长成以后，显示出经国才略，但几次都没有接受朝廷的征辟。被桓温辟为掾，并受到桓温礼遇和重视。后转任征西将军桓豁司马、领南郡相、监北征诸军事。当时北方的前秦苻坚势力强盛，东晋边境屡被侵寇，朝廷下旨求文武良将中可以领兵镇守抵御北方边境之人。谢安就推举了谢玄应举。当时朝中任中书郎的郗超一向与谢玄不和，但听说谢玄将要出镇北方，叹道：“谢安不管别人的反对，举荐自己的亲侄子谢玄，这是英明之举；谢玄一定不会辜负谢安的推荐，因为谢玄确实具备这样的才能！”[①]对谢安、谢玄叔侄二人给予高度评价。谢安为宰相，任谢玄为建武将军、兖州刺史，领广陵相，监长江以北诸军事。后进号冠军，加领徐州刺史，还军于广陵，以功封东兴县侯。晋孝武帝

① 见《晋书·谢安传》。

太元八年(383)八月,前秦苻坚率百万大军南下,谢安领导谢石、谢玄、谢琰和桓伊等率兵前去抵御,谢玄任先锋,以少胜多,取得淝水之战的胜利。这也是谢玄人生的高光时刻。淝水之战以后,谢玄身患疾病,就上疏请求解去自己的职务,晋孝武帝没有批准,反而下诏让谢玄移镇东阳城。在上任的半道上,谢玄病情转重,又多次上疏请求去职养病。在上疏中特别提到:"臣同生七人,凋落相继,惟臣一己,孑然独存。"[①]表达了他对家族和兄弟之间友情的眷恋。孝武帝还是没有同意谢玄退休,转授他为散骑常侍、左将军、会稽内史。最终谢玄卒于任上,终年只有46岁。死后被追赠为车骑将军、开府仪同三司,谥"献武"。

谢道韫,又作谢道蕴,名韬元,字令姜。谢奕之女,谢安的侄女,谢玄的姐姐,书法家王凝之之妻。她自小聪慧有才辩。她在文学上的修养,除了前文介绍过的曾以"未若柳絮因风起"句回应叔父谢安的提问,从而赢得"咏絮才"之名以外,《晋书·列女传·王凝之妻谢氏传》中还记载了一则故事:一次叔父谢安问她,"《毛诗》中哪一句最佳?"谢道韫答道:"诗经三百篇,莫若《诗经·大雅·烝民》云,吉甫作颂,穆如清风。仲山甫永怀,以慰其心。"结果受到谢安的称赞。长大后嫁给王羲之次子王凝之。有一次丈夫的哥哥王献之和宾客辩论,将要理屈词穷,谢道韫坐青绫布帐后,就王献之的议论加以发挥,宾客为之倾服。后孙恩率农民起义军攻克会稽,杀害了谢道韫的丈夫、儿子。谢道韫率领侍女抽刀抵抗,手刃数人后被俘。孙恩敬佩其勇敢,将她释放回家,从此寡居会稽郡,治家严谨。孙恩之乱平定不久,新任会稽郡守刘柳慕名前来拜访谢道韫。谢道韫也素知刘柳之名,就"簪髻素褥坐于帐中"接待,刘柳则"束修整带造于别榻"。在谈话中,谢道韫"风韵高迈,叙致清雅,先及家事,慷慨流涟,徐酬问旨"。究竟跟刘柳说了些什么,不得而知。事后,刘柳逢人就夸奖谢道韫说:"内史夫人风致高远,词理无滞,诚挚感人,一席谈论,受惠无穷。"谢道韫对刘柳的这次造访和与之谈话也颇感满意,说自己自从亲人随从凋落亡故以后,第一次遇到像刘柳这样的人士。"听其所问,殊开人胸府。"[②]谢道韫所著诗、赋、诔、颂著称于世,原有诗文集两卷已散失,现仅存《登山》《拟稽中散咏松》等诗,收于《艺文类聚》和《古诗记》。

在谢安的第三代中,有谢混。谢混(381—412),字叔源,小字益寿。东晋文学家。谢琰最小的儿子。谢混少有美誉,善于著文,显示出非凡的文学才能。他

① 《晋书·谢安传》。
② 《晋书·列女传·王凝之妻谢氏》。

尚晋陵公主，拜驸马都尉，袭爵望蔡县公。历任中书令、中领军、尚书左仆射等职。他的祖父谢安死了以后，权臣桓玄想改建谢安的老宅，但立即遭到谢混的反对，讽刺桓玄说："召伯之仁，犹惠及甘棠；文靖之德，更不保五亩之宅邪?"[①]所谓"召伯"，是指西周宗室、大臣召公，他常在棠树下处理政务，深受百姓爱戴，《诗经·国风·召南》有《甘棠》一诗歌颂召公。"文靖"是谢安谥号。谢混的这番话意思是说：当年召伯治政，尚且惠及甘棠；而今天我的祖父文靖公有大功德于国家，难道连普通的五亩之宅都保不住吗？桓玄听了大觉惭愧，打消了这个主意。谢混早年曾加入刘裕幕府，但后来在政治上却支持北府军将领刘毅与刘裕相抗衡。晋安帝义熙八年(412)，谢混死于刘裕与刘毅的一次战争中。作为文学家，谢混是当时文坛的中心人物。他的作品足以扭转视听、为世所称。南朝文学批评家钟嵘的《诗品》认为谢混的诗"其源出于张华，才力苦弱，故务其清浅，殊得风流媚趣"。他的《游西池》就是一篇有代表性的作品。特别是"景昃鸣禽集，水木湛清华"一联，历代被推为名句。谢混原有集5卷，久佚，又撰辑《文章流别本》12卷，久佚。

谢安的第四代有谢灵运、谢朓。

谢灵运(385—433)，名公义，字灵运，谢安哥哥谢奕的曾孙，谢玄的嫡孙。出生于会稽始宁。晋宋间诗人、文学家。其父亲幼年寄养于外，族人因名为客儿，世称谢客。谢灵运自幼聪颖。晋时袭封康乐县公，故称谢康乐。入宋，曾任永嘉太守、侍中、临川内史等职，后被杀。谢灵运博览群书，工诗善文。江南几乎无人能及，堂叔谢混尤其喜欢他。其诗与颜延之齐名，并称"颜谢"，是第一位全力创作山水诗的诗人，为中国"山水诗派"鼻祖。亦撰写《晋书》，辑有《谢康乐集》。

谢朓(464—499)，字玄晖，谢安哥哥谢据的曾孙。南齐诗人。刘宋明帝建武二年(495)出为宣城太守，因又称谢宣城。东昏侯永元元年(499)，遭构陷而死于狱中，年仅36岁。谢朓与谢灵运同为谢家子弟，又都是著名诗人，因此世称谢灵运为"大谢"，谢朓为"小谢"。谢朓曾与沈约等共创"永明体"。今存诗二百余首，长于五言诗，多描写自然景物，间亦直抒怀抱，诗风清新秀丽，圆美流转，善于发端，时有佳句；又平仄协调，对偶工整，对唐代律诗、绝句的形成有重要影响。唐代诗人李白最敬仰和赞赏谢朓，作品亦受其影响，现存直接提到谢朓的诗有12首，如《秋登宣城谢朓北楼》等。此外谢朓的诗歌，对盛唐诗人王维、杜甫的影响

---

① 《晋书·谢安传》。

也是显而易见的。这充分说明了谢朓在中国诗歌艺术的发展史上有着特殊的贡献。有集已佚。后人辑有《谢宣城集》。

此外谢安后人中还有谢瞻、谢惠连等。

谢瞻(约383—421),南朝宋诗人,字宣远。一名檐,字通远。卫将军谢晦的哥哥。6岁时就能写文章,有《紫石英赞》《果然诗》等作品,当时的文人雅士,看过以后都为之叹服惊异。谢瞻自幼失去父母,由婶娘抚养,如同至亲一般。东晋时曾任桓伟安西参军等职。入宋以后,任刘裕镇军、琅琊王大司马参军,又转任主簿、安成相、中书侍郎、宋国中书、黄门侍郎、相国从事中郎等职。他弟弟谢晦当时任宋台右卫,恩遇宠厚,权势显赫。谢晦从彭城回到京城接取家眷,一时"宾客辐辏,门巷填咽"。此时谢瞻正在家中,见到这种情景,很是惊骇,他对谢晦说:"你的名位还不高,而士人归趋竟到了这种地步。我们家一向以清淡谦退为家风,不愿干预政事,交游的人不过是亲戚朋友,而你竟然势倾朝野,这难道是家门之福吗?"谢瞻于是用竹篱隔开门院,并且说:"我不愿意见到这种场面。"等他回到彭城,就向宋高祖刘裕说:"我本来是寒素之士,父亲、祖父的官位也都没有超过二千石之职。弟弟年纪刚刚30岁,德行浅薄,能力平庸,但在台府荣显居于首位,职任清显重要,只怕福过灾生,不久就会应验。我特地请求你把他降职贬官,以求保住我们这衰微的家门。"谢瞻屡次向刘裕陈请。刘裕命谢瞻任吴兴郡太守,谢瞻又亲自陈述请求谦退,于是改任豫章太守。

谢晦有时会把朝廷的机密之事告诉谢瞻,谢瞻往往拿这些事向亲戚和朋友陈说,当作笑谈,用这种办法使谢晦不再敢泄密。宋武帝永初二年(421),谢瞻在豫章郡患病,不肯医治,希望就此死去。谢晦听到消息急忙赶去,谢瞻见到他,对他说:"你是国家大臣,又掌管军机大事,大老远地到我这里来,一定会招致怀疑,产生流言。"当时果然有人禀告谢晦反叛。谢瞻病重,回到京城。刘裕因为谢晦掌管禁军,不可出宫住宿,就叫谢瞻住在晋南郡公主夫婿羊贲的旧宅,地点在领军府东门。谢瞻说:"我有祖先留下的旧房子,为什么住在这里!"谢瞻临终前,留下遗书给谢晦,说自己死了以后得以葬埋山谷之中,没有什么遗憾,希望弟弟谢晦"思自勉励,为国为家"[①]。终年35岁。

作为文学家,《宋书·谢瞻列传》称其"善于文学,辞采之美,与族叔混、族弟灵运相抗"。原有集,已散佚,《文选》收其诗五首。

---

① 《宋书·谢瞻列传》。

谢惠连(397—433),南朝宋文学家,谢安幼弟谢铁的曾孙。他自幼聪敏,10岁时就能写文章,他的才能深得族兄谢灵运赏识。诗文雅丽,所作《雪赋》与谢庄的《月赋》并为六朝抒情咏物类小赋的代表作,展现了素净而奇丽的画面。他的《祭古冢文》写得也很有感情,关于古冢形制的描写,可看作是中国最早的考古发掘简报。他的诗作运调轻灵,用词清艳。后人将他和谢灵运、谢朓合称"三谢"。《隋书·经籍志》载有《谢惠连集》6卷,明代张溥辑有《谢法曹集》。后世学习和模仿谢氏家族文学的人很多,以至于还出现了"谢康乐体""谢惠连体"这种专门的称谓,李白在《春夜宴从弟桃李园序》中称赞谢惠连和谢灵运:"群季俊秀,皆为惠连。吾人咏歌,独惭康乐。"

"并阶时宰,无坠家风"

谢安侄女谢道韫的丈夫王凝之,是王羲之的次子,也是一代书法名家。谢道韫出嫁以后,有一天回娘家后闷闷不乐,向谢安表达了对丈夫的不满情绪。谢安对侄女说:王凝之是王羲之的小儿子,也算 个有成就的人,你嫁给他有什么可遗憾的呢?谢道韫回答说:"一门叔父则有阿大、中郎,群从兄弟复有'封、胡、羯、末',不意天壤之中乃有王郎!"[①]谢道韫的这段话,是说王氏一门在叔父辈如阿大、中郎,在谢家兄弟辈中,则有谢韶、谢朗、谢玄、谢渊等,个个都很出色,没想到天地间,还有王郎这样的人!谢道韫口中的"封"是指谢韶,"胡"是指谢朗,"羯"是指谢玄,"末"是指谢川,都是谢家兄弟的小字。言下之意是,这个丈夫让她失望。谢道韫抱怨说谢家兄弟都这么有名气,为什么单单出了王凝之这个平庸之人呢!谢道韫的这番话对王凝之的评价虽不免有点过分,但从她的口中也道出了一个基本事实,即谢氏家庭教育的成功和独特的门风。

《晋书》的作者说在晋康帝建元以后,"时政多虞,巨滑陆梁,权臣横恣。其有兼将相于中外,系存亡于社稷,负扆资之以端拱,凿井赖之以晏安者,其惟谢氏乎!"当时时局多险,奸猾之徒之人横行猖獗,权臣跋扈放肆,而能够内任宰相稳定朝政,外负将军领兵抵御强抗敌之责,只有以谢安为代表的谢氏。而谢安子弟,谢琰"称贞干,卒以忠勇垂名",谢混"曰风流,竟以文词获誉"。他们"并阶时宰,无坠家风"。

---

① 《晋书·列女传·王凝之妻谢氏》。

第四章
隋唐五代的家教和家风

第一节　颜之推和他的《颜氏家训》

在中国的家教家训和家风传承史上，《颜氏家训》是第一部家训作品。明代学者王三聘在《古今事物考》中写道："古今家训，以此为祖。"《颜氏家训》的作者，是六朝时北齐的颜之推。

颜含：以孝悌正直闻名于当世的颜之推九世祖

颜之推(531—约597)，字介，南北朝时北齐琅琊临沂人。他的九世祖为颜含。

颜含，字弘都，晋代琅琊莘人。颜含的祖父颜钦，字公若，曾任给事中一职。父亲颜默，字静伯，任职汝阴太守。颜含从小就有操行，以孝闻名于乡里。他的哥哥颜畿患病，死于医家。家里人前去迎丧，在回来的路上，领丧人受到惊吓，跌倒在地，口称听得棺内颜畿说："我寿命不该死，只是服药太多，伤害了五脏，还能复活，千万别埋葬我呀！"到了家中，颜含母亲和家人都想开棺看个究竟。父亲颜默不许。当时颜含还很小，慨然对父母说："不寻常的事，古来有之，现在开棺给家人带来的哀痛，不会比不开棺更大，既然这样，为什么不将棺木打开看看?"父母觉得他说得有道理，就命人开棺。颜畿果然一息尚存，为了求生，他不断地用手指刮棺板。

颜畿被救活以后卧床养伤，连续几个月不能言语，吃喝都要有人服侍，全家围着颜畿轮番照料，把家务营生之计都给耽误了，时间一长，难免有厌倦之色。为了侍奉哥哥养疴，颜含决定专门侍奉哥哥。这样辛勤病榻，亲尝汤药，竟长达13年。当时的大富豪石崇听说颜含侍兄的悌行后深为感动，赠送给颜含大量精致食物，颜含敬谢而婉拒。有人就问颜含，为什么不接受石崇的馈赠，颜含回答说，哥哥病重，身体虚弱，神智不清，生理未能恢复，既不能进食，又不能了解别人馈赠的恩惠，他如果就这样接受馈赠之物，这哪里是施惠人的本意啊！就这样，颜含一直将哥哥服侍到逝世为止。

颜含在家不仅对父母尽孝，对哥哥尽悌，对嫂嫂也以礼相待，悉心照顾。颜含的父母和两个哥哥先后辞世，他二哥的妻子，即他的小嫂樊氏双眼失明。颜含要求家人一定要对小嫂尽心奉养，自己每天亲尝小嫂的汤药食馔。到小嫂病榻前慰问了解病情，一定穿戴整齐，严遵叔嫂相待之礼。在颜含和家人的悉心照料下，樊氏失明之症竟得痊愈。颜含对父母兄嫂的孝悌之行，远近闻名。《晋书》将颜含列入“孝友”，为之立传。

《晋书》称赞颜含“雅重行实，抑绝浮伪”

307年，晋衣冠南渡以后，颜含也随晋元帝司马睿南下，先后任上虞县令、东阳太守等职，又以“儒素笃行”补任太子中庶子，迁黄门侍郎、本州大中正，后又历任散骑常侍、大司农，封西平县侯，拜侍中，后又被任为吴郡太守。临赴任之前，宰相王导找他谈话，问道：“卿现在到吴郡这个重要的名郡任职，施政首要为哪一方面？”颜含回答说：“国家年年打仗，民不聊生，户口减少，南北权豪竞争游民，搞得国家弊困，私门丰富，这是国家之忧患啊！我到任之后，当把游民从权富之家征调出来，使他们返还田桑。这样几年之后，就会实现户给人足的愿望。至于恢复礼乐，那就要等比我更高明的官员到任了。”颜含所说，简而有恩，明而能断，以威御下，王导听了，表示叹服说：“颜公到任，吴郡豪富之人不得不敛手了。”[①]后来颜含因故并未到任，复为侍中，很快又任国子祭酒，加散骑常侍，迁光禄勋。

颜含为官正直守礼。当时有官员提出，王导为晋元帝师傅，又有大功于朝廷，名声地位隆重，百官在朝会时见到王导应该“降礼”，即制定参拜王导的专门

---

① 《晋书·孝友列传·颜含》。

礼仪。当时负责朝廷礼仪制度的太常冯怀为此征求颜含的意见，颜含立即加以否定。他说："王公虽重，礼无偏敬"，就是说王导地位再高，功劳再大，按君臣礼节，他就是臣子，不应该为他单独制定参见的礼仪制度。颜含意犹未尽，又说道："降礼之言，或是诸君事宜。鄙人老矣，不识时务。"[①]事后，他还对人说："我知道从前攻伐别国，事先不会征求仁者意见，现在冯祖思跟我商量这种佞巧谄媚之事，岂不是把我也看成邪德之人了吗？"学者郭璞喜欢道术巫筮，一次见到颜含，要为他行巫筮术。颜含拒绝说："修己而天不与者，命也；守道而人不知者，性也。自有性命，无劳蓍龟。"[②]在颜含看来，自己只知道修己守道，也无须让他人了解，这不关龟筮占卜什么事。权臣桓温，久慕颜氏家族门风名声，提出和颜含家联姻成儿女亲家。颜含认为桓温虽然眼下志得意满，盛气凌人，但实际上违背了"水满则溢，月盈则亏"的古训，离垮台并不远了，因此，他断然拒绝桓温的联姻，还向子侄立下训诫道："汝家书生门户，世无富贵；自今仕宦不可过二千石，婚姻勿贪势家。"[③]这一训诫要求颜氏后人做官不得高于二千石，儿女婚姻不要高攀权势之家。颜之推说对于祖上颜含的这条遗训，是"婚姻素对，靖侯成规"，成为颜门的家风家规。"靖侯"即颜含的谥号。颜之推还表示对于九世祖颜含这一家训，"吾终身服膺，以为名言也"[④]。

颜含在70岁时，以年老体衰主动提出逊位退休，晋成帝刘衍一向对颜含的行为表示嘉许，于是下诏加封颜含右光禄大夫，特许可以在禁门前骑马。又赐予床帐被褥，命太官四时送上膳食佳肴。对于皇上的这些恩赐特许，颜含统统坚持不受。颜含直到退休20多年后，才寿终正寝，享寿93岁。临死之前留下遗命"素棺薄敛"。1958年，南京颜氏墓群发掘，陪葬物尽是石制物品和砚台，不见金银饰物，足以证明颜含家属遵颜含遗命，实行薄葬。颜含生有三子：长子颜髦，历任黄门郎、侍中、光禄勋；次子颜谦，历官至安成太守；三子颜约，官至零陵太守。《晋书·孝友传·颜含》称颜含三个儿子任官"并有声誉"，没有辱没颜含门风。

文学家颜延之留下家训《庭诰》

颜延之（384—456），字延年，南朝宋文学家，颜含的曾孙，颜含第三个儿子颜

① 《晋书·孝友传·颜含》。
② 《晋书·孝友传·颜含》。
③ 颜之推：《颜氏家训·止足》。
④ 颜之推：《颜氏家训·止足》。

约的孙子。颜延之的父亲颜显，曾任护军司马。颜延之从小就为孤儿，家里贫穷，居于陋室，但他并不因家道孤贫而丧志。他好读书，无所不览，所写的文章精美绝伦，冠于当时。直到30岁，仍孑然一身。出仕以后，官至金紫光禄大夫。为官不媚权势，每犯权要。与谢灵运"俱以词彩齐名"[①]，世称"颜谢"。其诗重雕琢，喜用事，文藻艰深绮密。所作《五君咏》较有名。

颜延之平素居身清约，生活简朴，不营财利，经常布衣蔬食，独酌于郊野。宋孝武帝刘骏即位以后，他的儿子颜竣颇受重用，权倾一朝。他给父亲的资助供应，颜延之一概不接受。自己所穿衣服，所用器物，所居住宅屋，一仍其旧。自己经常乘坐由羸弱老牛拉的破车出行，半道上遇见儿子颜竣的车队，立即躲在道侧，不让儿子看到。他多次对儿子说："自己平生最不愿意见到权贵要人，不幸的是现在见到你！"宋文帝刘义隆曾经问过颜延之，说"你的几个儿子中，哪一个有你之风？"颜延之回答说："长子颜竣，得到了臣的文笔；二子颜测，得到了臣的文风；三子颜臭得到了臣的义行，而四子颜跃则得到了臣的酒量。"宋孝武帝孝建三年(456)，颜延之病逝，年73岁，谥"宪"。

颜延之赋闲居家之时，曾作《庭诰》。《宋书·颜延之传》"删其繁辞，存其正"，著录了全文。颜延之在《庭诰》一开始，就阐明了写作初衷，他说："《庭诰》者，施于闺庭之内，谓不远也。吾年居秋方，虑先草木，故遽以未闻，诰尔在庭。若立履之方，规鉴之明，已列通人之规，不复续论。今所载咸其素蓄，本乎性灵，而致之心用。"这段话表明，颜延之撰《庭诰》，就是写给儿女子孙"施于闺庭之内"的家训。他考虑到自己已进入暮年，故事先立下家规，而这些家规训诫，也都是他平素一直蓄积在胸的想法，现在以家庭诰命的形式写下了，意使家庭成员"致之心用"。

在《庭诰》中，颜延之从品行道德、家庭伦理关系、为人处世、简朴持家、养成好的生活方式、谨慎交友诸方面都对儿孙提出训辞。在品行道德方面，颜延之引用古语说："丹可灭而不能使无赤，石可毁而不可使无坚。"要求子女做到"金真玉粹"，具有"丹石之性"，以"怀道为念"；在家庭伦理关系方面，他提出"欲求子孝必先慈，将责弟悌务为友。虽孝不待慈，而慈固植孝；悌非期友，而友亦立悌。"在中国家庭伦理道德规范中，一向强调"父慈子孝，兄友弟悌"。颜延之在肯定这一点的同时，指出其中的相互关系是父慈兄友在先，子孝弟悌在后，只有父慈才可培

---

① 《宋书·颜延之传》。

植子孝，只有兄友方能树立弟悌。这种说法是很有见地的，实际上否定了在家庭关系中单方面要求子孝弟悌。在为人处世方面，颜延之引用古语说："与善人居，如入芝兰之室，久而不知其芬"，"与不善人居，如入鲍鱼之肆，久而不知其臭"，提出"是以古人慎所与处"，告诫子孙在人际关系方面要谨慎地交友处世。在家庭生活方面，他要求子孙要养成良好的生活习惯和生活方式，包括"酒酌之设，可乐而不可嗜"；"声乐之会，可简而不可违"。也就是说，在家庭生活中，他不反对饮酒小酌，但不赞成"嗜酒"；家庭中可以举行"声乐之会"，但应简约而不违背规定。他主张生活简朴，反对奢华，认为"浮华怪饰，灭质之具；奇服丽食，弃素之方"。颜延之的曾祖父颜含生前曾为颜家留下被颜退之称作"靖侯成规"的家训，作为颜含的曾孙，颜延之又撰写《庭诰》告诫子孙，可以说，颜含的"靖侯成规"和颜延之的《庭诰》直接影响了他们的后代颜之推撰写《颜氏家训》。

颜之推祖父、父亲"并以义烈称"

颜之推祖父颜见远，博学多才，有志行节操。当初南齐萧宝融任荆州刺史之时，任颜见远为录事参军。501 年，萧宝融在江陵即位，为齐和帝，以颜见远为治书侍御史，很快又兼任中丞。梁武帝萧衍逼迫萧宝融禅位而灭南齐建立梁朝，颜见远誓不与梁武帝合作，愤而绝食而死。梁武帝为此很不理解，说："我自应天从人，何预天下士大夫事，而颜见远乃至于此也。"[①]意思是说，我接受齐皇帝萧宝融禅让做梁朝皇帝，是上应天命，下顺民心，和天下的读书人有什么相干？颜见远为何要走到这种地步呢？

颜之推父亲颜协(498—539)，又称颜勰，字子和。颜协从小就成为孤儿，由舅舅谢暕一家养大。他自小就有不凡的格局器识，为时人所称道。博览群书，又工书法，尤擅草书、隶书。梁武帝第七子萧绎受封湘东王出任荆州都督时，颜协任湘东王府正记室之职。当时府邸中还有一个叫顾协的，与颜协同名，才学与颜协不相上下，府中称他们为"二协"。舅舅谢暕病逝，由于对颜协有养育之恩，颜协以叔伯之礼为谢暕服丧。虽然他很有才能见识，但深感家门事义，不求显达，一直坚辞各级征辟，只是居于王府藩邸充当幕僚而已。梁武帝大同五年(539)病故，年 42 岁。他死了以后，梁元帝萧绎深感痛惜，写下《怀旧诗》对他表示哀伤怀念。颜协生前撰有《晋仙传》五篇，《日月灾异图》两卷，但都遇火湮灭。

① 《梁书・文学・颜协传》。

对于颜之推的祖父颜见远、父亲颜协，《北史·文苑·颜之推传》介绍他们“并以义烈称，世善《周官》《左氏学》”。《周官》即《周礼》，《左氏学》即《左传》，俱为儒家经典。这是说颜之推的祖父、父亲父子传《周礼》《左传》，蔚为颜氏家风。

《颜氏家训》："古今家训，以此为祖"

颜之推(531—约597)，字介。自幼承袭家学，精研《周礼》《左传》等儒家经典。7岁时就能诵读东汉学者王逸的《灵光殿赋》；12岁时正赶上梁武帝的第七个儿子湘东王，也就是以后的梁元帝萧绎在藩邸开讲《庄子》《老子》，颜之推也参加了听讲。但是他并不喜欢当时盛行的虚说空谈，仍然传承家学，回到家中进一步研习《周礼》《左传》。在读书学习方面，颜之推博览群书，知识博通完备，文章词情典丽，受到萧绎的欣赏称赞，萧绎任命他为左常侍，加镇西墨曹参军。颜之推为人聪颖机敏，很有悟性，博识又有才辩，尤其工尺牍文书。552年，萧绎在江陵称帝，是为梁元帝，任命颜之推为散骑侍郎。555年，江陵为西魏军所破，颜之推遂投奔北齐，官至黄门侍郎、平原太守。齐亡入周，为御史上士。隋文帝杨坚建立隋朝，颜之推于开皇中，被太子杨勇召为学士，深受杨勇的礼遇尊重。后约于开皇十七年(597)因病去世。颜之推作为当时文学家、学者，一生著述丰富，所著书大多已亡佚，今存《颜氏家训》和《还冤志》两书。《急就章注》《证俗音字》和《集灵记》则有辑本。

《颜氏家训》是中国家教家训家风文化传承史上的一部重要著作。全书共二卷，分序致、教子、兄弟、后娶、治家、风操、慕贤、勉学、文章、名实、涉务、省事、止足、诫兵、养生、归心、书证、音辞、杂艺、终制共20篇。

关于《颜氏家训》的撰著缘由，颜之推在《序致》篇中作了说明："业以整齐门内，提撕子孙。""提撕"即教导、提醒之意。颜之推写此家训，目的就是为了整治端正门风，教导提醒子孙。在《教子》篇中，颜之推很赞成俗谚"教妇初来，教儿婴孩"这句话，认为要重视孩子的童蒙教育，不然等孩子长成，"骄慢已习，方复制之，捶挞至死而无威，忿怒日隆而增怨，逮于成长，终成败德"。颜之推讲的这种家庭教育悲剧，在许多家庭中并不鲜见。在家庭教养中，颜之推还提出一个重要问题，即一个家庭孩子众多，无论俊贤顽鲁，都要一视同仁，不能"偏宠"。如果对某一个孩子"偏宠"，"虽欲以厚之，更所以祸之"，父母的出发点虽然是厚待这个孩子，实质上却给孩子带来灾祸。他引用春秋时期姜夫人宠爱共叔段、汉初刘邦宠爱赵王如意，东汉末年刘表宠爱刘琮、袁绍宠爱袁尚的故事，结果都给受"偏宠”的孩子及家族带来危害。在《治家》篇中，颜之推提出：“夫风化者，自上而行于下者也，自先而施于后者也。是以父不慈则子不孝，兄不友则弟不恭，夫不义则妇不顺矣。”颜之推一是表达了在一个家庭中，做家长的在各方面以身作则，率先垂范的重要性；二是直接继承了他五世祖颜延之在家训《庭诰》中提出的只有父慈才有子孝、兄友方能弟悌、夫义则妇顺的思想。在家庭经济用度方面，颜之推既主张“俭”，又反对“吝”，明确讲“俭”与“吝”两者之间的区别。一个好的家庭在经济消费方面应该是“施而不奢，俭而不吝”，即平素当自奉节俭，但对于穷急者施以赒济时又不吝啬。在《勉学》篇中，颜之推强调学习的重要性和必要性，开宗明义地提出：“自古明王圣帝，犹须勤学，况凡庶乎！”在颜之推所处之南朝，魏晋以来形成的高门士族日趋腐朽衰败，士大夫及其子弟靠着政治上享有的特权，过着糜烂腐化的生活。他们虽然矜夸门第，自视高尚，但实际上见识寡陋，不学无术，平时除了纵情享乐以外，已经什么事情都干不成了。及身遭离乱，只能匍匐等死。在本篇中，颜之推描绘了梁朝全盛之时，多无学术的贵游子弟的家庭生活状况：“无不熏衣剃面，傅粉施朱，驾长檐车，跟高齿屐，坐棋子方褥，凭斑丝隐囊，列器玩于左右，从容出入，望若神仙。”他们不读书，不钻学问，仗着家中富贵，花钱雇人赋诗答策，附庸风雅。梁武帝末年侯景发动叛乱，这些不学无术只知尽情享乐的贵族子弟，在侯景之乱中大多落拓离乱之间，转死沟壑之际。颜之推提出：古今勉学，应该“行道以利世”，“修身以求进”。他认为，一个人的学习，好比种树，春华而秋实，“讲论文章，春华也；修身利行，秋实也”。他勉励子弟抓紧时间学习：“光阴可惜，譬如逝水，当博览机要，以济功业。”这里的“机要”，是指书本典籍中的机微精要之处。在其他篇章中，颜之推也谈到了家庭教育中的风度节操、礼敬哲贤、为人为学表里如一、为人明练事务、少欲知足、养生延年等。

颜之推育有四子，其中长子颜思鲁、次子颜敏楚，都生于颜之推在北齐仕宦期间，《北齐书·文苑·颜之推传》称颜之推之所以为两个儿子起名“思鲁”和“敏楚”，是“不忘本也”。颜思鲁，字孔归，自幼继承家学，长成以后以儒学显名于世，也曾为父亲颜之推的文集《之推集》作序录。唐高祖武德初年，在秦王李世民府中任记室参军事，是唐朝初年训诂学家颜师古的父亲。三子颜游秦，字有道，唐高祖武德初年，任廉州刺史，封临沂县男。当时战乱甫平，民多强暴。颜游秦到任以后以礼为治，不久全境礼让大行，老百姓都以歌谣来歌颂他。为此，他受到唐高祖李渊玺书奖励慰劳，后来在郓州刺史任上病故。继承家学，撰《汉书决疑》。他的侄子颜师古注《汉书》，多从《汉书决疑》中资取其义。

颜师古:《汉书》注释和研究专家

颜师古(581—645),名籀,以字行。祖籍琅琊临沂,其祖父颜之推由北齐入周,再入隋,遂定居关中。因此,颜师古也就为京兆万年人。颜师古自小受到良好的家庭教育,博览群书,精于训诂学,善于写文章。隋文帝仁寿年间,被授以任安养尉之职。当时任尚书左仆射的杨素见颜师古身体薄弱,就对他说:"安养是个政务繁忙的县,你到了那里将采取什么样的方法来治理?"颜师古回答"割鸡未用牛刀"。杨素很惊讶颜师古一个小小的县尉竟然会说出这样的大话。但颜师古到任以后,果然以干练良治得闻于朝廷。

唐高祖李渊入关以后,颜师古历任朝散大夫、中书舍人,专门负责机要文书。由于颜师古敏捷干练,熟悉明了朝政仪节,当时军国事务繁多,朝廷诏书多出自他的手笔,册奏文书工稳周全,当时无人可及。唐太宗李世民即位以后,颜师古拜中书侍郎,封琅琊县男。唐太宗感于儒家经典"五经"流传日久,在传习中出现许多讹误,离开经典原意甚远,就下诏颜师古在秘书省进行考定,颜师古奉旨校勘,多所釐正。完工以后,唐太宗又下诏聚会诸儒,根据各人所学之长,来和颜师古讨论。颜师古引用晋、宋以来旧文一一作答。所征引文献丰富翔实,使得与会学者人人叹服。于是被唐太宗加授通直郎、散骑常侍。而由颜师古负责核勘订正的"五经"重新颁行天下,成为当时读书人所依赖的权威版本。

颜师古作为学者,最大的成就是为东汉班固的《汉书》作注。在颜师古之前,为《汉书》作注的有 20 家之多,其中不乏像应劭、服虔、韦昭这样的名家。但颜师古《汉书注》一出即受到时人称道。当时的舆论就把颜师古的《汉书注》和晋杜预的《左传注》相提并论,称赞杜预、颜师古为《左传》作者左丘明、《汉书》作者班固的"忠臣"[①]。颜师古除撰《汉书注》以外,还撰有《急就章注》及《匡谬正俗》等,考证文字,多所订正。这些学术成果都是颜师古继承颜氏门风的例证。

唐太宗贞观十九年(645),颜师古在随唐太宗征辽途中病故,终年 65 岁,谥曰"戴"。颜师古有兄弟四人。二弟颜相时,字睿,以学问闻名。贞观年间任谏议大夫,敢于向皇帝直谏,有古诤臣风,后转任礼部侍郎。颜相时一向体弱多病,颜

① 《新唐书·儒学·颜师古传》。

师古病故以后，颜相时棠棣情深，竟不胜悲哀而死去。三弟颜勤礼，字敬之，幼而朗悟，识量宏远，工于篆籀，尤精训诂，与两兄颜师古、颜相时同为弘文、崇贤两馆学士，校定经史。四弟颜育德，任太子通事舍人，于司经校定经史。颜师古兄弟四人都接受良好家庭教育，绍继颜氏家学。其中颜勤礼是唐代名臣、书法家颜真卿的曾祖父。

颜真卿、颜杲卿：捍卫大唐江山的“双烈”

颜真卿以书法享大名于后世，其所创“颜体”至今仍是中华书法界难以企及的一座高峰。然而，他和从兄颜杲卿两人，在唐代“安史之乱”和“李希烈叛乱”中为捍卫大唐江山双双就义，更是为颜氏家族的门风增添了悲壮的一幕。

颜真卿（708—784），字清臣。为颜师古五世从孙。他 3 岁时丧父，由母亲殷夫人亲自教育训导。他长大后，学问渊博，擅长写文章，对母亲殷夫人非常孝顺。唐玄宗开元进士。历任醴泉尉、监察御史、殿中侍御史。受宰相杨国忠排挤，出为平原太守。唐玄宗天宝十四载（755），“安史之乱”爆发，颜真卿联络从兄颜杲卿起兵抵抗，附近十七郡响应，被推为盟主，使安禄山不敢急攻潼关。

颜杲卿（692—756），字昕，与颜真卿同为颜师古五世从孙，为儒学世家。其父颜元孙，在武则天垂拱年间任濠州刺史，有着良好的官声。颜杲卿初以父荫任遂州司法参军。他性刚直，做事明快果断，有一次受到前来巡察的刺史无端指责，他很严肃地进行辩解，不为所屈。后任范阳户曹参军，曾是安禄山的部下。安史之乱时，与其子颜季明一起镇守常山，代理常山郡守。接到从弟颜真卿联合抗击安禄山叛军的信息后，坚守平原，设计杀安禄山部将李钦凑，擒高邈、何千年，受到唐玄宗嘉许。天宝十五载（756），叛军围攻常山，擒杀颜杲卿之子颜季明。不久城破，颜杲卿被押到洛阳。他瞋目怒骂安禄山，叛贼竟钩断他的舌头，颜杲卿骂贼不断，最终遇害，年 65 岁。唐肃宗乾元元年（758），颜杲卿获赠太子太保，谥“忠节”。唐德宗建中三年（782），加赠司徒。

安禄山、史思明叛军攻陷长安后，颜真卿率部至凤翔，被授为宪部尚书。唐代宗时官至吏部尚书、太子太师，封鲁郡公，人称“颜鲁公”。唐德宗建中三年（782），藩镇将领李希烈发动叛乱，颜真卿奉诏前往叛军大营晓谕李希烈。颜真卿知道此行有生命危险，但他置生死于不顾，来到李希烈处宣读圣旨。李希烈要颜真卿写信给朝廷，来为自己的叛乱行为辩护，遭到颜真卿拒绝。在这期间，颜真卿每次给儿子写信，只是告诫他们，严谨地敬奉祖宗，抚养孤儿，从未有其他的话。面对李希烈众叛贼的威胁利诱，颜真卿怒叱道："你们听说过颜常山吗？他是我的哥哥也。安禄山造反，他首举义师。被俘以后，骂贼不绝，不屈而死。我现在年近八十，官居太师之位，我会守住我做朝廷官员应有的节操，死而后已，难道会受到你们的威胁吗！"颜真卿的这番话，慷慨激昂，义正辞严，"诸贼失色"。最终，颜真卿被李希烈叛军缢杀，年 76 岁。颜真卿死后，唐德宗为他废朝五日，追赠司徒，谥"文忠"。

颜真卿留于后世众多的书法作品中，有《颜氏家庙碑》。其碑全称《唐故通议大夫行薛王友柱国赠秘书少监国子祭酒太子少保颜君碑铭》，是唐德宗建中元年(780)颜真卿为其父颜惟贞刻立，碑文记述了颜氏家族及其仕宦经历、后裔仕途、治学经世的情况。《颜氏家庙碑》现收藏于西安碑林博物馆，为镇馆之宝，是颜真卿现存最晚的书法作品。

第二节　唐初名相房玄龄、杜如晦、高季辅的家教和家庭悲剧

唐代初年唐高宗时的宰相李勣，在病危时召集子孙列于庭下，向专程前来探病的弟弟司卫卿李弼留下遗训，说"我见房玄龄、杜如晦、高季辅皆辛苦立门户，亦望诒后，悉为不肖子败之"。他要求李弼在自己死后挑起家庭教育的担子，要李弼对自己的儿孙严加管教，如果儿孙"有不厉言行、交非类者，急榜杀以闻，毋令后人笑吾，犹吾笑房、杜也"[①]。这是一篇极为特殊的家训。其中说到的房玄龄、杜如晦、高季辅，都是和李勣同时代的杰出政治家，对大唐的建立和贞观之治的确立做出过贡献。但在他们死后，儿子都不同程度地卷入谋反和宫廷大案，被杀被贬。因此，他要弟弟李弼接受房玄龄、杜如晦、高季辅家教失败的教训，严格要求自己的儿孙，不要重蹈他们的家庭悲剧。

房玄龄：亲书历代家诫于屏风训导儿孙

房玄龄(579—648)，字乔(一说名乔，字玄龄)，齐州临淄人。唐初大臣。他的父亲房彦谦，在隋朝时任司隶刺史。房玄龄自幼为人机警敏捷，博览经史，擅写文章，工书法，草隶皆善。18 岁时举进士，在隋朝任羽骑尉，校书于秘书省。

① 《新唐书・李勣传》。

后又补任隰城尉。在这期间他的父亲重病在床,房玄龄整整百余天衣不解带,在病榻前侍奉父亲。父亲病故以后,房玄龄为父服丧,悲伤至极不进食达5天之久。

唐兵入关中,房玄龄投归李世民,任秦王府记室,协助李世民筹谋统一,取得帝位。贞观元年(627)为中书令。后任尚书左仆射,监修国史。长期执政,与杜如晦、魏徵等同为唐太宗的重要助手。后封梁国公。

房玄龄为人谦和,居宰相之位长达15年,女儿被选为王妃,儿子房遗爱与公主成婚,权位和恩宠达到极点,因此屡次上表辞去相位。但唐太宗非但不允,反而又进位司空,仍让他总理朝政。房玄龄再三辞让,为此唐太宗专门派遣使者对房玄龄说:"谦让,确实是一种美德,但是国家信任依赖你时间这么长了,一旦你离开这职位,国家缺少了你这位辅弼良材,就好比失去了左右手。现在你精力尚可,请不要再辞让了。"①

房玄龄当国期间,夙夜勤勉,大小事务悉心管理,唯恐有所遗漏不周。他心胸宽阔,一听到别人的善事善誉,就如同自己所作和获得一样。对朝廷事务的管理很明了通达,议法行令,务为宽简平和。曾奉诏与长孙无忌等修订法律,是以宽简为特色的贞观律的主要制定者。他身为宰相,为国家推荐人才,从来不会根据自己的长处来要求别人,对人才的录用也不求全责备,无论出身贵贱,都使他们尽可能地发挥好自己的才能。他有时也会受到批评,但每次都谦虚恭敬地表示接受。

他治家有法度。自己身为高官,经常担心几个儿子会因此而生骄奢之心,挟势欺凌他人,因此,他集录古今家诫,亲自书写在屏风之上,命令几个儿子各取一具置于房中,以为座右铭而对照执行。他对孩子们说:"留意于此,足以保躬矣!汉袁氏累叶忠节,吾心所尚,尔宜师之。"②房玄龄这段话的意思是说:你们每个人都要留意上面所写,足以保住身家平安了!汉代袁氏累代忠节,是我所尚望的,你们要以袁氏家风为师。

贞观二十二年(648),房玄龄病故,年71岁,追赠太尉、并州都督,谥"文昭"。

杜如晦:长于决断的唐初名相

杜如晦(585—630),唐初大臣。字克明,京兆杜陵人。他的祖父杜果,闻名

① 见《新唐书·房玄龄传》。
② 《新唐书·房玄龄传》。

于北周、隋之间。父亲杜吒，字文忠，在隋朝任昌州长史。叔父杜淹，字执礼，见多识广，也有很不错的名声。

杜如晦年少时就喜欢读书，志向极高。隋炀帝大业年间，杜如晦参加官员选拔，吏部侍郎高孝基很器重他，说他有应变之能，必定会成为栋梁之材。于是杜如晦被任命为滏阳县尉，但不久就弃官而去。唐兵入关中，投奔秦王李世民，在秦王府任兵曹参军。后跟随李世民四处征伐，参与帷幄机密，助李世民筹谋，临机善断，任天策府从事中郎，兼文学馆学士。唐高祖武德九年(626)，参与玄武门之变，助李世民取得政权。唐太宗即位后，累官至尚书右仆射，与房玄龄共掌朝政。当时天下新定，杜如晦和房玄龄一起订定各种宪律典章、台阁制度。两人配合默契，相互取长补短，选拔人才，使之各得其所，发挥作用，为“贞观之治”作出重要贡献。《新唐书·杜如晦传》称：“盖如晦长于断，而玄龄善谋，两人深相知，故能同心济谋，以佐佑帝，当世语良相，必曰房、杜云。”“房谋杜断”这句成语从此而来。唐太宗贞观四年(630)，杜如晦因病去世，年46岁。

杜如晦有弟弟杜楚客，像哥哥一样，自小崇尚节气。而杜如晦、杜楚客和叔叔杜淹一向不和。这位叔叔曾在杜如晦父亲杜吒那里说杜如晦坏话，甚至要其父亲将杜如晦杀死，又囚禁了杜楚客。隋朝末年群雄并起，天下尚乱，杜淹曾任职于地方割据势力王世充营中。而杜楚客当时陷于王世充大营，被囚禁几乎至死。王世充被平定以后，杜淹当诛，杜楚客就到哥哥杜如晦那里为叔叔求情。杜如晦没有答应。杜楚客就对哥哥说：“我们杜家，做叔叔的残害哥哥你，你现在又要诛杀叔叔，我们杜门之内亲人自相杀害到这种地步，这难道不令人痛惜吗！”[①]杜如晦被弟弟杜楚客的这番话所感悟，就在唐高祖李渊那里为叔叔杜淹求情，最终使得杜淹获释。唐太宗即位以后，先后拜杜淹为御史大夫、吏部尚书，封其为安吉郡公。有一次唐太宗在和杜淹谈话时曾当面要求杜淹为官要敢于直谏，杜淹回答说：“愿死无隐。”杜淹生病时唐太宗还亲临病榻探视。病故以后赠尚书右仆射，谥“襄”。

高季辅：因敢于直谏而被唐太宗赐“药石”相报

高季辅(596—654)，名冯，字季辅，以字行，渤海蓨人。母亲病逝以后，为母服丧，以孝闻名远近。哥哥高元道，在隋代曾任汲县令。有贼匪偷袭县城，县内

① 见《新唐书·杜如晦传》。

有人接应,将高元道杀害。高季辅闻讯即集合人员与贼匪激战,将贼首擒拿斩首,为哥哥报了仇。其余贼匪几千人全部畏伏投降。高季辅也因此名声大振,授陟州总管府户曹参军。

唐太宗贞观初年,任监察御史,弹劾官员从来不避权要。后转任中书舍人,向唐太宗奏本提出朝政应该亟须注意的"五事",唐太宗"称善",进授他为太子右庶子。高季辅又多次上书剖析朝政得失,言辞诚恳,切中要害。为此,唐太宗特赐他一块钟乳石,说道:"而(即'尔')进药石之言,朕以药石相报"[1],这也成了"药石之言"的出典。后又升任吏部侍郎,他选拔的人员,都让唐太宗满意。唐太子又赐给他金背镜一面,以比况他为官选人清鉴如镜。后历任中书令兼检校吏部尚书,监修国史,进爵蓨县公。到唐高宗永徽初,加光禄大夫、侍中、兼太子少保。后因染疾回到家中,唐高宗下诏让他担任虢州刺史的哥哥高季通为宗正少卿的身份探病,派遣内使每天了解病情,关怀备至。永徽五年(654)病逝,年58岁。唐高宗为之废朝三日,赠开府仪同三司、荆州都督,谥"宪"。

辱没父亲清誉令名的"官二代"

房玄龄、杜如晦、高季辅都堪称唐初名臣贤相,对唐初政权的稳固和国家的发展强大都作出了重要贡献,为家族也挣得了名声和荣誉。然而,他们没有想到,自己的清誉令名竟毁在了儿子身上。

房玄龄有四个儿子,分别是房遗直、房遗爱、房遗则、房遗义。房玄龄作为大唐开国功臣,一国宰相,治家有法度,以身作则,言传身教,重视对儿子的教育,曾把历代家训家诫书写于屏风之上,命其子各取一具作为座右铭,是中国家教家训史上的一段佳话。房玄龄死后,由长子房遗直嗣继爵位。在唐高宗永徽初年,为礼部尚书、汴州刺史。次子房遗爱娶了唐太宗最喜爱的女儿高阳公主为妻,拜为驸马都尉、房州刺史。三子房遗则,任中散大夫。四子房遗义,任太子舍人、谷州刺史。唐高宗永徽四年(653),房遗爱和高阳公主参与一桩谋反案,房遗爱被处死,公主赐自尽。房遗直也受到牵连,被贬为铜陵尉。房玄龄配享太庙的待遇也因而被停止。杜如晦次子杜荷,娶了唐太宗嫡女城阳公主为妻,授官尚乘奉御,赐爵襄阳郡公,可谓风光一时。但是,在唐太宗贞观十七年(643),杜荷竟参与了太子李承乾兵变谋反案,失败被杀,身败名裂,城阳公主也改嫁他人。杜荷

---

① 《新唐书·高季辅传》。

的哥哥杜构为杜如晦长子，在杜如晦死后袭爵莱国公，官至慈州刺史。因受杜荷谋反案牵连，被罢官夺爵，流放岭南，死于边野。高季辅的儿子高正业，官至中书舍人。唐高宗龙朔二年(662)，因卷入上官仪案而遭贬，流放到岭南荒蛮之地。

房玄龄、杜如晦、高季辅三大名臣，虽然生前也注意对子女进行教育，但他们的儿子触犯律条，遭杀身或流放贬谪，使家族遭到横祸。李勣作为和房玄龄、杜如晦、高季辅同朝为官的功臣，目睹了三家的兴衰浮沉，才立下家训，要子孙以房、杜、高三家为戒。

第三节　“论议挺挺”：魏徵和他的五世孙魏謩

唐太宗李世民有“三镜”之说。这是在大臣魏徵死后，唐太宗思念魏徵不已，临朝而叹曰：“以铜为鉴，可正衣冠；以古为鉴，可知兴替；以人为鉴，可明得失。朕尝保此三鉴，内防己过。今魏徵逝，一鉴亡矣。”[①]这里的“鉴”，即镜子。唐太宗这段话的意思是说：“用铜制成镜子，可以端正自己的衣冠；以历史作为镜子，可以知晓兴衰更替；以人作为镜子，可以看清得失。我曾经拥有这三面镜子来对照，防止自己犯错。现在魏徵去世，我少了一面镜子。”唐太宗这段话道出了魏徵在他心目中的重要地位。

“贞观中直谏者，首推魏徵”

魏徵(580—643)，唐初政治家。字玄成，魏州曲城人。魏徵从小就失去父亲，虽家庭生活陷入落魄，但胸有大志，一心向学，通贯书术，有着很好的学问。

隋朝末年，天下纷争，群雄四起。魏徵一度诡为道士，先后投在李密、窦建德部下。窦建德失败以后，他投唐，在唐高祖李渊长子、太子李建成府中任洗马一职。当时魏徵看到秦王李世民功高，曾劝李建成早定大计，除掉李世民。李世民发动玄武门之变以后，李建成败亡，唐高祖李渊禅位于李世民，李世民即位，即为唐太宗。魏徵被擢为谏议大夫，前后陈谏二百余事。唐太宗贞观三年(629)任秘书监，参与朝政。后任侍中，进左光禄大夫、郑国公。贞观十七年(643)病逝，

---

① 《新唐书·魏徵传》。

年63岁。死后唐太宗亲到灵前痛哭哀悼，罢朝五日，让太子举哀于西华堂。诏令内外百官参加丧礼。他亲自撰写碑文，书写墓碑，追赠魏徵司空、相州都督，赐谥“文贞”。

“贞观之治”是唐朝初年唐太宗李世民在位期间出现的政治清明、经济复苏、文化繁荣的治世局面。因其时年号为“贞观”，故史称“贞观之治”。“贞观之治”的一个突出表现就是唐太宗重用人才，虚怀纳谏，当时有一批大臣都以极谏而知名，其中最能犯颜直谏，而又多被唐太宗采纳者就是魏徵。魏徵一人所谏前后达二百余事，数十万言，皆切中时弊，对改进朝政很有帮助。清代史学家赵翼曾说：“贞观中直谏者，首推魏徵。”[①]魏徵多次劝唐太宗以亡隋为鉴，向李世民提出了许多至今为人熟知的谏言，如“兼听则明，偏听则暗”；“居安思危，戒奢以俭”；“任贤受谏”；“薄赋敛，轻租税”；等等。又引《荀子》语，谓君似舟，民似水，“水能载舟，亦能覆舟”。

魏徵在上谏时一向坚持原则，据理力争，对唐太宗常常面折廷诤，言辞尖锐，有时弄得唐太宗下不了台。一次罢朝后，唐太宗在后宫余怒未消，对长孙皇后说：“会须杀此田舍翁。”但唐太宗毕竟是封建社会中难得的英明之主，从内心认识到魏徵忠心奉国，有利于国家长治久安，因此面对魏徵“每廷辱我”的犯颜直谏，还是放下天子脸面，听从并多所采纳。对于魏徵这种不给面子的做派，唐太宗曾笑着说：“人言徵举动疏慢，我但见其妩媚耳！”[②]对于这一点，魏徵心里很清楚，没有唐太宗的虚心纳谏，他不可能一而再地直言上谏，皇上的开明是臣下敢于说话的基础。于是他曾对唐太宗说：“陛下导臣使言，所以敢然；若不受，臣敢数批逆鳞哉！”[③]魏徵这里说的是大实话，他的犯颜直谏，很大程度上是由唐太宗的宽怀导引的。

谦让循礼，廉洁自守

魏徵原为太子李建成府中的主要成员，玄武门之变后，唐太宗即位为天子，不以魏徵曾为自己政敌，仍重用他，而且关系日益亲近，有时甚至将魏徵引入自己卧室，咨询治理天下大计。魏徵一方面感到唐太宗确实是“不世遇”之明主，以“展尽底蕴无所隐”的态度恪尽职守，知无不言，也因此屡屡升官。随着地位的提

---

① 赵翼：《廿二史劄记》卷十九。
② 《新唐书·魏徵传》。
③ 《新唐书·魏徵传》。

高，魏徵仍一直保持谦和礼让、清廉自守的态度和作风。贞观七年(633)，魏徵任侍中。当时尚书省积压了历年陈案一直没有解决，唐太宗下诏让魏徵处理。魏徵虽然平素并不熟悉有关法律条文，但他大处依法，小处以情，很快就将这些积案处理完毕而“人人悦服”。虽然受到唐太宗称赞又升官，但他以多病提出辞职，并且数次上表恳请退职。朝中右仆射缺人，唐太宗想让魏徵任此职。这可是宰相之职啊，但魏徵还是提出辞让，最终没有被任命。后来唐太宗又要魏徵担任太子太傅，让魏徵任太子师傅，完全符合天下人的期望，但魏徵依然以疾病为由推辞。最后，唐太宗只得说：“公虽卧，可拥全之。”[①]意思是要魏徵带病上岗，特许他卧床辅导太子。

魏徵长期身居高位，但一贯廉洁自守，自奉节俭，治家严格。所居府第，竟无正厅。一直到贞观十七年(643)，魏徵病势沉重，唐太宗来他家探病时才发现魏徵家里竟如此简陋，即命停止营建小殿的原计划，移用建筑材料，用五天的时间为魏徵家营建了正厅，并赐素褥布被，以遵从魏徵家一贯的节俭风尚。唐太宗还亲临魏徵府邸问病，君臣两人在病榻前谈论了一整天。后来，唐太宗又和太子李治一起来到魏徵家中探病，魏徵强打起精神，穿戴朝服冠带起身接待，唐太宗看着魏徵病体，抚着魏徵流下了眼泪。他问魏徵，还有什么要求可提出来。魏徵说：“嫠不恤纬，而忧宗周之亡！”[②]魏徵这句话出自《左传・昭公二十四年》，其原文是：“嫠不恤其纬，而忧宗周之陨，为将及焉。”意思是说一个老妇人不会担忧纬线太少，却担心宗周的削弱，是害怕灾祸会牵连到自己。魏徵用这句话来回答唐太宗的问话，表达了不会为自己一家一姓的利益提任何要求，担心的还是国家的命运会不会削弱。

魏徵死后，唐太宗下诏为魏徵举行厚葬，配给羽葆、鼓吹、班剑等四十人，陪葬昭陵。魏徵夫人裴氏出面表示反对，说：“魏徵平素一向俭约，现在为他行丧礼，竟按一品高官的礼仪规格来对待，所用仪节器物都过于崇高，这不是魏徵的本意。”[③]唐太宗批准了魏徵夫人的要求，最后丧礼只用了素车，车外用白布制成帷帐。

魏徵有四个儿子：叔玉、叔琬、叔璘、叔瑜。长子魏叔玉袭爵为光禄少卿。魏叔璘，官至礼部侍郎。最小的儿子魏叔瑜，官至豫州刺史。他善书法，工草书、

① 《新唐书・魏徵传》。
② 《新唐书・魏徵传》。
③ 见《新唐书・魏徵传》。

隶书。后将书法笔意传给次子魏华和外甥薛稷。当时社会上流传着一种说法，即当代擅长书法的，“前有虞、褚，后有薛、魏”[1]。所谓“虞、褚”，是指唐初书法家虞世南、褚遂良；所谓“薛、魏”是指薛稷、魏华。可见薛稷、魏华的书法成就之高。而真正传魏徵极言敢谏家风的，则是五世孙魏谟。

魏谟：“论议挺挺，有祖风烈”的魏徵五世孙

魏谟(793—858)，又名謩，字申之，魏徵五世孙。唐文宗大和七年(833)进士。唐文宗读《贞观政要》，见到唐太宗和魏徵君臣的故事，思念贤臣魏徵，就下诏寻访魏徵的后人。同州刺史杨汝士此前曾辟魏谟为长春宫巡官，对魏谟的身世很了解，就向唐文宗推荐了魏谟。唐文宗召见了魏谟，见到魏谟身姿魁秀，器宇不凡，很为惊异，就任他为右拾遗。这也是魏谟登上仕途的开始。历任右补阙、起居舍人、谏议大夫、弘文馆直学士、汾州刺史、信州长史、御史中丞、户部侍郎等职。后进同中书门下平章事，又转任中书侍郎，迁门下侍郎，兼户部尚书。唐宣宗大中十年(856)，以平章事领剑南西川节度使。又拜吏部尚书、检校尚书右仆射、太子少保。大中十二年(858)，病逝，年66岁，赠司徒。

作为魏徵的五世孙，魏谟绳武先祖，承继家风，以忠荩直谏成为一代贤相。御史中丞李孝本，为皇家宗亲之子，唐文宗大和九年(835)受到宰相李训策划的“甘露之变”大案的牵连被杀，他的两个女儿被没入宫中。魏谟即上奏表示反对，要唐文宗“崇千载之盛德，去一旦之玩好”，收回成命，立即放李孝本两个女儿出宫。唐文宗看了魏谟的奏书，当即下诏魏谟，表示听从谏奏，收回成命。这道诏书的大意是说：“你的先祖魏徵在贞观年时，指事直言，从来无所回避。我每次阅览这段国史，都非常嘉许赞赏。你自从担任拾遗这个官职以后，屡次都有很好的意见和建议献纳。我现在让李孝本两个女儿入宫，并不是为了满足声色之好，而是体恤宗室之女。但这样做也会引起别议，你的上书辞语深切，难道不是在为我的这一过错而感到痛惜吗？你虽然做朝廷官员的时间不长，我还是要提拔你，以增朝廷直臣的正气。”[2]于是下诏任魏谟为右补阙。

魏谟在担任起居舍人时，唐文宗曾问起魏谟，你们家还保留着过去的诏书吗？魏谟回答道：“现在家中只剩下先祖用过的上朝笏板了。”文宗下诏要魏谟将朝笏送上。当时宰相郑覃阻拦说：“在人不在笏。”文宗说：“郑覃你不懂得朕

---

① 《新唐书・魏徵传》。
② 见《新唐书・魏徵传》。

的用意，我要的这块笏板，就是当今的'甘棠'啊!"[1]唐文宗这里用了一个典故，所谓"甘棠"，西周初年，周武王之弟召公奭巡行乡邑，在一棵棠树下决狱政事，上自侯伯下至庶人各得其所，无失职者。召公死了以后，老百姓思召公德政，怀棠树不敢伐，歌咏之，作《甘棠》之诗。后遂以"甘棠"称颂官吏的美政和遗爱。唐文宗要魏谟献上家藏朝笏，就是为了表达"甘棠"之思，怀念魏谟祖上的贤德遗爱。

由于起居舍人负责记录皇上的言行，唐文宗就向魏谟提出，想看一下有关自己的起居注，却遭到魏谟的断然拒绝。魏谟上奏说："自古以来，置左右史官记圣上言行，书朝政德失，是为了留存教训以作鉴戒。陛下所为善政，就不要担心史官不记录；所作不善之事，天下也自有人会记录下来。"文宗说："不是这样的，我过去曾经看到过关于我的起居注了。"魏谟说："以前陛下所见，是史官失职的表现。经过陛下所见，那么以后史官所记录一定会因为顾忌而有所隐讳和屈义误记。如果善恶不据实以记，那就不可称作历史，如果真是这样那后代将以何为信呢?"[2]这番话义正词严，唐文宗于是就打消了这个念头。

魏谟历经文宗、武宗、宣宗三朝，官至宰相高位，一直保持祖上魏徵之风，敢于直谏，深得皇上嘉许赞赏。唐文宗曾对当时的宰相说："当年太宗得魏徵，能够补弼自己为政阙失，现在朕得到魏谟，他又能够极谏，朕不敢仰望得到贞观之治的赞誉，只是希冀能处于没有过错的境地。"[3]唐文宗李昂，唐朝第十五位皇帝，性仁孝，恭俭儒雅，勤于政理，常怀恢复初唐贞观之治的愿望。因此，他特别怀念太宗和魏徵君臣相处的美谈。他对魏谟的评价，一方面表达了他充分肯定魏谟能绍继祖风、光大魏氏门庭的行为，同时也显露出他愿意绳武太宗治国理政的路线和做法。《新唐书》作者欧阳修评唐文宗："大和之初，政事修饬，号为清明。"

唐宣宗时魏谟任宰相，议事于天子前，其他大臣往往看天子脸色说话行事，只有魏谟上书回奏谠切无所回避。唐宣宗曾经说过："谟名臣孙，有祖风。朕心惮之。"[4]唐宣宗所说"心惮之"，是表示对魏谟心生敬畏之意，是对魏谟有祖上之风的肯定。《旧唐书》在记载这件事时，就称唐宣宗说："魏谟绰有祖风，名公子孙，我心重之。"《新唐书》中说魏谟"论议挺挺，有祖风烈"，这是对魏徵、魏谟祖孙

---

① 见《新唐书・魏徵传》。
② 见《新唐书・魏徵传》。
③ 见《新唐书・魏徵传》。
④ 《新唐书・魏徵传》。

所体现出来的魏氏家风的充分肯定。

第四节　三朝宰相姚崇和他的《遗令诫子孙文》

《新唐书》的作者在《姚崇宋璟列传》的"赞"中写有这样一段话，称"然唐三百年，辅弼者不为少，独前称房、杜，后称姚、宋，何哉？君臣之遇合，盖难矣夫！"这段话中的"房、杜"，是指唐太宗时期的房玄龄、杜如晦两位宰相，"姚、宋"，则是指唐玄宗时期的宰相姚崇、宋璟。他们四人，都是唐代名臣，其中姚崇历任武则天、睿宗、玄宗三朝宰相，为"开元之治"作出了重要贡献。

姚崇：三朝宰相，"开元之治"的重要推动者

姚崇(650—721)，本名元崇，字元之，后改名崇，陕州硖石人。他的父亲姚懿，字善懿，在唐太宗贞观年间，任巂州都督，死后赠幽州大都督，谥"文献"。姚崇自小生性洒脱，不受拘束，又崇尚气节，好习武打猎，"以呼鹰逐兽为乐"[1]。直到20岁后才发奋读书，但文才卓异，下笔成章。初仕于唐高宗第五子李弘府中任挽郎，后授濮州司仓参军，累官至夏官郎中。后被武则天任为宰相。唐睿宗即位，姚崇"拜兵部尚书，同中书门下三品，进中书令"，这是他第二次任宰相。当时，唐睿宗的妹妹太平公主干政，姚崇因奏请让太平公主出居东都，以削弱其权力，被贬职，先任申州刺史，后任扬州长史。在任期间政条简肃，百姓为他立记德碑。

唐玄宗即位后，提出要再拜姚崇为相。姚崇知道唐玄宗有锐意治理天下之志，没有当场接受谢恩，而是破天荒地向皇上提出了复任宰相的条件。他跪奏说："臣要上奏十件大事，陛下如考虑不可施行，臣就不担任宰相之职。"唐玄宗此时正锐意进取，很愿意听臣下意见，就对姚崇说："你为朕说说看。"于是，姚崇就正式向唐玄宗提出了著名的治国"十事"：施政仁恕；不贪边功；管束制裁佞幸宠臣触犯宪纲等不法行为；严禁宦官干预朝政；严禁收受贵戚公卿和地方大员所贡礼物；禁绝亲属出任台省公职；待大臣以应有的君臣之礼；虚心纳谏，允许诤臣谏官"批逆鳞，犯忌讳"；禁绝佛寺道观的营造；接受汉代以来吕禄、王莽外戚内宠专

① 《新唐书·姚崇传》。

权乱国的教训鉴戒。姚崇提出的治国“十事”，都是针对武则天、中宗和睿宗当政以来的政治弊端而提出的，极具针对性。唐玄宗当场表态：“朕能行之。”[1]第二天，姚崇就被拜为兵部尚书、同中书门下三品，第三次任宰相之职。开元四年(716)，山东起蝗灾，当时地方眼看着蝗虫食苗而不敢捕杀。当时有人提出“凡天灾安可以人力制也！且杀虫多，必戾和气”。但姚崇不信这个邪，力主捕杀，推行焚埋之法，减轻了灾情。姚崇为宰相，明于吏道，敢于进言“佐裁决”，“进贤退不肖而天下治”[2]，为其后的“开元之治”打下了基础，后荐宋璟自代，史称“姚宋”。

开元八年(720)，姚崇被授予太子太保。第二年病故，年 72 岁，赠扬州大都督，谥“文献”。

姚崇的《遗令诫子孙文》

姚崇三朝为相，身居高位，但为官清廉，生活简朴。他的家离都市中心偏远，为了上朝方便，便寓居在罔极寺中。后来，姚崇因疟疾卧床不起，不能上朝理事，唐玄宗每日派遣使者数十人，前去探病，每遇军国重事，都命人去征求他的意见。再后来，唐玄宗命姚崇搬入四方馆居住，并准许他的家属侍疾。姚崇认为四方馆地方大，装饰华丽，又存有官署文书，不敢居住，极力推辞。唐玄宗道：“设置四方馆本就是为官员服务，朕安排您住进来，是为国家考虑。如果可能，朕恨不得让您住进宫里，您不要推辞！”

晚年，姚崇将家产分配好，使每个儿子都各有定分，然后留下遗令。这道遗令史称《遗令诫子孙文》，《旧唐书・姚崇传》收录全文。姚崇在这篇诫子孙的遗令中，主要谈了三个方面的问题，即“知止足之分”、身死薄葬、反对佞佛造像。

关于“知止足之分”，姚崇提到，春秋时期的范蠡和西汉的疏广，都是“知止足”而得到史家称赞的典型。自己的才能无法和古人相比，但久居高位，备受荣宠，因此“位逾高而益惧，恩弥厚而增忧”，反而一直深怀忧惧之心。他告诫说，他见到不少达官身死以后，子孙没有了父辈高官厚禄的荫庇，多陷于贫寒。兄弟之间往往为了斗尺小利，相互争斗，这样做的结果，不单是自我玷毁，更是辱没了先人。家中田亩，名分不定，互相推诿而不作，也许会荒废。之所以要将家中资财预先分配，就是为了杜绝子孙为财产而起纷争。

---

① 见《新唐书・姚崇传》。
② 《新唐书・姚崇传》。

关于自己身后的丧事，姚崇明确表示进行薄葬。他说："昔孔子亚圣，母墓毁而不修；梁鸿至贤，父亡席卷而葬。昔杨震、赵咨、卢植、张奂，皆当代英达，通识今古，咸有遗言，属令薄葬。"他们的子孙都能遵从成命，到今天被引为美谈。而那些厚葬之家，"咸以奢厚为忠孝，以俭薄为悭惜，至令亡者致戮尸暴骸之酷，存者陷不忠不孝之诮，可为痛哉！可为痛哉！"因此，他命令子孙，在他死后，"可殓以常服，四时之衣，各一副而已。吾性甚不爱冠衣，必不得将入棺墓，紫衣玉带，足便于身"。

关于反对佞佛造像，姚崇在上唐玄宗"十事"时就作为治国之要提出过。他说太平公主、武三思等贵戚，一心佞佛造寺，结果"咸不免受戮破家，为天下所笑。"他认为"抄经写像，破业倾家"，"且死者是常，古来不免，所造经像，何所施为？"他要求儿孙"汝等各宜警策，正法在心，勿效儿女子曹，终身不悟也。吾亡后必不得为此弊法"。

在这份遗令的最后，姚崇又要求他的儿子临殁之前，也要将这道遗令传给下一代，依家法行事。

姚崇的《遗令诫子孙文》，在中国家教家训史上具有重要地位，他的一些见解，确实不凡，直到今天，仍具有一定的借鉴意义。然而作为一代贤相，他虽重视家风，留下遗令家训，但在教子方面并不算成功。他的两个儿子姚彝、姚异因广交宾客，招权纳贿，曾遭到舆论的非议，并惊动了唐玄宗。姚崇在唐玄宗面前不得不承认这两个儿子"为人多欲而寡慎"。而对儿子的失教，姚崇在政治上付出了代价，他任宰相三年，最终不得不主动辞去相位，推荐宋璟自代。

第五节　韩休、韩滉父子宰相

宋代诗人晁补之写过一首题名《打球图》的诗，全诗曰："阊阖千门万户开，三郎沉醉打球回。九龄已老韩休死，无复明朝谏疏来。"诗中的"三郎"是指唐玄宗李隆基，李隆基为唐睿宗李旦的第三子，故称"三郎"。诗中的"九龄"，是张九龄，他和韩休都是唐玄宗朝的宰相。这首诗是说皇宫大门一扇一扇地次第打开，是为了迎接已经喝得沉醉的唐玄宗打球回来。可惜敢于向皇上直言规劝的张九龄已经年迈，而韩休已经离世，明天上朝再也不会有批评皇上沉湎酒色冶游，无心朝政的谏奏递上了。这首诗讽刺了唐玄宗晚年渐入荒淫享乐，直言朝中再也没有像张九龄、韩休这样的耿直忠荩、敢于直谏的大臣了。

“刺史幸知民之敝而不救，岂为政哉？”

韩休（673—740），字良士，京兆长安人。他的父亲韩大智曾在武则天武周朝任洛州司功参军。伯父韩大敏在武周朝任凤阁舍人。韩大敏为人正直耿烈。当时有个叫李行褒的唐室宗亲任梁州都督，为部下所告，武则天就将此案交韩大敏审理。有人就提醒韩大敏说：“现在武则天一心要除去李唐宗亲，而李行褒为李氏近属，你审理时不要考虑李行褒案冤不冤，如果这样，恐怕会连累你。”他回答说：“我怎么能顾惜自己的生命而随便冤枉一个人呢？”通过审理，韩大敏将李行褒按无罪释放。武则天闻奏大怒，派遣御史重审此案，结果李行褒被杀死，而为李行褒案秉公审理的韩大敏也被赐死于家中。大伯的死以及大伯正直的秉性，无疑对韩休的人格形成产生巨大的影响。

韩休有很高的文辞才能，当初唐玄宗还在东宫时，令韩休策对国政，中了仪科，擢为左补阙，判主爵员外郎。后进至礼部侍郎，知制诰，又出京任虢州刺史。虢州位于东京洛阳和西京长安之间，路途不远，为朝廷负担的粮草赋税很重。韩休就上奏朝廷，请求平均分摊赋粮于其他州郡。中书令张说反对道：“如果独免虢州一地赋税，而将其余赋税数目分移给其他州，你这是身为虢州刺史在谋取私惠。”韩休坚持自己的主张，准备再次上表奏请。他的幕僚在一旁劝道：“您坚持这样做恐怕会违逆宰相之意。”韩休答道：“刺史幸知民之敝而不救，岂为政哉？虽得罪，所甘心焉。”[①]意思是说，刺史已经了解弊政给百姓带来的痛苦而不去救治，这难道是为民理政的态度吗？即使因此而获罪，也心甘情愿。在韩休的坚持下，朝廷最终同意了他的意见，将虢州负担过重的赋税匀给了其他州郡。后韩休先后任工部侍郎、知制诰，迁尚书中丞。

唐玄宗开元二十一年（733），韩休任黄门侍郎、同中书门下平章事，正式成为宰相。八个月以后，因直谏而被罢为工部尚书，迁为太子少师，封宜阳县子。开元二十八年（740）病逝，年68岁，死后赠扬州大都督，谥“稳中”。到唐代宗宝应元年（762），又获赠太子太师。

唐玄宗：“吾用休，社稷计耳。”

韩休任官，颇有他伯父韩大敏之风，性方直峭鲠，不务钻营进趋那一套。

① 《新唐书·韩休传》。

有一次万年县尉李美玉有罪，唐玄宗要将他流放岭南，韩休向唐玄宗提出反对意见，认为李美玉只是一个小官，所犯又非大恶之罪，皇帝没必要把这个案子放在这么重要的位置。他提出："现在朝廷有大奸之人，应该重视先行查办治理。"韩休所说的"大奸"是指金吾大将军程伯献。韩休在奏疏中说："程伯献倚仗着皇帝的恩宠而贪财物，所居宅第和服用车辆马匹的规格都超过了一个臣子应遵守的法度规制。"因此，他向皇上提出应该先治程伯献，再治李美玉。唐玄宗没有同意韩休的这个要求。韩休坚持说："一个官员犯下小的罪过陛下尚且不能容忍，而对一个巨猾之徒反倒置之一旁不问。陛下如不惩办程伯献，臣是不会奉诏惩办李美玉的。"对于韩休的正直和坚正，唐玄宗也无可奈何，只能接受他的意见。有一次唐玄宗在御苑中打猎，场面铺张，超过了礼制的规定，唐玄宗问左右亲随："这件事韩休知不知道？"不一会儿，韩休对这件事的批评奏疏就递送到御前了。

韩休任宰相是由萧嵩举荐的。萧嵩性宽博，遇到朝廷大事，多予赞同。而在萧嵩眼中，韩休性柔，也是个好说话的人，因此向唐玄宗推荐了他，不料韩休却是个刚直之人。遇到朝廷大事产生分歧，和萧嵩争论时，韩休从不顾及萧嵩的面子，该坚持就坚持，不假以颜色。对于朝政的得失，一定要把自己的意见看法完全表达出来。大臣宋璟听说以后，称赞韩休："没想到韩休会这样坚持自己的主张，这真是仁者之勇也。"

有一次，唐玄宗拿着镜子照面，发现自己有些瘦了，就表现出闷闷不乐的样子。左右就说："自从韩休入朝，陛下没有一天是高兴的。陛下何必自己忍受心中不快，不把韩休赶出朝廷呢？"唐玄宗说："我现在虽然身形瘠瘦，可天下却肥了。再说那个萧嵩每次奏事，必定顺着我的意志想法。结果我退朝后再考虑萧嵩所奏之事，心里总是不踏实，而不能安睡。韩休每次上奏，所敷陈的有关治理国家的道理，尽管用语讦直得让我一时难以接受，但等到我退朝后再想到韩休所奏大事，睡觉一定会感到安稳。我用韩休，实在是为国家社稷考虑啊！"

韩休任宰相的时间不长，只有短短八个月，但《新唐书·韩休传》称韩休"既为相，天下翕然宜之"，充分肯定了他在任宰相期间所取得的成就。

韩滉："安敢改作以伤俭德？"

韩休为相，颇重视家教。他有七个儿子，史称"皆有学尚"[①]。长子韩浩，曾

① 《新唐书·韩休传》。

任万年县主簿。次子韩洽，任殿中侍御史。三子韩洪，先后任司库员外郎、华州长史。四子韩汯，任谏议大夫。六子韩浑，任大理司直。安史之乱时，韩浩和弟弟韩洪、韩汯、韩滉、韩浑都陷入叛军之中。安禄山逼迫韩浩等出任官职，他们不从，设法逃出敌营，向唐天子所居之处奔去。但行走半道，又被叛军所擒，结果韩浩、韩洪、韩浑及韩洪的四个儿子全部遇难。只有韩汯、韩滉幸免逃脱。韩洪作为韩休第三子，善于和人交往，为人有节义。他和几位弟兄以及自己的四个儿子被叛军所杀害，见到的人都为之流泪伤心。安史之乱平定以后，唐肃宗感以韩浩、韩洪、韩浑兄弟作为大臣韩休的儿子，能死于国难，就下诏赠韩浩为吏部郎中，韩洪为太常卿，韩浑为太常少卿。

在韩休的儿子中，最有成就的是第五子韩滉。

韩滉(723—787)，字太冲，最早以父荫补左威卫骑曹参军。到唐德宗贞元元年(785)，又入朝加检校左仆射、同中书门下平章事、江淮转运使，正式拜相，并封郑国公。贞元三年(787)病逝，年 65 岁。唐德宗接到丧报后为之辍朝三日，追赠韩滉为太傅，谥“忠肃”。

韩滉为官“性强直，明吏事”，任职仔细认真。在他任职给事中时，有贼盗杀害富平县令韦当。这个凶手隶属朝廷北军，被大宦官鱼朝恩所包庇。韩滉秉公执法，使凶手伏法。在任浙江东、西观察使，镇海军节度使等地方官员时，注意妥善安抚集聚百姓，实行“租”“调”等赋役制度均衡有信，当年办清办妥，“境内称治”①。

唐德宗建中四年(783)，泾原镇士卒兵变，长安被攻陷，唐德宗出逃到奉天，淮、汴等地为之震动骚乱。韩滉虽为文职官员，却挺身而出，训练士卒，分兵屯戍河南，又转输江南粟帛，供给朝廷，受到唐德宗下诏嘉奖慰劳，进检校尚书右仆射，封南阳郡公。叛军李希烈攻陷汴州，韩滉派遣裨将王栖耀等率劲军万人进讨，取得胜利，确保漕运之途畅通，保全了整个东南地区。

藩镇将领刘玄佐镇汴州，习惯于当时藩镇不尊朝廷、不入京朝见的先例。唐德宗给韩滉密诏，让韩滉劝说刘玄佐入朝觐见。刘玄佐一向敬佩韩滉为人，韩滉到了汴州以后，刘玄佐以下属的身份行接待之礼，韩滉不接受，坚持和刘玄佐约为兄弟，并入后房拜见其母亲。在酒席中，韩滉成功地说服了刘玄佐入朝拜见天子。后来刘玄佐入朝以后，韩滉又向皇上举荐，命刘玄佐镇守边关。

---

① 《新唐书·韩休传》。

韩休的家风，在韩滉的身上体现得最为明显。《新唐书·韩休传》写道："滉虽宰相子，性节俭，衣裘茵衽，十年一易。甚暑不执扇，居处陋薄，取庇风雨。门当列戟，以父时第门不忍坏，乃不请。堂先无挟庑，弟洄稍增补之，滉见即彻去，曰：'先君容焉，吾等奉之，常恐失坠。若摧圮，缮之则已，安能改作以伤俭德？'"这段话的意思是说：韩滉作为宰相的儿子，承继节俭家风。他所穿衣服，所用坐垫被褥等，十年才更换。暑日天气再热也不执扇取凉。所居房屋，陋薄不堪，仅能庇风雨。大门前照例应当列戟，因为这是父亲留下的旧第门而不忍心调整毁坏，于是对此就不予考虑。正堂两边原先并没有修建房屋，韩滉最小的弟弟韩洄稍作改造而增补，韩滉自外回来见到后立即命撤去。他说："先父容身此处，我们继承奉守，时常担心失去。如果有损坏，修葺一下就行了，怎敢改建以败坏我们家节俭的品德呢？"韩滉身居重位以后，一直清廉自守，痛恨贪恶，不为家人增置产业。从开始做官直到位至将相，前后乘马五匹，没有一匹不是老死在槽下。

值得一提的是，韩滉还是一位杰出的艺术家。他好鼓琴，书法深得张旭笔法。他的画作《五牛图》是我国少数几件唐代传世纸绢画作品真迹之一，也是现存最古的纸本中国画。画中是五头不同形态的牛，韩滉以淳朴的画风和精湛的艺术技巧，表现了唐代画牛所达到的最高水平。该画堪称"镇国之宝"，现珍藏于北京故宫博物院。

第六节　吴越国王钱镠和《钱氏家训家教》

2013 年，上海将《钱氏家训》列入"非遗代表性项目名录"，2021 年 6 月 10 日，国务院公布了第五批国家级非物质文化遗产代表性项目名录，《钱氏家训家教》成为第一个国家级家训非遗项目。《钱氏家训家教》是由五代时期吴越国王钱镠留下来的。

钱镠：五代十国期间吴越国的开国君主

钱镠(852—932)，字具美(一作巨美)，唐末杭州临安人。五代时期吴越国的建立者。家世以田渔为业。钱镠自幼喜武而厌文，擅长射箭、舞槊。12 岁时他到径山书院游玩，遇到一位姓洪的道人，劝其读书以明志，由是钱镠开始潜心攻书。他好读《孙子兵法》《武经》诸书，又喜读《春秋》。读书凡遇不明之处，就去请教年长有学问之人，一直到弄懂弄通为止。由于家贫，为生活所迫，钱镠读书几次遭废，然而也已初通文墨，对图谶、纬书也有所涉猎，成年后以贩卖私盐为生。唐僖宗乾符二年(875)，投奔石镜镇将董昌，被任命为偏将。乾符六年(879)，黄巢起义军攻打临安，因其阻击有功，升任都知兵马使。唐僖宗中和四年(884)，钱镠率军攻破越州，杀死越州观察使刘汉宏，奏请朝廷以董昌取代刘汉宏为越州观察使，自己则占据了杭州。唐僖宗光启三年(887)，被唐廷任命为左卫大将军、杭州刺史。唐昭宗即位后，任钱镠为杭州防御使，不久升杭州为武胜军，以钱镠为都团练使。唐昭宗景福二年(893)任镇海军节度使、润州刺史，次年又加同中书门下平章事。唐昭宗乾宁二年(895)，董昌在越州称大越罗平国皇帝，钱镠拒绝董昌的任命，向唐廷报告了董昌的反状。唐昭宗下诏封钱镠为彭城郡王，以浙江东道招讨使的名义征讨董昌。乾宁四年(897)，钱镠率军破越州，擒拿董昌以献。唐朝许以钱镠为镇海、镇东两镇节度使，占据浙东、浙西之地。唐昭宗天复二年(902)，唐朝册封钱镠为越王，后又改封吴王。后梁开平元年(907)，钱镠接受梁帝朱温册封，为吴越王。后唐建立后，钱镠自称吴越国王。后唐长兴三年(932)，钱镠去世，享年 81 岁。后唐明宗李嗣源赐谥“武肃”，所以后世称钱镠为“武肃王”。

钱弘俶“纳土归宋”成就了一段顾全大局、中华一统的历史佳话

吴越国历三代五王，即武肃王钱镠、文穆王钱元瓘、忠献王钱弘佐、忠逊王钱弘倧、忠懿王钱弘俶。

钱元瓘(887—941)，字明宝，钱镠第七子。唐昭宗天复二年(902)，杭州裨校许再思等人作乱，勾结宣州节度使田頵，钱镠打败许再思，与田頵讲和。田頵提出要同钱镠结盟，钱镠把所有的儿子都叫来，问他们说：“谁能为我去做田家的女婿?”儿子们都露出为难的神色，当时钱元瓘年仅 16 岁，上前说：“我听从大王吩咐。”因此就去宣州成亲。钱元瓘此去宣州，实际上是做人质。第二年，田頵因叛乱战死，钱元瓘才得以返回杭州。后唐明宗长兴三年(932)，钱镠病重，召集臣下托付后事，道：“我的儿子大多愚蠢懦弱，只怕难以担当大任。我死后，请你们从中择贤而立。”臣下都推举钱元瓘。钱镠于是立钱元瓘为继承人。钱元瓘“决事神速，为军民所附”①，“亦善抚将士，好儒学，善为诗”②。后晋高祖天福六年

① 《旧五代史·世袭列传》。
② 《新五代史·钱镠传》。

(941),钱元瓘去世,年55岁,庙号“世宗”,谥号“文穆王”。

钱弘佐(928—947),字祐,一作元佑,钱元瓘第六子。后晋高祖天福六年(941)即位为吴越国王。钱弘佐自幼喜欢好书,性温恭,能为五七言诗,凡官属遇雪月佳景,必同宴赏,由此士人归心。钱弘佐即位时只有13岁,朝中大臣诸将都认为他年少可控制,甚至有点轻视他。钱弘佐起初还对群臣诸将优容有加,但一旦发现臣下有非法之举,即依律处之,先后罢黜大将章德安、李文庆,处死都监杜昭达、统军使阚璠。这样一来,群臣都畏恐而听命。钱弘佐在位期间,有将领叛乱,钱弘佐召诸将议论平叛之事,诸将惧怕而不敢迎敌。钱弘佐奋然说:“我作为元帅,难道不能举兵征讨吗?你们这些将领,平时都由朝廷供养着,到这时都不肯冲在我前面去杀敌吗?现在再有异议者斩首!”于是果断下令,派遣将领率军三万誓师出发,水陆并进,大败叛军,收福州而还师。钱弘佐20岁不到但智勇、谋略、气概皆俱,让诸将不得不服。钱弘佐在位7年,于后晋高祖开运四年(947)病逝,终年20岁,谥“忠献”。钱弘佐去世时其子钱昱只有5岁,于是其弟钱弘倧袭位。

钱弘倧(929—975),字隆道,又名钱倧,钱元瓘第七子。性明敏严毅,初任内衙指挥使、检校司空、丞相等。即位以后厌恶内衙统军使胡进思跋扈,干预政事,欲将胡进思除去,事泄而反被胡思进先发制人,强令钱弘倧传位于其弟钱弘俶。钱弘倧在位不足十个月。钱弘俶即位后,将钱弘倧迁居衣锦军。宋太祖开宝八年(975),钱弘倧病死,谥“忠逊王”。

钱弘俶(929—988),又名钱俶,字文德,钱元瓘第九子。后汉天福十二年(947)即位为吴越国王。后周显德三年(956),进讨南唐,克常州,取太湖,获胜而归。赵匡胤建立宋朝以后,钱弘俶对宋供奉不绝,并配合宋军攻南唐。宋太平兴国三年(978),钱弘俶祭别陵庙,削吴越国号,“纳土归宋”,将吴越国所部十三州、一军、八十六县及人户兵卒悉数献于宋,成就了一段历史佳话。钱弘俶被宋封为邓王。宋太宗端拱元年(988)病逝,年60岁。

吴越国从立国到“纳土归宋”,凡72年。如果从唐景福二年(893)钱镠为镇海军节度使算起,至归宋,则前后存续86年。

总体上来看,在十国中,吴越国立国80多年,社会安定,经济发展,人口不断增长。虽然五代十国时期也是中国历史上的“乱世”,但吴越国历代国君实行保境安民之策,使境内少受兵燹之祸。钱镠在位期间,很重视兴修水利,成绩显著。他修建钱塘江海塘,又在太湖流域广造堰闸,以时蓄泄,得免旱涝,并建立水网圩区的维修制度。尤其是吴越国最后一个国君钱弘俶主动“纳土归宋”，使吴越地区的生产力没有因战争而受到破坏，吴越国百姓也没有遭受屠戮。

对于吴越国从钱镠立国即确立的保境安民国策的持续贯彻实施和钱弘俶主动“纳土归宋”之举，后人予以高度评价。北宋资政殿大学士、右谏议大夫、杭州知州赵抃，曾在上宋神宗的奏折说：吴越国“地方千里，带甲十万，铸山煮海，象犀珠玉之富，甲于天下，然终不失臣节，贡献相望于道。是以其民至于老死不识兵革，四时嬉游歌鼓之声相闻，至于今不废，其有德于斯民甚厚”。在提到钱弘俶主动“纳土归宋”时称颂道：“独吴越不待告命，封府库，籍郡县，请吏于朝。视去其国，如去传舍，其有功于朝廷甚大。”为此，赵抃提出将杭州龙山下荒废的佛堂妙因院改为道观，使钱氏之孙为道士曰“自然”者居之，“以称朝廷待钱氏之意”。为此，宋神宗下诏，批准将“妙因院改赐名曰表忠观”，并诏命苏轼为表忠观撰碑文。苏轼在《表忠观碑》中称颂钱王“允文允武，子孙千亿”；而立表忠观则“匪私于钱，唯以劝忠”。

钱镠治家严谨

钱镠据两浙长达41年，去世时81岁，是五代十国中享年最高的君主。他创建的吴越国定都于杭州。辖有吴越地区十三个州，约为今浙江省全境、江苏省东南部（苏州一带）、上海市和福建东北部（福州一带）。在位期间，他很重视兴修水利，成绩显著，造福于两浙地区。自唐末起，钱镠便向中原政权贡奉无缺，采取保境安民的政策。钱镠的继承者也都能继承钱镠遗训，实行休养生息、奖励耕垦，且继续奉侍中原朝廷、保境安民的政策。因此吴越国成为五代十国中较为安定、经济繁荣的地区。

钱镠执法严格，他的宠妾郑氏父亲犯了死罪，左右都为之求情。钱镠却道：“岂能因一妇人而乱我法度。”他当即休掉郑氏，并将其父斩首。他以身作则，带头执行法度。有一次钱镠微服出行，回到北城门时城门已关闭。他高喊开门，但守门小吏却毫不理睬，还道：“就算是大王来我也不会开启城门。”钱镠无奈，只得改由别的城门入城。次日，钱镠召见北门守吏，对他加以重赏。钱镠喜欢吃鱼，曾命西湖渔民每日都要向王府缴纳数斤鱼，名曰“使宅鱼”。当时诗人罗隐正在钱镠处任职，就借为钱镠的《磻溪垂钓图》题诗的机会，作诗道：“吕望当年展庙谟，直钩钓国更谁如；若教生在西湖上，也是须供使宅鱼。”罗隐的意思是说如果姜太公来到西湖垂钓，也得每天给钱镠送鱼，这显然是在讽谏钱镠。钱镠不但不怒,反而下令取消了“使宅鱼”。

钱镠治国有略,治家也十分严谨。他虽然出身于普通农家,但通过读书颇知治家的重要性。他孝亲爱子,生活俭朴。年轻时他以劳力侍奉父母,后来身为吴越国王,依然不改孝敬父母的本色。在宫殿中,后庭有高楼,他的母亲年老不能上,钱镠竟亲自背负母亲登楼。钱镠做吴越国王以后,在临安故里建造了豪宅,每逢回乡都前呼后拥,排场很大。他的父亲钱宽对此很不满意,每次听闻他来,都有意避开。钱镠于是步行回家,向父亲询问原因。钱宽道:“我家世代以田渔过活,从未有富贵达到这种地步。你如今为两浙十三州之主,周围都是敌对势力,还要与人争利。我担心灾祸就要连及我们一家。”钱镠听了父亲这番话知道这是父亲在训导自己,就一边哭着一边拜谢父亲。从此小心谨慎,力求保住基业。钱镠富贵以后,对乡亲故老的感情也一如既往。他曾在故乡宴请乡亲,并唱自己所做《还乡歌》。其辞曰:“三节还乡兮挂锦衣,父老远来相追随。牛斗无孛人无欺,吴越一王驷马归。”[①]为了使父老乡亲高兴尽欢,钱镠还在酒席上用土语高唱山歌,结果一曲歌罢,“合声赓赞,叫笑振席,欢感闾里”。这充分体现了钱镠富贵不忘故旧乡亲的景象。钱镠作为吴越国的开创者,深知创业守业之艰难,每到除夕,他都要设宴与诸位王子欢聚,往往奏曲数阕就下令撤去,反对长夜宴饮的奢靡之风。

关于《钱氏家训家教》的辑录和传播

2021年6月10日,国务院公布的第五批国家级非物质文化遗产代表性项目名录《钱氏家训家教》,实际上是由《武肃王八训》《武肃王遗训》和《钱氏家训》三部分组成的。其完整记录于1939年钱文选编辑出版的《钱氏家乘》。

钱文选(1874—1957),字士青,晚号诵芬堂主人,安徽广德人。一生著述宏富,有《诵芬堂文稿》《广德县志稿》《美国制盐新法》《英制纲要》《环球日记》《钱氏家乘》《钱武肃王功德史》等传世。抗日战争时期隐居上海,多次拒绝日军要他到杭州任伪职的要求。新中国成立以后,曾任杭州市政协委员。

钱文选作为武肃王钱镠第三十二世裔孙,于1925年编辑出版《钱氏家乘》,到1939年夏,又从他自己的文集《士青全集》中析出《钱氏家乘》单独印制发行,在卷六“家训”中,分别辑录了《武肃王八训》《武肃王遗训》《钱氏家训》三则家训。

---

① 《新五代史·钱镠传》。

《武肃王八训》是钱镠于后梁太祖乾化二年(912)正月亲自订立的。其全文如下：

一曰：吾祖自晋朝过江，已经二十七代，承京公枝叶，居住安国。吾七岁修文，十七习武，二十一上入军。江南多事，溪洞猖獗，训练义师，助州县平溪洞。寻佐陇西，镇临石镜。又值黄巢大寇奔冲，日夜领兵，七十来战，固守安国、余杭、於潜等县，免被焚烧。自后辅佐杭州郡守，为十三都指挥使。值刘汉宏谶起金刀，拟兴东土。此时挂甲七年，身经百战，方定东瓯，初领郡印，寻加廉察。又值刘浩作乱于京口，将兵收复，即绾浙西节旄。又值陇西僭号，诏敕兴兵，三年收复罗平，蒙大唐双授两浙节制，加封郡王。自是恭奉化条，匡扶九帝，家传衣锦，立戟私门。梁室受禅，三帝加爵，封锡国号。后唐兴霸，重封国号。玉册金符专降，使臣宣扬帝道，受非常之叨忝，播今古之嘉名。自固封疆，勤修贡奉。吾五十年理政钱塘，无一日耽于三惑，孜孜矻矻，皆为万姓三军，父子土客之军，并是一家之体。

二曰：自吾主军六十年来，见天下多少兴亡成败，孝于家者十无一二，忠于国者百无一人。予志佐九州，誓匡王室。依吾法则，世代可受光荣；如违吾理，一朝兴亡不定。

三曰：吾见江西钟氏，养子不睦，自相图谋，亡败其家，星分瓦解。又见河中王氏，幽州刘氏，皆兄弟不顺不从，自相鱼肉，构讼破家，子孙遂皆绝种。又见襄州赵氏，鄂州杜氏，青州王氏，皆被小人斗狯，尽丧家门。汝等兄弟，或分守节制，或连绾郡符，五升国号，一领藩节。汝等各立台衡，并存功业。古人云：妻子如衣服，衣服破而更新；兄弟如手足，手足断而难续。汝等恭承王法，莫纵骄奢。兄弟相同，上下和睦。

四曰：为婚姻须择门户，不得将骨肉流落他乡，及与小下之家，污辱门风。所娶之家，亦须拣择门阀。宗国旧亲，是吾乡县人物，粗知礼义，便可为亲；若他处人，必不合祖宗之望。

五曰：莫欺孤幼，莫损平民，莫信谗人，莫听妇言。

六曰：两国管内，绫绢绸绵等贼，盖谓吾广种桑麻；斗米十文，盖谓吾遍开荒亩。莫广爱资财，莫贪人钱物。教人勤耕勤种，岁岁自得丰盈。

七曰：吾家门世代居衣锦之城郭，守高祖之松楸，今日兴隆，化家为国，子孙后代，莫轻弃吾祖先。

八曰：吾立名之后，须子孙绍续家风，宣明礼教。子孙若不忠不孝，不仁不义，便是破财灭门。千叮万嘱，慎勿违训。[①]

《武肃王遗训》是钱镠临死之前所作。其文如下：

余自束发以来，少贫苦，肩负米以养亲。稍有余暇，温理《春秋》，兼读《武经》。十七而习兵法，二十一投军。适黄巢叛，四方豪杰并起，唐室之衰微，皆由文官爱钱，武将惜命，托言讨贼，空言复仇，而于国计民生全无实济。余世沐唐恩，目击人情乖忤，心忧时事艰危，变报络绎，社稷将倾。余于二十四得功，由石镜镇百总，枕甲提戈，一心杀贼，每战必克。大江以内十四州军，悉为保障。故由副使迁至国王，垂五十余年。身经数百战，其间叛贼诛而神人快，国宪立而忠义彰。无如天方降祸，霸主频生，余固心存唐室，惟以顺天而不敢违者，实恐生民涂炭，因负不臣之名，而恭顺新朝，此余之隐痛也。尔等现居高官厚禄，宜作忠臣孝子，做一出人头地事，可寿山河，可光俎豆，则虽死犹生。倘图眼前富贵，一味骄奢淫佚，死后荒烟蔓草，过丘墟而不知谁者，则浮生若梦矣。十四州百姓，系吴越之根本。圣人有言：敬事而信，节用而爱人，使民以时。又云：恭则不侮，宽则得众，信则民任焉。敏则有功，惠则足以使人。又云：省刑罚，薄税敛；又云：惟孝友于兄弟。此数章书，尔等少年所读，倘常存于心，时刻体会，则百姓安而兄弟睦，家道和而国治平矣。至元琳、元琛、元璠、元璝、元勖、元禧，俱系幼稚，不特现在之饮食、教训，均宜尔等加意友爱，即成人婚配，亦须尔等代余主持。元璲、元瓘、元球等中年逝世，遗子幼小，亦宜教养怜惜，视犹己子，毋分彼此。将吏士卒，期于宽严并济，举措得宜，则国家兴隆。余之化家为国，凤篆龙纶，堆盈几案，实由敬上惜下，包含正气而能得此。每慨往代衰亡，皆由亲小人，远贤人，居心傲慢，动止失宜之故。正所谓德薄而位尊，智小而谋大，未有不遭倾覆之患也。尔等各守郡符，须遵吾语。余自主军以来，见天下多少兴亡成败，孝于亲者十无一二，忠于君者百无一人。是以：

第一，要尔等心存忠孝，爱兵恤民。

第二，凡中国之君，虽易异姓，宜善事之。

① 钱文选辑：《钱氏家乘》，1939年印，第139—140页。

第三，要度德量力而识时务，如遇真主，宜速归附。圣人云：顺天者存。又云：民为贵，社稷次之。免动干戈，即所以爱民也。如违吾语，立见消亡；依我训言，世代可受光荣。

第四，余理政钱塘五十余年如一日，孜孜兀兀，视万姓三军，并是一家之体。

第五，戒听妇言而伤骨肉。古云：妻妾如衣服，兄弟如手足，衣服破，犹可新，手足断，难再续。

第六，婚姻须择阀阅之家，不可图色美而与下贱人结缡，以致污辱门风。

第七，多设养济院，收养无告四民；添设育婴堂，稽查乳媪，勿致阳奉阴违，凌虐幼孩。

第八，吴越境内，绫绢绸绵，皆余教人广种桑麻；斗米十文，亦余教人开辟荒亩。凡此一丝一粒，皆民人汗积辛勤，才得岁岁丰盈。汝等莫爱财，无厌征收，毋图安乐逸豫，毋恃势而作威，毋得罪于群臣百姓。

第九，吾家世代居衣锦之城郭，守高祖之松楸，今日兴隆，化家为国，子孙后代，莫轻弃吾祖先。

第十，吾立名之后，在子孙绍续家风，宣明礼教，此长享富贵之法也。倘有子孙不忠不孝，不仁不义，便是坏我家风，须当鸣鼓而攻。千叮万嘱，慎体吾意，尔等勉旃，毋负吾训。[①]

《钱氏家训》则是由钱文选采录编辑而成。全文分“个人”“家庭”“社会”“国家”四个部分，全文如下：

个人

心术不可得罪于天地，言行皆当无愧于圣贤。

曾子之三省勿忘，程子之四箴宜佩。

持躬不可不谨严，临财不可不廉介。

处事不可不决断，存心不可不宽厚。

尽前行者地步窄，向后看者眼界宽。

花繁柳密处拨得开，方见手段；风狂雨骤时立得定，才是脚跟。

① 钱文选辑：《钱氏家乘》，1939 年印，第 140—142 页。

能改过则天地不怒，能安分则鬼神无权。

读经传则根柢深，看史鉴则议论伟。

能文章则称述多，蓄道德则福报厚。

家庭

欲造优美之家庭，须立良好之规则。

内外门闾整洁，尊卑次序谨严。

父母伯叔孝敬欢愉，妯娌弟兄和睦友爱。

祖宗虽远，祭祀宜诚；子孙虽愚，诗书须读。

娶媳求淑女，勿计妆奁；嫁女择佳婿，勿慕富贵。

家富提携宗族，置义塾与公田；岁饥赈济亲朋，筹仁浆与义粟。

勤俭为本，自必丰亨；忠厚传家，乃能长久。

社会

信交朋友，惠普乡邻。

恤寡矜孤，敬老怀幼。

救灾周急，排难解纷。

修桥路以利从行，造河船以济众渡

兴启蒙之义塾，设积谷之社仓。

私见尽要铲除，公益概行提倡。

不见利而起谋，不见才而生嫉。

小人固当远，断不可显为仇敌；君子固当亲，亦不可曲为附和。

国家

执法如山，守身如玉。

爱民如子，去蠹如仇。

严以驭役，宽以恤民。

官肯着意一分，民受十分之惠；上能吃苦一点，民沾万点之恩。

利在一身勿谋也，利在天下者必谋之；利在一时固谋也，利在万世者更谋之。

大智兴邦，不过集众思；大愚误国，只为好自用。

聪明睿智，守之以愚；功被天下，守之以让。
勇力振世，守之以怯；富有四海，守之以谦。
庙堂之上，以养正气为先；海宇之内，以养元气为本。
务本节用则国富，进贤使能则国强。
兴学育才则国盛，交邻有道则国安。[1]

钱镠遗训是中国家教家训家风传承史上重要的文化遗产，它对于钱氏后人以及中华民族的家庭建设都有着重要的作用。自钱镠以后，钱氏后人都秉承祖训，绍续家风，绵延文脉，造就了吴越钱氏一门世代家风谨严，人才兴盛的传奇。

---

① 钱文选辑：《钱氏家乘》，1939 年印，第 142—143 页。

第五章
宋辽金元的家教和家风

第一节　范仲淹、范纯仁父子确立范氏清廉节俭家风

“先天下之忧而忧，后天下之乐而乐”是北宋政治家、文学家范仲淹在《岳阳楼记》写下的名句，传诵千古，表达了他以天下为己任的胸怀。在治家方面，范仲淹同样以先忧后乐的精神，在中国家教家训和家风文化传承史上书写了浓墨重彩的一笔。

范仲淹：“出为名相，处为名贤。乐在人后，忧在人先”

范仲淹（989—1052），字希文，苏州吴县人。其先祖范履冰，字始凝，怀州河内人。在唐武周时期曾任宰相。范仲淹的高祖范隋，在唐懿宗时曾任丽水县丞，遂徙家江南，定居于吴县。五代时，范仲淹的曾祖、祖父都曾在吴越国任职。范仲淹父亲范墉早年也在吴越国为官。宋朝建立后，吴越国纳土归宋，范墉也随钱王俶归宋，任武宁军节度掌书记。宋太宗端拱二年（989），范仲淹出生于徐州节度掌书记官舍。宋太宗淳化元年（990），范墉因病死于任所，其时范仲淹只有两岁。范墉为官清廉，家中并无积蓄。范仲淹母亲在官府和亲友的帮助下，将丈夫的灵柩运回苏州老家安葬。后生活无依无靠，就带着范仲淹改嫁淄州长山人朱文翰。范仲淹也改从朱姓，取名朱说。

范仲淹从小就有志行操守。在长山，他苦读于醴泉寺。因家境贫寒，每次都将小米粥隔夜熬好，使之冷却凝结。然后用小刀将粥糊一切为四，早晚各食两块，伴以腌菜就食。这就是范仲淹"断齑画粥"苦读的故事。年稍长，范仲淹了解了自己的家世，决心出外闯荡一番。于是，他就怀着对母亲的感恩之情，哭别母亲，来到应天府应天书院学习。在学期间，他苦读经年，寒冬腊月，读书困倦，就以冷水冲脸，待头脑清醒后继续用功；饭食不继，经常以糜粥充饥。这样的生活，这样的苦读，一般人难以忍受，但是范仲淹却乐在其中，从不言苦。宋真宗大中祥符八年(1015)，范仲淹金榜题名，考中进士，被授以广德军司理参军。于是，便把母亲接来奉养。后改任亳州集庆军节度推官的时候，就上表复姓归宗，恢复范仲淹之名。

宋仁宗天圣中任西溪盐官，参与重修捍海堰。景祐二年(1035)，以天章阁待制权知开封府。次年，上《百官图》议朝政，被指为朋党，贬知饶州。宝元三年(1040)西夏攻延州，他与韩琦同任陕西经略副使，改革军制，巩固边防。庆历三年(1043)任参知政事，建议十事，主张建立严密的任官制度，注意农桑，整顿武备，推行法治，减轻徭役。因遭保守派反对，不能实现，他亦罢去执政，出任陕西四路宣抚使。皇祐四年(1052)，他在由青州前往颍州途中病死于徐州，终年64岁。在范仲淹得病之时，宋仁宗不断派遣使者赐药慰问病情。得到范仲淹丧报后宋宗仁嗟悼不已，亲书其碑曰"褒贤之碑"，赠兵部尚书，谥"文正"。

范仲淹作为一代名臣，为官有敢言之名。多次上书议政，希望革新政治，富国强兵。由于他刚直不阿，屡次因忤逆权贵而被贬为地方官。为此，梅尧臣出于好心，作《灵乌赋》力劝范仲淹少说话、少管闲事，不要因言罹祸。范仲淹回作《灵乌赋》，称自己"宁鸣而死，不默而生"，表达了自己宁愿为民请命而死的凛然大节。他的"宁鸣而死，不默而生"和"先天下之忧而忧，后天下之乐而乐"一样，同为人们千古传诵。

范仲淹先后任亳州、泰州、河中府、睦州、苏州、饶州、润州、越州、邠州、邓州等处地方官，同情百姓疾苦，施政以养民为先，兴修水利，发展生产，官声卓著，深受百姓爱戴和追念。范仲淹文武兼备，智谋过人，居边三年，与前线将士同甘共苦，有效抗击西夏，大大加强了宋朝的防御力量。同时，由于他勤政爱民，深得当地百姓爱戴。邠州、庆州的百姓和众多的羌部族，在其生前就悬挂他的画像以祭拜。范仲淹去世后，闻知消息的人无不扼腕叹息，羌部族的数百首领，像孝子一样放声痛哭，并斋戒三日以后才离开。范仲淹领导的庆历革新运动，虽只推行一年，却开北宋改革风气之先，成为王安石"熙宁变法"的前奏。他重视教育，在地方兴办学校，培育人才，对宋代学术文化事业的发展做出了卓越的贡献。他的文学才能也冠绝一时，是北宋中期诗文革新的倡导者之一。他的名句“先天下之忧而忧，后天下之乐而乐”，不仅反映了他对国家的高度责任感，对当时士大夫矫厉尚风节，起到引领示范作用。

和范仲淹同时代的欧阳修、王安石、苏轼都对范仲淹给予了很高的评价。欧阳修称范仲淹：“公少有大节，于富贵、贫贱、毁誉、欢戚，不一动其心，而慨然有志于天下”[①]；王安石称范仲淹：“呜呼我公，一世之师。由初迄终，名节无疵”[②]；苏轼称范仲淹：“出为名相，处为名贤。乐在人后，忧在人先。”

范仲淹治家的方方面面

南宋学者吕中曾说过这样一段话：“先儒论本朝人物，以仲淹为第一。观其所学，必忠孝为本。”[③]这是后人对范仲淹的一个评价，强调了“观其所学，必忠孝为本。”这一点，充分体现了范仲淹治家的成就。

一是事母至孝，忠孝为本。在范仲淹出生的第二年，父亲病故，母亲谢氏被生活所迫而改嫁他人。范仲淹从小由母亲开蒙读书识字。因家贫，买不起笔墨纸张，只能在地上用树枝练习写字。等范仲淹稍长了解自己家世以后，“感泣辞母”，到应天府求学。考中进士，任广德军司理参军，即将母亲接到任所悉心奉养。宋仁宗天圣五年(1027)，母亲病故，范仲淹为母守丧去官。因为母亲在时家贫，等母亲去世以后，范仲淹从来不忘母亲是怎么含辛茹苦操持这个家庭的。他在给儿子的信中说：“吾贫时，与汝母养吾亲，汝母躬执炊而吾亲甘旨，未尝充也。今得厚禄，欲以养亲，亲不在矣。汝母已早世，吾所最恨者，忍令若曹享富贵之乐也。”范仲淹告诉儿子，当年家贫，他和妻子赡养母亲，悉心侍奉，但家中经济不宽裕。等到做高官得俸禄，要想更好地侍奉母亲，母亲却不在了。“欲以养亲，亲不在矣”，这句话说出了范仲淹内心对母亲的歉疚之情。“树欲静而风不停，子欲养而亲不待。”《孔子家语》中的这句话说出了多少家庭、多少子女为不能及时报答父母双亲劬劳养育之恩而留下的无尽遗憾啊。范仲淹以自己孝母的事例及“欲以养亲，亲不在矣”的遗憾来教育子女“孝养有时”。

二是廉洁奉公，不徇私情。范仲淹告诫自己的孩子：“惟勤学奉公，勿忧前

---

① 欧阳修：《文忠集》。
② 王安石：《临川集》。
③ 《宋史全文·卷九上》。

路。慎勿作书求人荐拔，但自充实为妙。”[1]这是要求孩子一心勤学奉公，不要担心自己的前途。切记不要通过写信求人来推荐提拔自己，要以不断充实自己为妙。他要求孩子在社会交往方面谨慎，“京师少往还，凡见利处便须思患”[2]。告诫孩子身处京城要少和别人往来，凡见到有利的地方便要想到有后患隐藏。他以自己的经历来告诉儿子：“老夫屡经风波，惟能忍穷，故得免祸。”[3]自己一生虽然屡经风波，但是能耐得住寂寞穷困，所以能够免除灾祸。这里，他实际上提出要孩子做到如孔子所说“君子固穷”，即安贫乐道，不失节操。他要求儿子做官“小心不得欺事”，“莫纵乡亲来部下兴贩，自家且一向清心做官，莫营私利”[4]。这是要求孩子小心为官，不得作任何欺心之事。不要放纵允许乡亲来到自己管辖的地方做生意。要像他自己那样清心做官，不去谋取私利。有一次，哥哥范仲温要求范仲淹给自己的儿子们谋个一官半职。范仲淹立即回信拒绝，并告诫两位侄子要苦学求成，不要想着攀关系、走捷径。

三是自奉清苦，勤俭持家。范仲淹从小就过着贫寒的生活，后来虽然做高官，但从来没有忘记勤俭持家。因此，做官以后，他一直保持贫穷时的生活习惯。《宋史·范仲淹传》称范仲淹：“以母在时方贫，其后虽贵，非宾客不重肉。妻子衣食，仅能自充。”家里只有在招待宾客之时才多加肉食；妻子和孩子吃的、穿的，也都朴素简单到仅能自给自足。甚至在他死后，“敛无新衣，友人醵资以奉葬”[5]。范仲淹在给自己弟弟的一封信中说：“贤弟请宽心将息，虽清贫，但身安为重。家间苦淡，士之常也，省去冗口可矣。”[6]他要弟弟安心养病，家中虽清贫，但以身体康健为最重要。家庭生活的清苦平淡，这也是读书人家中的常事。可以省去家中闲散多余之人来节省日常开支。这些话出于一位高官之口真实难以想象。范仲淹的这种俭朴生活方式对子女产生很大影响。他的第二个儿子范纯仁后来当了宰相，赓续家风，过着清苦节俭的生活。据朱弁《曲洧旧闻》记：“范氏自文正公贵，以清苦俭约称于世，子孙皆守家法也。忠宣正拜后，尝留晁美叔同匕箸，美叔退谓人曰：‘丞相变家风矣。’或问之，晁答曰：‘盐豉棋子而上，有肉两簇，岂非变

---

① 刘清之：《戒子通录》卷六。
② 刘清之：《戒子通录》卷六。
③ 刘清之：《戒子通录》卷六。
④ 刘清之：《戒子通录》卷六。
⑤ 富弼：《范文正公仲淹墓志铭》。
⑥ 刘清之：《戒子通录》卷六。

家风乎?’人莫不大笑。”[1]这里的“忠宣”就是范纯仁,晁美叔即晁端彦,当时在秘书监任职,是范纯仁的同僚。有一天,身为宰相的范纯仁留晁美叔端在家吃饭,晁美叔吃过饭以后就对别人说:“范丞相的家风变了!”人家问:“是怎么个变法?”晁美叔说:“吃饭的时候,桌子上有几根咸豆角,像棋子一样排列在碟子里,咸豆角的上面放了两小片肉。从前,他穷的时候,只有几根咸菜;如今,居然加了两小片肉,这难道不是家风变了吗?”人家听了笑得合不拢嘴,都清楚范家的节俭家风其实一点都没有变。范仲淹的俭朴家风还体现在为儿子娶妻的这件家庭大事上。有一次,范纯仁要娶妻,妻子是官宦之女,想要婚礼办得风光一些,便提出用罗绮做帷幔。范仲淹听后很不高兴,说道:“罗绮岂帷幔之物耶?吾家素清俭,安得乱吾家法?敢持至吾家,当火于庭。”最后,新妇吓得再也不敢铺张浪费了。他常对人说:“惟俭可以助廉,惟恕可以成德。”并以此来教育子女勤俭。

四是乐善好施,慷慨助人。范仲淹对自己、对家人要求严格,清廉俭朴,但在施舍他人方面却显得大度有义。他在写给儿子的信中说:“吴中宗族甚众,于吾固有亲疏,然以吾祖宗视之,则均是子孙,固无亲疏也。苟祖宗之意无亲疏,则饥寒者吾安得不恤也。自祖宗来积德百余年,而始发于吾,得至大官,若享富贵而不恤宗族,异日何以见祖宗于地下?今何颜以入家庙乎?”他这段话的大意是说:吴中地区范氏宗族甚多,于我固然有亲有疏,但都是范氏子孙,因此就不能别亲疏之分。我现在身为大官,如果只知独享富贵而不体恤照顾宗族,那么将来我有何面目去见列祖列宗,现在又有什么脸面进家庙呢?范仲淹在担任邠州知州时,有一次登楼饮酒,尚未举杯,就看到几个人披麻戴孝地营造葬具。范仲淹急忙派人询问,得知是一名书生客死邠州,准备就近埋葬,但墓穴、棺材和治丧用具尚未制备。范仲淹听后非常悲伤,立即撤去酒席,并赠以钱财,使其得办丧事。一次,范仲淹让次子范纯仁自苏州运麦至四川。范纯仁回来时碰见熟人石曼卿,得知他逢亲之丧,无钱运柩返乡,便将一船的麦子全部送给了他,助其还乡。范纯仁回到家中,没敢提及此事。范仲淹问他在苏州遇到朋友了没有,范纯仁回答说:“路过丹阳时,碰到了石曼卿,他因亲人丧事,没钱运柩回乡,而被困在那里。”范仲淹立刻说道:“你为什么不把船上的麦子全部送给他呢?”范纯仁回答说:“我已经送给他了。”范仲淹听后,对儿子的做法非常高兴,并夸奖他做得对。宋仁宗皇祐元年(1049),范仲淹调知杭州。子弟以范仲淹有隐退之意,商议购置田产以供

[1] 《曲洧旧闻》,中华书局2002年版,第121页。

其安享晚年，范仲淹严词拒绝。十月，范仲淹出资购买良田千亩，让其兄范仲温找贤人经营，成立范氏义庄，对范氏远祖的后代子孙义赠口粮，并资助婚丧嫁娶等用度。所谓义庄，是中国历史上大家族为团结本族成员，维护本族、本乡公益而设置的田庄，所得田租用于祭祀、兴办学堂、资助应举赴考、接济孤寡贫困、灾伤疾病及补助嫁娶丧葬等。范仲淹以自己的俸禄设置的吴中义庄，是中国设置义庄之始。

“布衣宰相”范纯仁

范仲淹有四个儿子，分别是范纯佑、范纯仁、范纯礼、范纯粹。这四个孩子在范仲淹的教育下都赓续家风，各有成就。范仲淹曾评价说：“纯仁得其忠，纯礼得其静，纯粹得其略。”[①]其中，以范纯仁成就最大。

范纯祐(1024—1063)，字天成，范仲淹长子。他自幼为人机警明敏，有悟性，尚节行。孝敬父母，从不忤逆父母意愿。10岁时就熟读诸书，能写文章，很有名气。一次见富弼家办丧事，随葬品全是锡制品，却漆成黄金的样子，范纯佑认为这样一来会让外人以为随葬的都是金器，坟茔会有被盗的危险。他早年拜著名学者胡瑗为师。通兵书，曾随父亲范仲淹到西北抵御西夏，建有功勋。在许昌养病之时，富弼前来探视，他问富弼此来为公为私，富弼回答说为公，范存祐说“公则可”。后不幸于40岁时就病逝。范纯礼(1031—1106)，字彝叟，一作夷叟，范仲淹第三子。早年荫任秘书省正字，知遂州。宋哲宗元祐初，入京为吏部郎中，进给事中，曾与苏轼同侍禁中。徽宗时，以龙图阁直学士知开封府，擢拔为尚书右丞，崇宁年间贬静江军节度副使。宋徽宗崇宁五年(1106)，提举鸿庆宫。范纯礼为官多次直言谏奏，史称“沉毅刚正”。是年冬天病逝，年76岁。范纯粹(1046—1117)，字德孺，范仲淹第四子。个性沉毅，有干略。以荫入仕，迁至赞善大夫、检正中最后以徽猷阁待制致仕。范纯粹为官敢言，论事剀切，曾上疏论朝廷“卖官之滥”。宋徽宗政和七年(1117)病逝，年72岁。

范纯仁(1027—1101)，字尧夫，范仲淹次子。天资聪敏警悟，8岁时就能够讲解所学之书。以父荫任太常寺太祝。宋仁宗皇祐元年(1049)中进士。被任为武进县县令。但他以离开父母太远而不去赴任，把他另派到长葛县担任县令，他又没有接受。范仲淹就问儿子：“原来安排你到武进任职，你以离开父母远而不

① 《宋史·范纯仁传》。

上任，现在长葛县离开我们近了，你还是不去，又有什么可说的呢?”范纯仁回答说:“我难道能够看中做官获得的俸禄，而轻易离开父母吗? 现在长葛县离开你们虽近，但也不能就近来侍奉赡养你们啊!”表达了他对父母的一片孝心。

范仲淹作为学者，在他门下集合了一批学者如胡瑗、孙复、石介、李觏等。范纯仁跟着他们学习，昼夜用功。在这些学者的指导下，他每天到半夜都不休息安寝，将蜡烛置于帐中继续用功，以致将帐子顶部都熏染成黑色了。一直到范仲淹逝世以后，范纯仁方才出仕为官，以著作佐郎身份任襄城县县令。他的哥哥范纯祐患有心疾，范纯仁对待长兄就像对待父亲一样侍奉于病榻之前，哥哥无论是服药饮食、穿衣休息，都由他亲自安排。当时有人请他任幕僚，他以哥哥的疾病为由而拒绝了。宋庠推荐他入馆阁任职，他说在京城天子的辇毂之下，不利于哥哥养病，又拒绝了。富弼很可惜地责怪说:“台阁之任难道是容易得到的吗? 你何必这样呢?”但范纯仁最终还是没有就任，继续在家侍疾哥哥。哥哥病故以后，葬于洛阳。韩琦、富弼致信洛阳尹，请他出资帮助安葬。直到丧事办完，洛阳尹才知道，就责怪范纯仁为什么不事先告知，范纯仁回答说:“这是我们家的私事，财力足够办了，为什么还要由公家出资办呢?”

范纯仁任职从地方到朝中，又从当朝被贬地方。宋徽宗即位以后，被授光禄卿，分司南京、邓州居住。范纯仁患有目疾，在养病期间，宋徽宗派遣中使赐茶药，下谕称范纯仁“言事忠直，今虚相位以待”，很关心范纯仁的眼疾治疗情况。宋徽宗建中靖国元年(1101)，范纯仁在安睡中去世，年75岁，谥“忠宣”，宋徽宗题碑额曰:“世济忠直之碑。”

范纯仁为官清廉正直，大有范仲淹之风。范纯仁与司马光在政治观点上比较一致，但遇到朝中大事，与司马光有不同意见，“临事规正”，绝不含糊。范纯仁被贬到边关庆州，赴任前被宋神宗召见。宋神宗说:“你的父亲范仲淹曾在庆州抵御外敌很有威名，你跟随父亲这么长时间，一定精通兵法，熟悉边关事务。”范纯仁实事求是地回答说:“臣本儒家，从未学过军事兵法。先父守边关时，臣尚年幼，不记得当年之事。再说现在事势和当年已不同，陛下如果让臣到边关修缮城池，爱护善养百姓，臣不敢推辞;如果让臣去开拓疆土，还是另外考虑更合适的将帅吧。”

宋神宗的母亲宣仁太后有一次召见范纯仁，对他说:“卿父亲范仲淹，可谓忠臣，在明肃皇后(即宋真宗赵恒皇后刘娥)垂帘听政时就力劝皇后要尽为母之道。明肃皇后死了以后又劝仁宗皇帝要尽为子之道。”宣仁太后要求范纯仁也要像他父亲那样。范纯仁当即表示“敢不尽忠”。后来宣仁太后薨，宋哲宗亲政，范纯仁提出避位退休。宋哲宗对吕大防说：“范纯仁深孚时望，不应该让他离朝，你可为朕留住他。”

范纯仁作为宰相，负有为朝廷举荐人才的责任。范纯仁所荐举的人才一定以天下公议，被举荐人并不知道出自范纯仁所荐。有人对范纯仁说：“你身为宰相，岂可不趁机笼络天下英才，让他们都知道出自你的门下。”范纯仁正色回答道：“只要朝廷所进用之人不失走为正道之人，何必要让人知道是不是出自我的门下。”种古曾因私怨诬告过范纯仁，使范纯仁受贬黜。但范纯仁依然推荐种古任重要职务。范纯仁对此说：“我先人曾与种氏有世交，我们做后辈的岂能为事所讼，去讨论什么是非曲直啊。”苏轼的弟弟苏辙平日与范纯仁意见多有不合，一次在论殿试策问时惹恼了宋哲宗，宋哲宗命苏辙下殿待罪。这时众大臣都不敢仰视，只有范纯仁出面为苏辙从容辩解，认为苏辙所言乃就事论事，对皇上并没有不敬之意，才使得宋哲宗怒气稍解。对此，苏辙对范纯仁的人品很是佩服。

范纯仁性格平易宽简，在生活中从不以声色加人。但事关大义，则凛然而不稍有屈服。他完全继承了父亲范仲淹的优良作风，赓续了范仲淹所倡立的家风，自己从一个布衣直到成为一国宰相，“廉俭如一”，不因地位骤变而作风随之而变。其父范仲淹所创立的义庄，他也为之操心，凡是所得皇上奉赐，都投在义庄，增加义庄的资金周转，以惠及庄族亲友。遇到有荫恩的机会，首先考虑较为疏远的亲族，自己的至亲反而难以轮到。在他身殁之时，他最小的儿子和五个孙子都还没有任官。《宋史》评价范纯仁说：“纯仁位过其父，而几有父风。”在民间，范纯仁也得了一个“布衣宰相”的雅号，“布衣”两字，就是称赞他不改清廉节俭之本色。

范仲淹的第三代，也各有所成，使范仲淹所确立的范氏家风得以发扬光大。

范仲淹、范纯仁的家训遗言

范仲淹和范纯仁父子，在治家的过程中，都为子孙留下了家训、遗言。关于范仲淹的家训，主要集中在他留下的书信中。他的子孙将其在世时写下的手简，辑成《范文正公尺牍》共 3 卷，其中有家书 36 封。宋代的刘清之曾以摘要的形式录了 9 则，收录在《戒子通录》中。这 9 则家信全文如下：

吾贫时，与汝母养吾亲，汝母躬执炊而吾亲甘旨，未尝充也。今得厚禄，欲以养亲，亲不在矣。汝母已早世，吾所最恨者，忍令若曹享富贵之乐也。

吴中宗族甚众，于吾固有亲疏，然以吾祖宗视之，则均是子孙，固无亲疏也。苟祖宗之意无亲疏，则饥寒者吾安得不恤也。自祖宗来积德百余年，而始发于吾，得至大官，若享富贵而不恤宗族，异日何以见祖宗于地下？今何颜以入家庙乎？

京师交友，慎于高议，不同当言责之地。且温习文字，清心洁行，以自树立平生之称。当见大节，不必窃论曲直，取小名招大悔矣。

京师少往还，凡见利处，便须思患。老夫屡经风波，惟能忍穷，故得免祸。

大参到任，必受知也。惟勤学奉公，勿忧前路。慎勿作书求人荐拔，但自充实为妙。

将就大对，诚吾道之风采，宜谦下兢畏，以副士望。

青春何苦多病，岂不以摄生为意耶？门才起立，宗族未受赐，有文学称，亦未为国家用。岂肯循常人之情，轻其身汩其志哉！

贤弟请宽心将息，虽清贫，但身安为重。家间苦淡，士之常也，省去冗口可矣。请多著工夫看道书，见寿而康者，问其所以。则有所得矣。

汝守官处小心不得欺事，与同官和睦多礼，有事只与同官议，莫与公人商量。莫纵乡亲来部下兴贩，自家且一向清心做官，莫营私利。

这9则书信，大多是写给儿子的，另有1则是写给弟弟的。在书信中，范仲淹对家人提出了孝亲、做人、为官、治家、修身、养生以及待人接物、赒济宗族等方面的要求，言简意赅，极有针对性。

范纯仁的家训，保留在《宋史·范纯仁传》中。如他曾经说："吾平生所学，得之忠恕二字，一生用不尽。以至立朝事君，接待僚友，亲睦宗族，未尝须臾离此也。"他经常戒子弟说："人虽至愚，责人则明；虽有聪明，恕己则昏。苟能以责人之心责己，恕己之心恕人，不患不至圣贤地位也。"又戒曰："《六经》，圣人之事也。知一字则行一字。要须'造次颠沛必于是'，则所谓'有为者亦若是'尔。岂不在人邪？"他的弟弟范纯粹在关中陕西一带，范纯仁担心弟弟有急切立功于边陲之意，就写信告诫他道："大辂与柴车争逐，明珠与瓦砾相触，君子与小人斗力，中国与外邦校胜负，非唯不可胜，兼亦不足胜，不唯不足胜，虽胜亦非也。"这段话是告诫弟弟，和西夏等外邦不要轻启战端。有一次他的亲族来向他请教如何为官做人，范纯仁说出了两句名言，即“惟俭可以助廉，惟恕可以成德”。

第二节　从司马光的《训俭示康》看其家风

在中国古代顶级的历史学家中，一向有“两司马”之说，一位是指西汉司马迁，他写下了中国第一部纪传体通史《史记》；另一位是北宋司马光，他主持完成了编年体通史《资治通鉴》。司马迁的《史记》和司马光的《资治通鉴》并列为中国史学的不朽巨著。司马迁和司马光，如双峰对峙，双水并流，成为中国古代史学家的杰出代表。然而，作为历史学家的司马光，还以他的《家范》《训俭示康》，在中国家教家训和家风文化传承史上占据着重要地位。

司马光父亲司马池“以清直仁厚闻于天下，号称一时名臣”

司马光(1019—1086)，北宋大臣、史学家。字君实，号迂叟，陕州夏县涑水乡人，世称涑水先生。

司马光的祖父司马炫，举进士，历任秘书省校书郎、耀州富平县知事，病逝于任上。司马光自高祖、曾祖到祖父，“皆以气节闻于乡里”[①]。父亲司马池(980—1041)，字和中。他早年丧父，父亲留下资财数十万，他全部让给了伯父和叔父，自己则一心读书。在读书期间，他就关心研读山川地理形势。当时有人在议论，认为官方从蒲坂、窦津、大阳路来回运盐道路回远，费财费时。司马池在参加议论时说，自闻喜翻过山岭而到垣曲，都以为这条路近而便捷。但是，过去的人为什么一定舍近而求远，其中一定有不便通行的原因。大家对司马池所说不以为然。过了不多久，山洪暴发，那些走近道的运盐车队连人带牛、车都被冲入河中。凶信传来，大家才佩服司马池的先见之明。

司马池第一次参加科考时，母亲去世。他的朋友为了不影响司马池考试，藏匿了家中丧报。但司马池由于担心母病，就向朋友提起母病。他的朋友不忍心再瞒着司马池，便把母亲病逝的消息告诉了他。司马池当场大哭，即放弃考试奔丧回家，为母亲服孝举丧。

宋真宗景德二年(1005)，司马池中进士，授永宁县主簿。在永宁，他进出县

① 苏轼：《司马温公行状》，《苏轼全集》，上海古籍出版社 2000 年版，第 964 页。

衙都骑着驴。他和县令关系不好,有一次他因公事去谒见县令,县令很傲慢地坐在那里不起身,很没有官场礼貌。司马池不为所动,径直坐下和县令讨论政事,公事公办,并没有在县令的傲慢态度面前有丝毫屈服退让。后调到郫县任县尉。到任时,郫县社会上有谣言说守边部队叛乱,吓得主簿称病不办公,司马池临危受命代管全县政务。后又历任郑州防御判官、光山知县等职,俱有政绩,积有良好官声。司马池为人正直,枢密使曹利用上奏朝廷举荐司马池任群牧判官,司马池辞谢不就,但朝廷还是任他为群牧判官。曹利用就委托他负责征收大臣们所欠的进马费用。司马池经过调查后对曹利用说:"政令不能实行,是因为上级首先违犯。你所欠的马费还很多,不先偿还,我怎么去催促他人呢?"曹利用惊讶地说:"官员骗我说已替我偿还了。"于是赶紧下令将费用偿还给朝廷,数日之中各负责者都完成了任务。后来曹利用被贬官,他的同党害怕被治罪,反过来讲他坏话的人很多,唯独司马池在朝廷公开宣扬,说曹利用是冤枉的,朝廷最终没有将曹利用问罪。内侍皇甫继明在章献太后住地担任给事,同时代理估马司职务,自称通过买卖马匹为国家赚了丰厚利益,请求提升官职。朝廷把事情交给群牧司处理。但经考查发现国家并没有如皇甫继明所说得到厚利。当时皇甫继明正得势,从制置使以下都附名上奏提拔皇甫继明,唯独司马池加以拒绝。后来朝廷拟让司马池出任开封府推官,诏令下到内阁,但遭到皇甫继明同党的阻止,降职耀州知州。

后来宋仁宗下诏,让司马池到谏院任职,司马池上表恳切地推辞。宋仁宗对宰相说:"别人都一心想晋升,只有司马池却独喜爱降低官职,也真是难能可贵啊。"于是加官直史馆,重新担任凤翔知府。在任期间曾有疑案上诉,大理寺官员立即下来复查。属官十分担心,便引咎辞职。司马池说:"第一把手是政事的主要负责人,不是你们的过失。"于是单独去承担责任,皇帝下诏不要弹劾他。岐阳镇巡检晚上去有钱人家里饮酒,手下士兵捉住了他,迫使巡检做出承诺,答应以后不再管束士卒,士兵这才将其释放。司马池了解此事后,将为首的士卒抓来杀了。巡检也因此被罢免。

司马池性情质朴平和,调杭州知州时对驿站不怎么装修,不怎么擅长处理繁杂的事务,加之又不太了解杭州一带风土民情,因此被转运使江钧、张从革等弹劾降为虢州知州。起初,司马池遭弹劾时,正碰上有个官吏偷盗官府银器案,审讯时,犯人供认自己是为江钧掌管私人钱柜的,所盗官府银器已经被他拿出卖掉大半。后又发现有越州通判私载个人货物和偷税之事,此人与张从革有姻亲关系，曾派人私下请托过张从革。也就是说弹劾司马池的江钧、张从革都先后卷入两个大案中。有人就说这下司马池可以同时弹劾江钧、张从革报仇了。但司马池却明确表示自己不会这样做。司马池这种不报私仇来泄愤的态度被大家称赞为有长者风度。后来任晋州知府，宋仁宗庆历元年（1041）逝于任上，年62岁。死后被追封温国公，赠太师。苏轼在《司马温公行状》中称司马池："以文学行义事真宗、仁宗为转运使、御史、知杂事、三司副使，历知凤翔、河中、同、杭、虢、晋六州，以清直仁厚闻于天下，号称一时名臣。"①

司马旦与弟弟司马光"友爱终始"

司马旦（1006—1087），字伯康，司马光的哥哥。他为人清正耿直，聪敏好强，虑事周详，即使遇到一件小事也要仔细考虑，不找到最合适的解决方法绝不会罢手。他由父荫入仕，做了秘书省的校书郎。

司马旦曾任郑县主簿。郑县有一个姓蔺的妇人通过打官司来谋夺别人的田地，由于她家里很有钱，就收买同伙和县吏，合伙弄虚作假。这个案子前后拖了十年，一直没能审理判决。司马旦到任后，将案子的卷宗拿来一看，就立刻明了案子的是非曲直，查清县衙猾吏收受贿赂、上下其手的真相。经过断案判决，将参与枉法舞弊的十几个衙吏做了不同的处理，为受蒙冤受害的家庭和个人讨回了公道。县里还有一个叫井元庆的人横行乡里，欺压民众，谁也不敢把他怎么样。司马旦查清案子后，立即将这个恶霸擒拿收监，依法治罪。当时司马旦的年纪并不大，初到任时不管是他的上司还是下属，都没有太把他当回事。直到这两个积案的侦破解决和果断处理后，同事都不得不对司马旦表示惊叹和佩服。县中闹蝗灾，县衙组织县吏扑蝗，乘机扰民，老百姓很不满。司马旦提出："蝗虫是老百姓的仇敌，应该让百姓自行扑蝗去灾，然后报送官府。"司马旦提出的这个除蝗方案后来被定为法令。

在司马旦任祁县知县的时候，天大旱，老百姓因遭荒缺乏食粮，群盗乘机四处抢劫。那些富家巨室就自备武器募集兵勇自卫。司马旦立即召集这些富家大族，晓以大义和祸福利害，开导他们赈灾放粮共克时艰。在司马旦的努力下，这些富家大族争相拿出存粮减价出售，使饥民得以渡灾保全，他们竟也从中获得小利。不久，县中盗患也得到平息。司马旦在任宜兴县知县的时候，当地有人好弄

① 苏轼：《苏轼全集》，上海古籍出版社2000年版，第964页。

是非，喜欢通过打官司从中获利。司马旦对此心有准备，每次审案一定深入巡查，穷追到底，将那些操纵讼案的奸诈之徒绳之以法，还将首犯绑在县衙前示众。时间一长，当地民风为之改观，老百姓将犯法和胡乱讼告视作可耻之事。县里有一条大溪流经市中，溪上有长桥利于两岸百姓往来。但长桥年久失修，司马旦就动员县中百姓集资修复，结果没费多少钱和工役人力就完工了。这座长桥的修葺完工给县中百姓的生活带来极大的方便。司马旦后来又历任梁山军、安州郡守，治理措施符合地方实际，又便于推行。他历官17个职位之多，最后官至太中大夫，直到宋神宗熙宁八年(1075)退休，宋哲宗元祐二年(1087)病逝，享年82岁。

司马旦为人清心无欲，淡泊名利。他以官奉侍养家中，别人也不见他家中有多富贵。他与人相交一向重信义，喜欢赒人之急。有一个人因罪被免官而导致家中贫穷，生活困窘，司马旦每个月从自己的俸禄中拿出一部分钱来救济他。这个人非常感动，又无以为报，就提出愿意将自己的女儿送给司马旦为妾。司马旦听后大吃一惊，赶紧拒绝，又拿出自己妻子妆奁中的一部分送给这个人的女儿作嫁妆。

司马旦和弟弟司马光棠棣情深。在很长时间里，司马光居于洛阳，司马旦居于夏县，司马光每年都会专程到夏县探望哥哥，司马旦也会抽时间到洛阳来看望弟弟。司马光在洛阳主编《资治通鉴》，纵论天下事，也得到哥哥的帮助。后来，司马光接到朝廷发自东京的诏令，召他进京任门下侍郎。司马光坚决表示推辞而不受。司马旦立即向弟弟晓之以大义，说："弟弟你平时一直学习尧舜之道，一心要上致国君，报效国家。现在致君报国的时机真的来了，你却违背了自己的志愿。这不是讲究进退的正道啊。"哥哥的这一番话如醍醐灌顶，使司马光顿时幡然醒悟，离开洛阳赴东京就职。《宋史》评论这件事时说："方是时，天下惧光之终不出，及闻此，皆欣然称旦曰：'长者之言也。'"

司马光：恭俭正直，一代名臣

司马光出生时，他的父亲司马池正在光州任光山县令，于是便给他取名"光"。司马光自幼就喜欢读书学习，7岁时，他"凛然如成人，闻讲《左氏春秋》，即能了其大旨"[①]，还为自己家里人讲《左传》中的故事。从此，"手不释书，至不知饥渴寒暑"[②]。司马光虽然深嗜读书，但并不是一个书呆子。"司马光砸缸"的

① 《宋史·司马光传》。
② 《宋史·司马光传》。

故事流传千古，至今为人所乐道，反映了儿时司马光遇事沉着冷静，机智勇敢。其实在当时的东京一带就有人将这个故事画成《小儿击瓮图》广为流传。这也是中国古代儿童教育史上的一则佳话。

宋仁宗宝元元年(1038)，20 岁的司马光中进士甲科，以奉礼郎为华州推官，历任签书武成军判官、大理评事等职。从至和元年(1054)起，又任通判并州事、开封府推官。嘉祐六年(1061)又入朝擢修起居注，同判吏部尚书。宋仁宗末年任天章阁待制兼侍讲知谏院。到了宋英宗朝，进龙图阁直学士，判吏部流内铨。宋英宗治平三年(1066)撰成战国迄秦《通志》八卷，作为封建统治之鉴，得英宗重视，命设局续修。到宋神宗时赐名《资治通鉴》。被任命为枢密副使，坚辞不就。于宋神宗熙宁三年(1070)出知永兴军。次年退居洛阳，以书局自随，继续编撰《资治通鉴》，至元丰七年(1084)成书。《资治通鉴》从发凡起例至删削定稿，都亲自动笔。到元丰八年(1085)宋哲宗赵煦即位，高太后听政，召他入京主国政，次年任尚书左仆射、兼门下侍郎。宋哲宗元祐元年(1086)，担任宰相只有八个月的司马光病逝，年 68 岁。高太后听闻讣讯后，悲痛不已，与宋哲宗前往其府邸祭奠，赐以一品礼服入殓；追赠他为太师、温国公，谥“文正”。哲宗亲自题赐其墓碑名为“忠清粹德”。朝廷又下诏令户部侍郎赵瞻、内侍省押班冯宗道护丧，将司马光的灵柩归葬陕州。他的灵柩送往夏县时，东京的人们罢市前往凭吊，有的人甚至卖掉衣物去参加祭奠，街巷中的哭泣声超过了车水马龙的声音。等到安葬的时候，他们如同失去亲人一样悲哭。

司马光在政治上趋于保守，对王安石变法明确表示反对，在政见上和王安石形成“冰炭不可同器”之势。但是司马光为官正直，他和王安石之间的争论分歧都是为了江山社稷，并不涉及私利。他自出仕，一半时间在洛阳撰写《资治通鉴》。一生清廉恭俭，正直敢言，恪尽臣道。正如苏轼所言：“自少及老，语未尝妄。”[①]司马光历经仁宗、英宗、神宗、哲宗四朝，“皆为人主所敬”[②]，堪称一代名臣。

以身垂范，家风纯正

司马光对父母孝，对哥哥悌，远近闻名。他初入仕以奉礼郎为华州推官，由于父亲司马池在杭州任职，于是他请求签苏州判官事，以便就近事奉双亲，竟得批准。不久，母亲和父亲相继去世，司马光为母亲、父亲服丧达五年。依礼举丧，

---

① 苏轼：《司马温公行状》，《苏轼全集》，上海古籍出版社 2000 年版，第 977 页。
② 苏轼：《司马温公行状》，《苏轼全集》，上海古籍出版社 2000 年版，第 978 页。

弄得形销骨立。父亲病逝于晋州任上，司马光和哥哥司马旦扶着父亲的灵柩回到了故乡夏县，他居于洛阳时，每年都要到夏县为父亲扫墓，而每次都要到哥哥那里去看望哥哥。哥哥年近八十，司马光“奉之如严父，保之如婴儿”。司马光与妻子伉俪情深，但婚后妻子一直没有生育，妻子和岳父家都提出要为司马光纳妾生子，以续司马家香烟，但遭到司马光严词拒绝。后来，他收养了哥哥的儿子司马康作为嗣子悉心教导培养。司马光孝友忠信，恭俭正直，居处有法，动作有礼。即使对家中下人，也是以礼相待。司马光有一个老仆，一直称呼他为“君实秀才”。一次，苏轼来到司马光府邸，听到仆人的称呼，不禁好笑，戏谑曰：“你家主人不是秀才，已经是宰相，大家都称为‘君实相公’！”老仆大吃一惊，以后见了司马光，都毕恭毕敬地尊称他“君实相公”，并高兴地说：“幸得大苏学士教导我……”司马光跌足长叹：“我家这个老仆，活活被子瞻教坏了。”

司马光从小接受着良好的家庭教育。父亲不仅督促他读书学习，并且注重对他的品德教育。司马光五六岁时，有一次吃胡桃，他要给胡桃核去皮，但是不会做。他的姐姐就帮他做，也去不掉。后来正当他姐姐离开一会的时候，他家的婢女用热水烫胡桃核的方法将皮去掉了。姐姐回来就用夸赞的语气问，这个办法是谁想出来的？司马光回答说这是他想出的。后来，他的父亲司马池了解了事情的经过以后，就将司马光找来，批评他说一个小孩子怎么能说谎呢，父亲的批评使司马光羞愧不已。这件事让他留下刻骨铭心的记忆和教训，从此他便不再说谎。宋神宗熙宁六年(1073)，刘安世中进士，从学于司马光，求教做人之要旨。司马光教以诚实，而且要从不乱说话开始。后来刘安世也成为有宋一代名臣。

司马光从小就养成勤俭作风，性情淡泊不喜华靡。长辈给他穿华美的衣服，他总是害羞脸红地把新衣服脱下。甚至在考上进士参加“闻喜宴”时，都不愿戴花。后来同一批考中进士的人提醒他“君赐不可违”，他才戴花一支。司马光在洛阳时，好友范镇从许州来看他。走进屋内，范镇除见到四壁的书架上摆满书籍之外，别无他物。床上的被服更让人感到寒酸，布料早已褪色，补丁连补丁。范镇深感司马光太清苦，返回许州后，让夫人做了一床被子，托人捎给司马光。司马光非常感动，在被头上用隶书端端正正地写上“此物为好友范镇所赠”，一直盖到去世。在洛阳时，司马光住在洛阳西北数十里处的一个陋巷中。冬天室内冷气袭人，盛夏又酷热难熬。有一年冬天，一位客人来访，宾主谈了一会儿，因室内寒冷，客人受冻难挨，司马光很抱歉，只好吩咐熬碗栗子姜汤给客人祛寒。后来，这位客人又去拜访了司马光的好友范镇，便提起了在司马光家受冻之事，抱怨司马光对人冷淡。范镇听了，认真地说："不，你不了解他。他一向崇尚俭朴，不喜欢奢华。不是对你冷淡，我到他家也一样。平日他自己连一杯栗子姜汤也不喝呢！"客人听了十分感动。为解决房屋"夏不避暑，冬不避寒"的问题，司马光便想了个办法：在家中挖地丈余，以砖砌成地下室以避寒暑。当时大臣王拱辰亦居洛阳，宅第豪奢，中堂建屋三层，最上一层称朝天阁，因此，当时洛阳流传这样一句话："王家钻天，司马入地。"司马光的妻子因病去世以后，为了办丧事，他只好把在洛阳仅有的三顷薄田典当出去才得以置棺椁殓葬妻子。妻子死后，司马光的个人生活有了很多困难，他的好友刘贤良要用五十万钱买个女婢供他使唤，司马光当即复信谢绝，说："吾几十年来，食不敢常有肉，衣不敢有纯帛，多穿麻葛粗布，何敢以五十万市一婢乎？"

司马光为官清廉正派，反对官员亲贵挥霍无度。嘉祐八年(1063)，宋仁宗要赏赐司马光等大臣一批金银财宝。司马光即上疏表示反对，指出现在"民穷国困，中外窘迫"，表示不愿接受赏赐。宋仁宗没有接受司马光的谏奏，司马光无奈，只好将自己受赏得到的财物交给谏院，充作公费。

在生活用度方面，司马光对自己和家人要求严格，但对于需要帮助的人总是克服困难给予赒济。庞籍是他父亲的朋友，对司马光也有知遇之恩。庞籍死后，遗下孤儿寡母，生活窘迫。司马光便将他们接到家中，对待庞籍的妻子就像对待自己的母亲一样，对待庞籍的儿子则如同对待自己的昆弟。当时的人都被司马光的这种行为所感动，给予高度评价。

司马光的《训俭示康》和《家范》

司马光在中国家教家训家风文化传承史上具有重要地位，除了他居家自律严谨、治家有方以外，和他留下的家书《训俭示康》和家教史专著《家范》也是分不开的。

《训俭示康》是司马光写给儿子司马康的一封家书，全文训诫儿子要崇尚节俭。这封信一开始就讲到自己的家风"世以清白相承"，提出："众人皆以奢靡为荣，吾心独以俭素为美。"虽遭人讥笑，但他不以为病。接着，司马光指出"近岁风俗尤为侈靡"，与宋初已大不相同。他认为，身居高位者不应该随波逐流。接着，举出宋朝初年李沆、鲁宗道、张知白三位大臣崇尚节俭的言行加以表扬，提出一个家庭"由俭入奢易，由奢入俭难"这个重要结论。他同时告诫："君子多欲则贪慕富贵，枉道速祸；小人多欲则多求妄用，败家丧身：是以居官必贿，居乡必盗。”在书信的最后，他连举六个古人和一个本朝人的事迹，说明俭能立名，侈必自败的道理。尤其发人深省的是，他向儿子提出本朝功臣寇准家风豪侈所带来的不良后果。寇准为北宋初年一代良相，但他性喜奢华，“豪侈冠一时”，被称为“豪华宰相”。由于他对国家社稷的贡献大，人们并没有怎样批评他。但是他的奢华变成一种生活方式，“子孙习其家风”，结果“今多穷困”，家道败落。司马光得出结论：“以俭立名，以侈自败者多矣，不可遍数。”在这封信的最后，司马光要求儿子不但自身要按照这封信所训去实行，并且还要他训诫他的子孙，使子孙们了解和铭记前辈的家风。书信篇幅不长，但是道理深刻，振聋发聩，启人至深。

《家范》是我国家教家训家风文化传承史上的第一部关于“家范”的结集著作。《宋书・艺文志》和《文献通考》都有记载。根据《四库提要》介绍，《家范》“凡十九篇，皆杂采史事可为法则者，亦间有光所论说”。“其节目备具，简而有要，似较小学更切于日用。且大旨归于义理。亦不似《颜氏家训》徒揣摩于人情世故之间”。这部《家范》共计 19 篇，广泛采历史记载中可以成为治家法则的故事，中间也有司马光所发表的评论。这部作品纲目完备，简明扼要，对于启蒙教育等来说更加符合日用，并且其主旨又符合治家义理，也不像《颜氏家训》许多篇幅只是揣摩于人情世故之间。

《家范》为历代推崇为家教的范本，全书系统地阐述了封建家庭的伦理关系、治家原则，以及修身养性和为人处世之道。书中引用了许多儒家经典中的治家、修身格言，还收集了大量历代治家有方的实例和典范，以及因家风不正而致使家庭不幸和颓败的教训。

司马光的家教家训著作，除《训俭示康》和《家范》以外，还有《涑水家仪》等。《涑水家仪》又称《居家杂议》，全书 20 则，专讲居家的各种规矩礼仪。司马光晚年，还写有一些教育子侄的书信。

司马康：赓续家风，廉洁俭朴而口不言财

司马康（1050—1090），字公休，司马光大哥司马旦的儿子。因司马光无子嗣，司马旦便将司马康过继给司马光为子。

司马康从小就为人端谨，尊礼有度，不妄言笑。他自幼聪敏好学，博通群书。又赓续家风，事父母至孝。母亲故世以后，他哀痛不已，为母服丧守孝，整整三天汤饭不入口。宋神宗熙宁三年（1070）中进士，宋神宗熙宁五年（1072）监西京粮

料院。后以“检阅文字”的身份，参与《资治通鉴》的编修工作，和刘攽、刘恕、范祖禹一起，成为司马光的四大助手。宋神宗元丰八年(1085)，擢秘书省正字。宋哲宗元祐元年(1086)，为校书郎。元祐四年(1089)为修神宗实录检讨官。元祐五年(1090)，提举西山崇福宫。

司马康在跟随司马光在洛阳撰《资治通鉴》期间，那些跟随司马光一起到洛阳的学者、读书人，每次和司马康讨论问题和交谈，没有一次不感到有收获的。他长期和父亲司马光在洛阳生活，走在洛阳道上，路人并不和他相识，但从他的衣着打扮和举止行为，路人都断定他一定是司马光的儿子。在他的身上，集中体现了司马光的门风教养。

司马光去世以后，司马康为父亲治丧服孝，严守礼经家法。司马光所留遗物，全都分给族人。丧期满了以后，被任为著作佐郎兼侍讲。司马康继承了父亲司马光正直敢言的品质，他上疏言事恳切率直，向皇上提出：“凡为国者，一丝一毫皆当爱惜，惟于济民则不宜吝。诚能捐数十万金帛，以为天下大本，则天下幸甚。”在对宋哲宗言事时提出，前世治少乱多，祖宗创业艰难，积累勤劳，因此他劝哲宗要及时向学，守天下大器。又劝哲宗应该多读《孟子》，认为此书最为醇正，将“王道”陈述得最明白，应该多加观览。哲宗回复说正在读《孟子》这本书，并立即诏侍读讲官进宫分节讲解《孟子》。

司马康从小就受到父亲司马光的耳提面命，以廉洁俭朴为念。做官以后，遵从父训，赓续家风，为人廉洁而口不言财。司马光逝世以后，要立神道碑。为此，宋哲宗赐白金二千两命使者送来。司马康上奏，称立碑之费用本来就是官府拨给的，已经够了，因此推辞不受。皇帝不听，依然要司马康接受这笔赐金。司马康最终派遣家人，将这二千两白金如数送到京师汴梁，这件事才作罢。

当初司马康为父亲司马光服丧期间，居住在临时搭建的草庐之中，睡在地上，吃的又是简餐，不料得了腹痛之症，这样就不能正常参加上朝奏事。等到病情稍有好转，他仍然直言上奏，将要讲的话统统讲出来。

在司马康得腹疾以后，曾从兖州一带召医生李积，但李积年纪大了，往来不便。当地的乡民闻讯以后，都赶到李积医生家中，对他说：“我们老百姓深受司马光的大恩，现在他的儿子得病了，希望你赶紧前去诊治。”来劝说李积医生出诊的人竟日夜不绝。等到李医生赶到司马康家中，司马康病情已不可治，于元祐五年(1090)病逝，年 41 岁。讣闻传出以后，朝中公卿嗟痛不已，到家中吊唁者络绎不绝，市井百姓也无不哀痛。

第三节　陆九渊和他的聚族而居的大家庭

在中国思想史上，有一个重要的流派，即“心学”，其创始人是南宋哲学家陆九渊。陆九渊兄弟六人，大哥九思，二哥九叙、三哥九皋、四哥九韶、五哥九龄，陆九渊年最幼。陆氏兄弟学各有长，从而形成了在中国家庭史上影响很大的金溪陆氏家风。

陆九渊：中国思想史上心学的创始人

陆九渊(1139—1193)，南宋哲学家、教育家。字子静，自号存斋。抚州金溪人。陆九渊自幼聪颖好学，不爱嬉戏，有点早熟，在三四岁时，就向父亲提出天地如何穷尽这样深奥的问题，父亲笑而不答，他就日夜苦思冥想。直到长大后读古书至“宇宙”二字解说时，才终于弄明白其中奥妙。他5岁开蒙，7岁正式读书，13岁时已经立下志愿像古代大学者那样学习。虽也同时学习应举之文，但他却并不喜欢。

南宋孝宗乾道八年(1172)，34岁的陆九渊考中进士。宋孝宗淳熙元年(1174)授右迪功郎、隆兴府靖安县主簿。曾向宋孝宗提出改革主张。淳熙十六年(1189)宋光宗即位，朝廷诏陆九渊知荆门军，并于光宗绍熙二年(1191)到荆门赴任。当时荆门是南宋边地，处江汉之间，为四战之地，有着重大的战略意义；在荆门军任上，陆九渊在政治、经济、军事及教育等方面都有一番作为。他改革弊政，救灾度荒，修筑城池，加强边防，整顿军队。废除境内税卡，减免捐税，一时间荆门商贾云集，税收日增，民讼渐息，盗贼敛迹。还修郡学，亲自为诸生讲学。陆九渊为政荆门，只有短短一年零三个月，但经他一番整顿，“政行令修，民俗为变，诸司交荐”。地方风气为之一变，显示了陆九渊在地方政务管理方面的才能。为此，各级主管部门交相列举陆九渊在荆门的政绩奏报朝廷，受到宰相周必大的称赞，认为陆九渊“荆门之政，以为躬行之效”[①]。

陆九渊一生的辉煌在于创立学派，从事传道授业活动。中进士后他声名大振，远近乡里慕名前来求学问道的人越来越多，陆九渊便正式开始收徒讲学，受到他教育的学生多达数千人。淳熙十四年(1187)，他结茅讲学于象山，学者称象

① 《宋史·陆九渊传》。

山先生。陆九渊从24岁到54岁的近30年聚徒讲学，对陆氏心学的形成具有重要意义。陆九渊作为“心学”创始人，与朱熹的朱学相对立，尤其在“太极”“无极”问题和治学方法上，和朱熹长期进行辩论。但陆九渊在学术上主张不要“护门户”。他说：“后世言学者须要立个门户，此理所在，安有门户可立？学者又要各护门户，此尤鄙陋。”[①]他和朱熹在学术上辩异同，既相互对立又相互吸收，彼此相互服膺。他和朱熹的“鹅湖之会”是中国思想史上一次堪称典范的学术讨论会。宋光宗绍熙四年(1193)，陆九渊在荆门军任上病逝，年54岁。棺殓时，官员百姓痛哭祭奠，满街满巷充塞着吊唁的人群。出殡时，送葬者多达数千人。谥“文安”。他的学说后由明代王守仁继承发展，形成陆王学派。著作被编为《象山先生全集》。

陆九渊的家世和他的五个哥哥

陆九渊生于一个九世同居的封建世家，他的八世祖陆希声(约828—约896)，字鸿磬，号君阳遁叟，唐代吴郡吴县人。博学善文，工书法。唐昭宗时曾任宰相。乾宁三年(896)，李茂贞叛军侵入长安时，避难于义兴。逝世后，获赠左仆射，谥“文”。其孙陆德迁，为陆九渊四世祖，于五代末为避战乱，举家南迁到抚州金溪。他在金溪“买田治生，资高闾里”，富甲一方，成为当地大族。到了南宋陆贺时，虽然家境已呈衰败之势，但仍保有宗族大家的风范。陆贺(1086—1162)，字道卿，即陆九渊父亲，为金溪陆氏祖。陆贺治家严整，在他家中，长者为家长，择子弟分任各事，各业有主，井井有条。全家聚族而居，数代同堂，虽人口众多，但俱遵约束。不分田亩家产，合爨而食，成为中国封建社会一个特殊的大家族。

陆贺生有六子，即陆九思、陆九叙、陆九皋、陆九韶、陆九龄、陆九渊，个个学识不凡，俊彦有成。陆九思(1115—1196)，字子强。初与乡举，后以恩授从仕郎。著有《家问》一卷，教育子孙要识礼义，其语殷勤恳切，朱熹为之作跋，并给予很高评价。陆九叙，字子仪，善于理财，精于管理家事。懂医术，在村里开药铺补贴家用。他的几个弟弟出外游学，都由他整治行装用具。家中或乡里有事不能决，陆九叙往往能出谋划策予以解决，无不允当，深受乡亲尊重，称“五九居士”。陆九皋，字子昭，从小就用功读书，品学兼优。举进士。曾率诸弟讲学，从其学者众

① 《陆九渊集》卷三十四《语录上》。

多，人称“庸斋先生”，以恩授修职郎。陆九渊就是在这位三哥处接受启蒙教育的。陆九韶（1128—1205），字子美，号“梭山居士”，少研经史，文行俱优，博学多才，隐居不仕，曾讲学授理于家乡的梭山，人称“梭山先生”，其学以切于实用为要。治家严谨，以训诫之辞编为韵语，供家人谒祖先祠诵读。著有《梭山文集》《家制》《州郡图》等。陆九龄（1132—1180），字子寿，学者称复斋先生。宋孝宗乾道五年（1169）进士，授迪功郎、湖南桂阳军军学教授，后改授兴国军军学教授。宋孝宗淳熙七年（1180）调任全州州学教授，未及任便英年早逝，年 49 岁。陆九龄长期跟随父兄研讲理学，为学注重伦理道德的实践。曾同其弟陆九渊和朱熹一起参加“鹅湖之会”。朱熹赞其“德义风流夙所钦”，吕祖谦称赞他“所志者大，所据者实”。著有《复斋文集》。陆九韶、陆九龄和陆九渊三兄弟都为南宋著名学者，人称“金溪三陆”。陆九龄又与弟陆九渊相为师友，时称“二陆”。

陆氏家风举隅

陆贺治家有方，“究心典籍，见于躬行，酌先儒冠、婚、丧、祭之礼行于家，不用异教。家道整肃，著闻州里”，形成了在中国家教家训家风史上有名的“金溪陆氏家风”。

陆门治家严格执行宗法伦理，同时，也靠家庭成员发挥各自的积极性、主动性，各尽其能，各供其职。《宋史·陆九韶传》中有这样一段记载：“其家累世义居，一人最长者为家长，一家之事听命焉。岁迁子弟分任家事，凡田畴、租税、出内、庖爨、宾客之事，各有主者。”陆九渊自己也曾说：“吾家合族而食，每轮差子弟掌库三年。某适当其职，所学大进，这方是‘执事敬’。”[①]陆九渊的四哥陆九韶长期主持这个超级大家庭的事务，他自己以身作则，“其学渊粹，隐居山中，昼之言行，夜必书之”[②]。在管理家务时，“明父子君臣夫妇昆弟朋友之节，知正心修身齐家治国平天下之道，以事父母，以和兄弟，以睦族党，以交朋友”。

陆九渊一家，虽然是聚族而居，规模巨大，但家庭关系和谐，孝悌友爱，陆九渊出生时，乡人有求抱为养子。陆贺夫妇考虑到家中男儿众多，已经有五个了，于是就想答应乡人的请求。但遭到陆九思的坚决反对，他力劝父亲拒绝乡人的要求，留下了幼弟陆九渊。就在这一年，陆九思也生下一子。陆九思就和妻子商量，将自己的亲生儿交给同乡的村妇乳养，将还处于襁褓之中的弟弟陆九渊由妻

① 《陆九渊集·语录上》。
② 《宋史·陆九韶传》。

子来乳养。陆九思妻子，也即陆九渊的大嫂支持丈夫的意见，由自己来乳养陆九渊。陆九渊作为家中最小的儿子，竟是喝大嫂的奶长大的。陆九渊成人以后，始终不忘大哥大嫂的养育之恩，侍奉大哥大嫂如同侍奉父母一样。陆九渊在知荆门军的时候，专门将大哥接到荆门就近侍奉，兄弟二人在荆门相处将近半年。大哥陆九思回到家乡以后，陆九渊写信给大哥汇报和介绍自己在荆门的施政情况，在信中列举了自己治荆取得的一些成绩。大哥回信，批评陆九渊这种“矜功”的表现，要求弟弟更加谨慎虚心。陆九思对弟弟陆九渊的督促要求，就像对自己的儿子那样严格。陆九渊对自己的哥哥也很敬重，曾对亲友说过：“先教授兄有志天下，竟不得施以没。”对哥哥未及施展自己“有志天下”的抱负而辞世表示惋惜。陆九渊的五哥陆九龄，“继其父志，益修礼学，治家有法，阖门百口，男女以班各供其职，闺门之内，严若朝廷。而忠敬乐易，乡人化之，皆逊弟也”[①]。陆九龄得病以后，一连卧床几个月。在病中，只要有宾朋好友前来探病，他都要强行起床，穿戴整齐出来接待，“举动纤悉皆有节法”[②]，严格遵守家庭礼仪规定。陆九龄和弟弟陆九渊棠棣情深，经常会在病中呼唤陆九渊的表字，当儿子告诉他“叔叔已经回去了”，他都会长叹道：“比来见得子静之学甚明，恨不更相与切磋，见此道之大明耳。”“子静”是陆九渊的表字，陆九龄虽然已病入膏肓，但仍表示要和弟弟九渊在一起探讨学问，并认为九渊的学问“甚明”。陆九龄去世以后，陆家全族哀哀痛哭，陆九渊从五里外的滋兰赶来奔丧。当侄儿告诉他父亲临终时思念他的话时，陆九渊泣不成声，昏厥在地，含泪写下了《全州教授陆先生行状》，表示了对五哥的怀念之情。

陆九韶的《陆梭山公家制》

陆九渊这样一个大家庭，能够数代同堂，和睦相聚，是和陆氏重视家规、家训分不开的。陆氏一门家训，先有陆九渊父亲陆贺“采先儒冠、婚、丧、祭之礼行于家”[③]，以礼治家；次有陆九渊大哥陆九思的《家问》，朱熹为之题跋云“《家问》所以训饬其子孙者，不以不得科第为病，而深以不识礼义为忧”。陆九渊的五哥陆九龄“继其父志，益修礼学，治家有法”。而在陆家的家训家教家风的践行中，功劳最大的，当数负责日常家庭政务管理的陆九渊四哥陆九韶。

① 《宋史·儒林传》。
② 陆九渊：《陆九渊集》。
③ 陆九渊：《全州教授陆先生行状》。

陆九韶的治家原则和经验，体现在他的《陆梭山公家制》中。《陆梭山公家制》分《居家正本》和《居家制用》两篇，每篇又各分上、下。在《居家正本》篇里，陆九韶主张居家必先正本，而其所谓“本”就是孝悌忠信、读书明理，而后方能为贤为智。陆九渊认为，在家庭中：“人之爱子，但当教之以孝悌忠信。所读之书先须《六经》《语》《孟》，通晓大义，明父子、君臣、夫妇、兄弟、朋友之节，知正心、修身、齐家、治国、平天下之道。以事父母，以和兄弟，以睦族党，以交朋友，以接邻里，使不得罪于尊卑、上下之际。次读史，以知历代兴衰，究观皇帝王霸，与秦汉以来为国者，规模措置之方。此皆非难事，功效逐日可见，惟患不为耳。”[①]在《居家制用》篇里，陆九韶根据《礼记・王制》篇所阐述的国家理财之法，指出家庭经济管理也必须贯彻“量入为出”的原则，并特地为家庭支出制定了详细的规划。陆九韶居家日用的基本精神是“用度有准”和“丰俭得中”，即“量入以为出”。他说：“凡家有田畴，足以赡给者，亦当量入以为出。然后用度有准，丰俭得中。怨讟不生，子孙可守。”[②]他这里所说的“怨讟不生，子孙可守”，就是指在家中成员之间不会产生怨恨诽谤的情绪，以保证子孙守住家业，绵延不绝。

陆九韶将家训之辞编成朗朗上口的韵语，每天早晨率领族中子弟到祠堂拜谒先祖，然后击鼓，众人在鼓声中背诵家训之辞。子弟中有人犯错，则集合子弟给予批评责问。如果不改的话，就动用家法而责挞；最终违背家训坚持不改，于家规所不容，则移送官府，甚至逐出家门，发配至远方。可见陆氏家教家训家风之严格。对于陆九韶的家训仪式和治家训戒韵语，同时代的抚州推官罗大经在《鹤林玉露》有记载：“晨揖，击鼓三叠，子弟一人唱云：‘听听听，劳我以生天理定，若还懒惰必饥寒，莫到饥寒方怨命，虚空自有神明听’。食后会茶，击磬三声，子弟一人唱云：‘凡闻声，须有省，照自心，察前境。若方驰骛速回光，悟得昨非由一顷，昔人五观一时领。’”

陆九韶的家规家制对后世有着重要的影响。他提出的家庭用度须“量入为出”的原则为后人所广泛吸收于家训家教之中。清代曾国藩在给儿子的家书中曾写道：“尔辈以后居家，须学陆梭山之法，每月用银若干两，限一成数，另封秤出。本月用毕，只准赢余，不准亏欠。”[③]

---

① 陆九韶：《陆梭山公家制・居家正本》。
② 陆九韶：《陆梭山公家制・居家制用》。
③ 钟叔和选编：《曾国藩教子书——读书、作文、做人》，岳麓书社 1986 年版，第 164 页。

第四节　辽代萧太后：治国治家的一代英后

在中国民间广泛流传的杨家将故事中，代表北宋敌对方的代表人物是辽朝的萧太后。在京剧《四郎探母》中，萧太后既是辽国的实际掌权者，威严持重，又是一个贵族家庭的家长，爱女儿，疼外孙，有着普通人的情感。但小说、演义和戏曲舞台上的萧太后和历史上叱咤风云的辽国一代英后的实际形象相去甚远。

萧绰被父亲称赞："此女必能成家"

萧太后本名萧绰(953—1009)，小字燕燕，出生在一个契丹族的显贵之家，是辽朝杰出的政治家、军事家和改革家。她的祖父忽没里(又作"胡毛里""胡母里")，为北府宰相萧敌鲁的族弟。父亲萧思温(？—970)，小字寅古，通晓书史，仪容轩昂，娶辽太宗长女、燕国大长公主为妻，拜为驸马都尉，历任奚秃里太尉、群牧都林牙。辽穆宗时任南京留守。辽景宗耶律贤即位后，凭借拥戴之功，拜北院枢密使兼北府宰相，后加尚书令，封为魏王。萧绰的母亲吕不古是辽太宗耶律德光的长女，曾先后被封为"汧国长公主""燕国大长公主"。萧绰的两个姐姐，大姐萧胡辇嫁给了辽穆宗的弟弟耶律罨撒葛，二姐萧夷懒嫁给了辽太宗之侄耶律李胡之子赵王耶律喜隐。

萧绰出生时，辽王朝正处在由盛转衰的大变动时期，她的童年和少年，就是在辽王朝的急遽颓败中度过的。萧绰自小聪明伶俐，做事认真。虽出身贵族，但并不恃贵而骄。有一次父亲萧思温看着几个女儿扫地做家务，只有萧绰做事最认真，将地扫得干干净净。萧思温很高兴，认为萧绰日后"必能成家"，成为贤妻良母。然而一场宫廷的内乱，完全改变了萧绰生活的轨迹，使她走出家庭，登上了政治舞台。

应历十九年(969)二月，辽穆宗耶律述律在怀州黑山下行宫中被皇室奴仆杀死。由于穆宗无子，也未曾指定嗣君，萧绰的父亲萧思温和另外两个大臣一起拥立辽世宗的次子耶律贤继位为辽景宗，改元保宁。萧绰被选为贵妃，很快就被册封为皇后，并生下日后成为辽朝君主的辽圣宗耶律隆绪。

一代英后

萧绰被册为皇后时，刚刚 17 岁，可以说涉世未深，各方面毫无经验。而辽朝面临的是一个内忧外患的局面。在国内，经济凋敝，国穷民困，老百姓怨言四起；在外部，北宋已经建立了将近10年，就在辽景宗即位之初，北宋大军包围了北汉京城太原，并在曲阳击败了辽朝援军。而辽景宗耶律贤在幼年时，遭“察割之乱”，即天禄五年(951)，辽世宗耶律阮族叔耶律察割伙同耶律盆都，在辽世宗祥古山的行宫发动叛乱，辽世宗和怀节皇后萧氏在帐中遭弑。当时耶律贤只有4岁，在危急之中被御厨尚食刘解里用毡包裹，藏在柴薪中，才免于被害。“察割之乱”虽然很快被平定，辽穆宗耶律述律登基为帝，但耶律贤由于受到惊吓，自此以后患上“风疾”之症而久治不愈。耶律贤称帝为辽景宗之后，亟欲有所作为，励精图治，挽回辽朝颓败之势，但受疾病折磨，力不从心，在将萧绰册为皇后后，又做出一个大胆而又英明的决定，让萧绰参与朝廷政事的决策和治理。保宁八年(976)，辽景宗诏集史馆学士，宣布此后凡记录皇后之言，也同样称“朕”或“予”，并作为制度确定颁行，这是辽景宗将妻子萧绰的地位提升到与自己同等的程度。自此以后，萧绰便“以女主临朝，国事一决于其手”，开始了她的政治生涯。辽景宗在位的13年中，“刑赏政事，用兵追讨，皆皇后决之。帝卧床榻间，拱手而已”[①]。乾亨四年(982)九月，辽景宗病逝，由梁王耶律隆绪继位，即为辽圣宗。当时辽圣宗只有12岁，萧绰以皇太后身份摄政，主持朝中政事军务。萧绰挑起治国重担，明显感到压力巨大，曾流着眼泪对大臣说：“母寡子弱，族属雄强，边防未靖，奈何?”大臣耶律斜轸、韩德让都向萧绰进言道：“信任臣等，何虑之有!”于是，萧绰在室昉、耶律斜轸、耶律休哥、韩德让等一批契丹族、汉族的贤臣名将辅佐下，挑起了辽朝内政外事的重担，使辽朝走上了强国中兴之路。

萧绰先以皇后身份辅佐辽景宗理政，后以皇太后身份摄政，执掌朝纲40余年，和辽景宗、辽圣宗一起，开创了辽朝治国的新局面。她重视人才选拔，积极整顿吏治；调整部落组织，减轻赋税，发展生产；开疆拓土，加强对西北、东北边区的控制。在对宋的关系中，虽征战不断，但萧绰最终采纳了臣下提出的南北议和的建议，并亲自致书给宋真宗，通报辽方息民止戈之意。辽宋之间经过反复谈判，双方最终签订了化干戈为玉帛的“澶渊之盟”。澶渊之盟的签订，体现了萧绰和辽圣宗审时度势、闻善必从的政治风范，从此，辽宋双方结束了军事对峙状态，开展了和平交往，给双方带来了长达120余年的基本和好局面，使双方人民免受战争之苦，对辽、宋在经济、文化等方面的联系和发展产生了极为重要的影响，对当

---

① 叶隆礼：《契丹国志》卷六。

时整个中华民族的社会发展是有利的。对于萧绰，史家给予很高的评价，称她："明达治道，闻善必从，故群臣咸竭其忠。习知军政，澶渊之役，亲御戎军，指麾三军，赏罚信明，将士用命。"

统和二十七年(1009)，萧绰归政辽圣宗耶律隆绪，一个月以后，便病逝于南幸的行宫，年57岁。去世之前，萧绰已得到"睿德神略应运启化承天皇太后"的尊号，死后谥"圣神宣献皇后"。

契丹族的一位贤妻良母

对于辽王朝来说，萧绰作为一代英后，殚精竭虑，几乎把全部精力都用于王朝的治理上，为辽朝的中兴做出了重要贡献，堪称辽王朝的杰出政治家；而对于辽王朝这个统治家族来说，萧绰可以说是一位贤妻良母。

作为妻子，她一方面侍奉丈夫辽景宗耶律贤于病榻前。夫妻二人伉俪情深，辽景宗对妻子始终充满信任，萧绰刚被册为皇后，辽景宗就让萧绰参与朝廷政事，并放手让萧绰决定军国大事，自己"卧床榻间，拱手而已"[①]；逝世以前，又下诏"军国大事听皇后命"[②]，指定由妻子摄政，辅佐儿子执政。而萧绰也没有辜负丈夫对自己的信任，13年来悉心侍奉丈夫，大胆参与国政，将辽王朝推上中兴之路，也使辽景宗耶律贤赢得中兴之主的声誉。

作为母亲，她对儿子辽圣宗耶律隆绪教育有方。在萧绰的教导下，耶律隆绪"幼喜书翰，十岁能诗。既长，精射法，晓音律，好绘画"[③]。辽圣宗耶律隆绪被史家称为"盛主"，在很多方面受到母亲皇太后萧绰的教导和督训。辽圣宗对母亲也很孝顺，史称辽圣宗"慈孝之性，本自天然，亦守成之令主云"[④]。辽圣宗精于射箭，喜欢狩猎，爱好击鞠，大臣为此多有劝谏，辽圣宗虽有所收敛，但并未完全改正。母亲萧绰为此告诫儿子说："前圣有言，欲不可纵。吾儿为天下主，驰骋田猎，万一有衔橛之变，适遗予忧。其深戒之！"他听从母亲告诫，狩猎之事才大为收敛。辽圣宗身边一些侍从、嫔妃不顾宫中礼仪，喜欢和皇帝随便说笑，萧绰知道后对皇帝这些左右予以严厉杖责，辽圣宗以皇帝之尊，也不免被问责，但他都能虚心接受，听母教训。辽圣宗亲政才一个月，萧绰病逝，他怀念母亲，哀伤过

① 叶隆礼：《契丹国志》卷六。
② 《辽史·景宗本纪》。
③ 《辽史·圣宗本纪》。
④ 叶隆礼：《契丹国志》卷七。

度，哭泣带血，骨瘦如柴。“千龄节”是辽圣宗的生日，按朝廷礼仪要搞庆贺活动，辽圣宗为母亲丧事下诏“免贺千龄节”，并在第二年，即统和二十八年(1010)的正月初一下诏因母丧不受朝贺。萧绰的灵柩下葬以后，群臣上奏，按朝廷惯例应该改年号。辽圣宗不同意，说：“改年号为吉礼啊。居丧期间举行吉礼，是不孝的儿子。”于是群臣又说：“古代帝王，以日易月，应该效法古制。”辽圣宗回答说：“我是契丹主，宁愿违背古代制度，不为不孝的人。”结果他为母亲居丧服孝整整三年。

第五节　金朝名臣时立爱及其家风

2022年3月28日，在河北保定高碑店市新城镇王场村出土了一块石碑，碑身与赑屃碑座保存较为完整，碑文清晰可见。在该碑刻的碑额上有篆体“大金故崇进荣国公忠厚时公神道碑”字样，因此，该碑被称为“时立爱神道碑”。“时立爱神道碑”建于金代明昌六年(1195)二月二十日，距今已有800多年历史。碑主人时立爱，不但是金代有名的刚正敢言的大臣，而且也是在家教家训和家风文化传承方面的一位重要代表。

金朝的汉族名臣

时立爱(1058—1140)，字昌寿，汉族，金代涿州新城人。时立爱家道丰盈，富甲乡里，且家风敦厚，乐善好施。他的曾祖父时延义，虽未出仕，但在乡里名声很好，被称为善人。他的祖父时峦，“以仁孝俭裕其家，周济艰急，时人又推为长者”。他的父亲时承谦秉承祖上家风，每遇荒年，就开仓放粮，赈济乡里那些贫乏无助之人。对于那些曾经向他家借贷过的穷户，时承谦甚至当面将借贷凭证毁掉，来免除他们的债务。时家所居之处离城不远，但地势低洼，一到雨季路泥泞难行，时承谦出资架起了一座石桥，解决了乡亲通行的困难。时立爱就是在这样一个富而为仁的家庭中成长起来的。

辽太康九年(1083)，时立爱中进士，历任秘书省校书郎、泰州军事判官等职，后又被提升为燕京副留守。其后历任宣徽南院使、诸行宫提辖、制置使。辽保大二年(1122)，进封为太子少保，任辽兴军节度使兼辽兴府尹、汉军都统等职。一年以后，也就是金天辅七年(1123)，归顺金国完颜阿骨打，到完颜宗翰军中效力，正式成为金朝臣子。

金太宗天会三年(1125)十月,时立爱拜谒金朝宗室名将、金太祖完颜阿骨打次子完颜宗望,被任命为同中书门下平章事,泰宁军节度使由于跟从完颜宗望征战多年有功,封为陈国公。天会九年(1131),时立爱升任侍中、知枢密院事,后加中书令;天会十五年(1137)上书退休,被加封为开府仪同三司、郑国公;金熙宗天眷三年(1140)在家中去世,享年 82 岁。金熙宗下诏令同签书燕京枢密院事赵庆袭办理时立爱的丧事,谥"忠厚"。

刚直敢言,为百姓请命

时立爱在家是孝子,在他出仕以后,先是在任辽泰州幕官时,父亲去世,他回家为父服丧,直到丧期满了以后才离家任职。后来在辽朝燕京副留守任上,又丁母忧,再一次回故里为母亲服丧。无论官位大小,他都恪尽职守。任泰州幕僚时,精通行政事务,使得油滑奸诈的小人、恶人不敢妄动。任云内县县令时,处事果断,使一县安宁,少有犯罪。后在马城、文德这两个县做知县时,施政风格同样简政公平。后入朝为官,守正不阿。

作为官员,时立爱一直恪守前贤以民为本的明训。金太祖天辅七年(1123),完颜阿骨打攻占辽燕京,派平州人韩询奉诏到原辽朝统治的平州地区去招抚地方官员和百姓。时立爱派人专门给完颜阿骨打写了一封信,在信中说:"民情愚执,不即顺从,愿降宽恩,以慰反侧。"这是一封很重要的信件,表达的意思是说原辽朝统治区域的老百姓性情愚钝固执,不会立即向金朝表示顺从之意,作为胜利者,希望陛下能降下恩德,以安定民心。完颜阿骨打看了时立爱这封信即下诏说:"我亲自巡视西部疆土,彻底平定了燕地,号令所加之处,城邑皆被攻下。在每一处城池,都会嘉奖忠直之士,特别示以优渥恩惠,那里的大小官员都可以保有原来的官职,所有囚犯奴隶也全都赦免释放。"当时辽国的天祚帝还在天德军,平州虽然已归金国,但民心还没稳固。辽奚王回离保又率军据险而守,本已降金的蓟州再次叛乱。民众都纷纷传言:"金兵攻下城邑后,都是一开始对百姓招抚存恤,后继则像对待俘虏那样掳掠。"时立爱虽一再向百姓传话表示这些话都是谣言,但百姓并不完全相信,搞得人心惶惶。于是时立爱自己上表金主,提出由金国朝廷明确颁布诏令,并且派遣官员分别到各郡县,传达金国朝廷对百姓的德义之政。完颜阿骨打看了时立爱的上表,非常赞赏,立即下诏对时立爱说:"你先是率官吏百姓归附于我,现在又上奏章一条一条地陈述利害,所奏完全符合我意。现在山西的一些部族因为辽国君主还没有被俘获,我担心他们会暗中勾连往来，所以要把他们迁到岭东居住。西京百姓已经没有了其他的想法，就可以像过去一样生活。在他们中间，也许会有将士贪婪蛮横，冒犯纪律，动辄抢掠百姓。我已下诏各部及军中统帅，约束士兵，凡有犯秋毫者，必按刑律处罚而无赦。”为此，完颜阿骨打还派遣了斡罗、阿里两人做时立爱的副手，用来安抚原辽国治下的百姓。他还明确要求时立爱能将他的想法告知所辖各部。正因为时立爱两次上书完颜阿骨打，为百姓请命，劝完颜阿骨打实行招抚政策，才使得完颜阿骨打一再下诏阻止金军肆意杀戮劫掠原辽国百姓，使百姓免受刀兵和劫掠之灾，有利于经济恢复和社会发展。时立爱敢于上书金国最高统治者，挺身仗言，为百姓请命，是值得肯定的。

时立爱家风

时立爱作为辽、金两朝大臣，其家风颇有可记之处。他的家庭富饶，但从曾祖、祖父到父亲，三代都急公好义，善行义举，名播乡里。时立爱长成以后赓续家风，孝义传家。他“笃于孝敬，事太夫人终身，不离左右，昏定晨省，寒暑不渝”[①]。时立爱赋闲居住家乡新城时，新城一度归宋所有，宋朝多次召他到宋朝廷为官，时立爱认为当时的宋朝国政颓败，而没有奉诏南下，并为此立下家训，告诫宗族一律不得到宋求仕为官。

时立爱的原配夫人李氏嫁入时家后，尽心家事，“有古断丝之风”[②]。他的继室王芝香，其家族具有浓厚的“崇儒”“尚文”风习。岳父王师儒和岳父的父亲王诂皆进士出身。王师儒“性孝谨，少以种学绩文业其家”，王师儒的哥哥王德孙“至性纯孝，事殁如存”。王芝香去世以后时立爱的第三任夫人同样“克尽至孝”，“持身恭懿，治身有法”[③]。时立爱生有三个儿子，长子早卒，次子时渐，曾任太子左翊卫校尉。三子时丰，最终以战功升迁至礼宾使。值得一提的是时丰的妻子张氏。张氏为遵化人，为天城军节度使张少征的孙女。她性格“外柔顺而内刚直”，为人勤俭，“不喜华饰而尤好礼”。嫁入时家后，在“内外数百口”的时氏家族，张氏“奉上接下，靡不和悦”。在丈夫时丰去世后，张氏在治家的同时，倾心抚养两个子女，“其子五六岁便令诵书，逮总角辟馆舍重金币礼，延当代名儒以训诱之”。面对一些人认为其子完全可以依靠祖上荫庇入仕的言论，张氏不以为然：“吾必欲

① 王新英：《全金石刻文辑校》，吉林文史出版社2012年版。
② 王新英：《全金石刻文辑校》，吉林文史出版社2012年版。
③ 王新英：《全金石刻文辑校》，吉林文史出版社2012年版。

使此子自取功名，世禄之荣，非所顾也。”在母亲张氏的严格教育下，其子也即时立爱的孙子时重国不负所托，在金熙宗皇统二年（1142）考中进士。而在时重国为官后，张氏依然“勤勤教之”。时重国处理公事完毕后，张氏“常问其决议，平允则曰：吾向忧焉。如或可疑，则为之惨戚”，其“举事决断，治家有法”[①]。正因为时立爱重视家教，确立了良好的家风，使家庭和睦，其子孙大多“习进士业”[②]。

第六节　名臣耶律楚材及其数代家风

在中国有句成语叫“楚材晋用”。这句成语典出《左传·襄公二十六年》：“虽楚有材，晋实用之”，译成白话就是说：“虽然楚国有良材，晋国却使用了它们。”后来这句话就浓缩成成语“楚材晋用”，比喻本地的人才却在别处受到重用。这个成语出现 1 700 多年以后，还真出现了一个名叫楚材的人才，并在其他国家受到重用，他便是蒙古成吉思汗、窝阔台汗时的大臣耶律楚材。

耶律楚材的父亲耶律履：以孝行为治本

耶律楚材（1190—1244），字晋卿，号玉泉，法号湛然居士，契丹族。辽太祖阿保机长子东丹王突欲的八世孙。金代尚书右丞耶律履之子。

耶律履（1131—1191），一作移剌履，字履道，晚年号忘言居士。从小聪颖，有悟性。父亲耶律聿鲁，在耶律履出生后不久就病逝了。当时耶律聿鲁的族兄、兴平军节度使耶律德元还没有子嗣，就以耶律履为螟蛉子。5 岁时，有一天晚上耶律履卧于廊庑之下，见微云往来飘拂于天际，突然对乳娘说：“这难道不正是‘卧看青天行白云’的景象吗？”“卧看青天行白云”是北宋诗人苏舜钦《暑中杂咏》中的诗句。耶律德元听了以后大吃一惊，说：“这个孩子今后一定会以文学闻名于世。”后来，耶律履果然如养父所料，成为金代著名的文学家、画家。

耶律履长大以后博学多艺，善为文，通六经百家，兼及太玄、阴阳历数，精通契丹语、汉语、女真语。先是举进士，后以荫入仕，为承奉班祗候、国史院书写。金世宗即位后倡导儒学，下诏翻译经史。耶律履以才学被任为国史院编修，兼笔砚直长。一天，金世宗召见耶律履，问道：“我现在正在读《贞观政要》，读到唐代

---

① 王新英：《全金石刻文辑校》，吉林文史出版社 2012 年版。
② 王新英：《全金石刻文辑校》，吉林文史出版社 2012 年版。

魏徵有许多很好的建言良谋，作为臣子在他身上体现出来的忠节之气，真可称赞和感叹。但现在为何就没有像魏徵这样的臣子呢?”耶律履回答说：“忠直嘉善之士，哪一个朝代会没有呢？只是作为皇上用与不用罢了。”金世宗说：“你没有看到我破格提拔了刘仲晦、张汝霖吗？我曾让他们担任谏官之职，他们也不断有忠言上奏，怎么能说我不重用他们呢？我还是觉得人才难得啊!”刘仲诲、张汝霖都是金世宗、金章宗朝名臣。但耶律履还是坚持说道：“我并没有听说刘仲诲、张汝霖有过什么重要的谏奏啊。再说以前海陵王当朝时杜塞言路，搞得天下为之缄口不言，后来致使朝中相沿成为风气。希望陛下能汲取前事教训，广开直谏铮言之路，这是天下的幸事啊。”海陵王即金朝第四位皇帝完颜亮，他虽也有功于金国，但在位时荒淫无道，拒谏饰非，死后被追废为海陵炀王，不久又被废为庶人。耶律履要金世宗汲取海陵王的教训，体现了耶律履为官正直而无惧。此后，耶律履又多次建言上奏，被金世宗采纳并得以施行。金章宗完颜璟是金朝皇帝中汉文化水平最高的，还在他受封任金源郡主的时候，喜读《春秋左氏传》。听说耶律履学问博洽，就召见他求教答疑。耶律履很直率地对完颜璟说：“《左传》这本书多记权诈之谋，内容驳杂而不纯。而《尚书》《孟子》等书，所叙都是圣贤纯全之道，希望王爷多留意这两本著作。”完颜璟很赞成耶律履这种敢于直言的态度，并接受了耶律履的意见。金世宗二十六年(1186)，耶律履进呈北宋司马光的《古文孝经指解》于金世宗，上表称，近世以来，国家多以兵、刑、财、赋等为急务，而司马光却独以《古文孝经指解》进呈皇上，耶律履认为：“如果拥有天下的国君，都能将《古文孝经指解》中讲的道理实施宇内，那老百姓一定会从中受到恩惠。”耶律履在金世宗、金章宗两朝为臣，历任礼部尚书兼翰林直学士、参知政事、尚书右丞等职。金章宗明昌二年(1191)病逝，年 61 岁，谥“文献”。《金史》评论他说：“移剌履从容进说，信孚于君，至论经纯传驳，以孝行为治本，其得古人遗学欤!”这是说耶律履虽为契丹族，但服膺汉儒家文化，以孝行为治本，深得“古人遗学”精髓。

耶律楚材“真社稷臣也”

耶律楚材生于燕京，出生时父亲耶律履已经 60 岁了。耶律楚材出生以后，父亲高兴极了，私下对自己的亲人说：“吾年六十而得此子，吾家千里驹也。他日必成伟器，且当为异国用。”[①]精通汉文的耶律履就用《左传》中的“虽楚有材，晋

① 宋子贞：《中书令耶律公神道碑》。

实用之”这句话，为儿子起名为耶律楚材。

耶律履因病辞世后，母亲杨氏独自挑起了儿子的抚养和教育之责，对耶律楚材“诲育备至”[①]，亲自教儿子断文识字，读书学习，成为耶律楚材的第一任文化老师。在母亲的耳提面命之下，耶律楚材自幼就勤奋好学，17 岁时已经“书无所不读”[②]。他博览群书，又旁通天文、地理、律历、术数、占卜、医学及佛教、道教等学说。下笔写文章，往往一挥而就，就如同前一晚上已打好腹稿一般。耶律楚材是在金国长大的，按照金朝的制度，宰相的儿子可以不经考试就任补省掾职，耶律楚材因为父亲的官职完全可以享受这个待遇，但他却想通过科举考试取得功名，结果考中甲科进士。在进行例试时，所考的内容是关于几件诉讼疑案。一起参加考试的 17 人中，只有耶律楚材一人的回答被判为优等。于是被授为省掾，金卫绍王至宁元年(1213)出任同知开州事。

蒙古成吉思汗铁木真早就知道耶律楚材之名，1215 年，耶律楚材被成吉思汗召用。耶律楚材身长八尺，美髯垂胸，目光炯炯。他来到成吉思汗军营时，成吉思汗对他说：“辽、金世仇，朕为汝雪之。”这番话的意思是，耶律楚材本是辽东丹王之后，辽、金是世仇，现在蒙古大兵赶走金帝，打下中都，以后还要直捣辽国汴京，这样就可以为耶律楚材报仇雪恨了。但耶律楚材当场回答说：“臣父祖尝委质事之，既为之臣，敢仇君耶！”[③]意思是说：我的父亲、祖先都曾在辽国为官，服事于辽。既然我们曾为辽国之臣，怎么能仇视辽国国君呢！这番话不卑不亢，显示了耶律楚材的正直和忠肯。成吉思汗非常看重耶律楚材讲的这一席话，对他很是敬重，就不再直呼他的名讳，而是亲热地称他为“吾图撒合里”。这是一句蒙古语，意思是“长髯人”[④]。

在成吉思汗帐下，耶律楚材备受信任。1226 年，他随成吉思汗西征，劝诫成吉思汗禁止州郡官吏擅自征发杀戮，使贪暴之风为之收敛。元太宗窝阔台即位后，耶律楚材参与定策、立仪制。窝阔台的兄长亲王察合台，长期跟随父亲成吉思汗四处征战，功业卓著，威望很高。为了维护大汗尊严，耶律楚材劝察合台向自己的弟弟窝阔台行君臣礼，以尊君权。耶律楚材对察合台说：“王虽兄，位则臣也，礼当拜。王拜，则莫敢不拜。”其意是说在兄弟关系上，察合台确实是窝阔台

① 宋子贞：《中书令耶律公神道碑》。
② 宋子贞：《中书令耶律公神道碑》。
③ 《元史・耶律楚材传》。
④ 《元史・耶律楚材传》。

的兄长，但在地位上，却是窝阔台的臣子。按照礼仪制度，察合台应当向窝阔台行君臣大礼。如果以察合台这样的地位、威望都拜了窝阔台，那么谁还敢不拜窝阔台呢？察合台深明大义，欣然接受耶律楚材的建议，亲率诸王向窝阔台行臣属大礼。元代君臣之间行拜礼就是从此开始的。察合台亲王率皇族和众臣僚拜见窝阔台退下以后，抚着耶律楚材夸奖道："真社稷臣也。"[①]窝阔台和兄长察合台亲王后来一直保持着严肃的君臣之礼与和谐的弟兄情意。

耶律楚材又建议军民分治，州郡长吏专理民事，万户府总军政，反对以汉地为牧场之说，建立赋税制度。1233 年，蒙古大将速不台进攻金国都城汴京，在即将破城时，他向窝阔台提出按惯例破城后屠城。耶律楚材得到消息以后立即进宫上奏，力劝窝阔台放弃野蛮落后的屠城之举。最终，窝阔台听从了耶律楚材的建议，废除了屠城旧制。耶律楚材又奏封孔子后裔袭爵衍圣公，设立经籍所、编修所，以兴文教。他又以守成必用文臣为理由，开科取士，释放被俘为奴的汉族儒士。又条陈十八事，如州县官吏不得擅行科差、监主自盗官物者死等，均被定为法律。耶律楚材在成吉思汗、窝阔台汗两朝任事近 30 年，官至中书令，元代立国规模多由其奠定。1244 年，耶律楚材病逝，年 55 岁。消息传出，倾国悲哀，许多蒙古人都痛哭，如同失去自己的亲人，蒙古都城为之罢市，国中数日内不闻乐声。汉族的士大夫也流着眼泪凭吊这位功勋卓著的契丹族政治家。耶律楚材死后，其遗体于元世祖忽必烈中统二年(1261)按本人遗愿，下葬于故乡玉泉山以东的瓮山，即今北京西郊万寿山。元文宗至顺元年(1330)，追赠其为经国议制寅亮佐运功臣、太师、上柱国，追封广宁王，谥"文正"。

耶律铸：屡罢屡起的元代重臣

耶律楚材有两个儿子，长子耶律铉，早卒。次子耶律铸(1221—1285)，字成仲，号双溪，又曾自号"独醉道者""独醉痴仙"。其母为苏轼四世孙威州刺史苏公弼之女。

耶律铸生于耶律楚材随成吉思汗西征的途中，于 1226 年随耶律楚材东归。他自幼聪慧，秉承家教，崇尚儒学，善于著文，又擅骑射，曾师从当时的诗人李微学习儒家经典和写诗。十三四岁时就能写出水平很高的诗作，受到元好问等人的赞誉。1244 年，耶律楚材去世，耶律铸继承父亲的职衔嗣领中书省事，23 岁

---

① 《元史·耶律楚材传》。

时，他上书提出“宜疏禁网”，于是采集历代德政合于时宜的共 81 章进呈于朝廷。1258 年，他随元宪宗蒙哥征蜀，屡出奇计，攻城拔邑，建立功勋。1259 年，蒙哥死于合州，耶律铸护送其灵柩归六盘山。蒙哥的弟弟阿里不哥据漠北与其兄忽必烈争夺汗位，耶律铸不顾妻子、儿子尚在漠北，毅然于 1260 年夏只身一人投奔忽必烈。忽必烈“嘉其忠，即日召见，赏赐优厚”[①]。元世祖中统二年（1261），被忽必烈拜为中书左丞相。这一年冬天，他又跟随忽必烈败阿里不哥于昔本土脑儿。元世祖至元元年（1264），被加光禄大夫。他上奏法令 37 章，都得到忽必烈批准颁行，“吏民便之”[②]。至元二年（1265），行省山东。据《元史·世祖本纪》记载：“乙巳，立山东诸路行中书省，以中书左丞相耶律铸、参知政事张惠等行省事。诏新立条路：省并州县，定官吏员数，分品从官职，给俸禄，颁公田，计月日以考殿最；均赋役，招流移；禁勿擅用官物，勿以官物进献，勿借易官钱；勿擅科差役；凡军马不得停泊村坊，词讼不得隔越陈诉；恤鳏寡，劝农桑，验雨泽，平物价；具盗贼、囚徒起数，月申省部。”这些新立的条格利国利民，耶律铸都参与其事。后历任荣禄大夫、平章政事、光禄大夫、中书左丞相、平章军国重事。后又受命监修国史。直到元世祖至元十九年（1282），又被拜为中书左丞相。他于元世祖中统二年（1261）开始拜中书左丞相，其后于元世祖至元五年（1268）、至元十九年（1282）又两次拜中书左丞相，屡罢屡起，反映了当时政局的多变，但不管他在不在相位上，却一直受到忽必烈的重视，“朝廷有大事，必咨访焉”[③]。在蒙元统治者中，成吉思汗和元世祖忽必烈可以说是成就最大的两位可汗，耶律楚材、耶律铸父子两人先后成为他们所倚重的大臣。

元世祖至元二十二年（1285），耶律铸病逝，年 65 岁。元文宗至顺元年（1330）获赠忠保德宣力佐治功臣、太师、开府仪同三司、上柱国、懿亲王，谥“文忠”。耶律铸有 11 个儿子，其以第三子耶律希亮克绍其裘，赓续耶律家风。

耶律希亮：多次向忽必烈建言并被采纳的忠嘉之臣

耶律希亮（1246—1327），字明甫。他出生于蒙古都城和林南边的凉楼。蒙古宪宗蒙哥曾派遣耶律铸到燕京核查钱粮。耶律铸就向蒙哥提出说：“臣先世皆

---

① 《元史·耶律铸传》。
② 《元史·耶律铸传》。
③ 《元史·耶律铸传》。

读儒书，儒生俱在中土，愿携诸子，至燕受业。”[1]年方9岁的耶律希亮跟随父亲来到燕京。在耶律铸的安排下，耶律希亮投在学者赵衍门下受业。学习还未到十天，已经能赋诗。后来，耶律铸被蒙哥召回和林，但耶律希亮仍留在燕京学习。1258年，蒙哥率军到六盘山，耶律希亮随军在大营。后耶律铸扈从蒙哥南伐，耶律希亮也随军同行。1259年，蒙哥驾崩于征蜀途中，耶律希亮随大军辎重北归于陕右。

元世祖中统元年(1260)，忽必烈即汗位，其弟弟阿里不哥发动叛乱，耶律铸抛下妻儿，挺身投奔忽必烈。阿里不哥部将浑都海派兵强迫耶律希亮母子随叛军同行，并一路监视。到了西凉甘州，阿里不哥的另一名大将阿蓝答儿询问才13岁的耶律希亮："你的父亲现在哪里?"耶律希亮回答说："我不知道，我父亲的同僚应该知道。"在一旁的浑都海大怒，骂道："我怎么能知道，告诉你，你的父亲现在早已逃到东边见到皇帝了!"耶律希亮对浑都海说："既然这样，那么你为什么要说不知道我父亲在哪里?"在一旁的阿蓝答儿听了浑都海和一个只有13岁的孩童的这番对话，一时懵了，紧盯着浑都海的脸说："小孩子这话中有深意啊!"于是更加着急地逼问耶律希亮。耶律希亮又回答说："假使我知道我父亲在哪里的话，早就跟他而去，怎么还会独自留在这里?"结果阿蓝答儿不得不认为耶律希亮说的是实话，就放松了对他母子的监视。《元史·耶律希光传》详细记载了耶律希光和叛军阿蓝答儿、浑都海的这番对答，主要是显示了耶律希光小小年纪机智、沉着，有胆略。

后来，阿蓝答儿、浑都海被忽必烈大军所灭，耶律希亮和母亲、兄弟又陷于叛军新帅哈剌不花之手。哈剌不花与耶律希亮父亲耶律铸有婚姻之好，在蒙哥征蜀时曾染病，受过耶律铸的照料和恩惠。因此，他就对耶律希亮说："我曾受恩于你的父亲，现在正是考虑报答的时候啊。"于是就将耶律希亮兄弟给释放了。耶律希亮小小年纪，一路上和兄弟相互照顾着徒步跋涉，颠簸劳累，挨饿受冻，又爬越雪山，终于回到了元军大营。在耶律希亮一路辗转逃亡时，他的父亲耶律铸已在忽必烈身边。耶律铸就向忽必烈汇报了自己舍妻别子的过程，说："臣的妻子和儿子至今还困在北边。"于是忽必烈立即派人将耶律希亮一行召回身边，并给予金带币帛等赏赐。至元八年(1271)，耶律希亮被授奉训大夫、符宝郎，当时耶律希亮25岁。

---

① 《元史·耶律希亮传》。

至元十二年(1275),元大败宋朝,忽必烈命耶律希亮去征询宋降将可不可以乘胜讨伐日本。众降将都说可以讨伐日本,只有耶律希亮持反对意见。他上奏说:“宋朝与辽、金两国相互攻战已将近三百年了,现在干戈刚刚平息,需要休养生息。再等几年,兴兵讨伐也不迟。”忽必烈听从了耶律希亮的这个建议。

至元十三年(1276),太府监令史卢赟对监官建议说:“现在各路所进贡的布匹都长三丈,只有平阳进贡的布匹长度增加了一丈。各地害怕进贡布匹不及平阳所贡之长会受到责罚,于是都在拼命争取平阳布。如果能截断平阳所贡之布多出来的部分,使平阳布与其他各地都相等,那么就不会出现争取平阳布这等事了。而所截下的那一段布可用于髹漆宫殿器皿。这样,问题就解决了。”监官听了认为有道理,就同意照办了。正好左右将此事上奏忽必烈,忽必烈就问起监官这件事。监官在仓皇之间竟吓得不知如何回答,就归罪于卢赟。忽必烈就下旨将卢赟斩首。在行刑途中,正好遇到耶律希亮,卢赟就向耶律希亮喊冤。耶律希亮即让行刑者暂缓,他则立即进宫将实情禀奏。忽必烈即下旨重审此案,弄清了事情真相而释放了卢赟。事后,忽必烈召御史大夫塔察儿等批评道:“今天这件事你们身为言官应当说话的时候却缄口不言,如果没有耶律希亮,岂不是要误杀卢赟了吗!”

至元十四年(1277),耶律希亮任嘉议大夫,又迁任礼部尚书。当时忽必烈驻跸察纳儿台,耶律希亮从元京城大都来到察纳儿台拜见忽必烈。朝奏以后,大臣董文用向耶律希亮问起大都近事,耶律希亮回答说:“现在监狱中关押的囚犯实在是太多了。”当时忽必烈正斜靠在枕上休息,一听这话,猛然惊起,问道这是什么原因。耶律希亮回奏说:“近来奉皇帝旨意,汉人中凡盗价值达六文钱者一律杀头,因此监狱中囚犯这么多。”忽必烈大吃一惊,问道:“是谁传出这样的话?”在一旁的官员回答说:“这道旨意是由脱儿察所传达。”脱儿察即当场奏道:“这是陛下在南坡对蒙古儿童说的。”忽必烈忙说:“我这只是一句戏言,什么时候竟变成一道法令了?”于是治罪脱儿察。耶律希亮并不认为此事可以结束了,当即上奏说:“一道法令既然已经颁布施行,必须要公开说明它是错误的并明令废止,以安定民心。”忽必烈非常赞同耶律希亮的意见,立即下诏,命耶律希亮到大都传达废止“汉人盗钞六文者杀”的法令。

元武宗至大二年(1309),元武宗访求先朝旧臣,特别委任已经退居林泉20多年的耶律希亮为翰林学士承旨、资善大夫,后又即改授翰林学士承旨、知制诰兼修国史。耶律希亮觉得自己职在史官,于是就按类别编成元世祖忽必烈嘉言善行集子进呈。元英宗即位后就将这本书留置于禁中以便随时阅看。耶律希亮在京师这一阶段,四方之士经常前来拜访他、请教他。泰定帝泰定四年(1327)病逝,年81岁。获赠推忠辅义守正功臣、资善大夫、集贤学士、上护军,追封漆水郡公,谥“忠嘉”。

耶律楚材的家风

耶律楚材一家作为契丹族,是辽东丹王耶律倍的八世孙。从耶律倍到耶律楚材,再到耶律希亮,这个家族绵延了整整十代,形成了耶律家族良好的家风。总结起来,其家风主要体现在这几个方面:

一是秉承家学,崇尚儒学。耶律楚材家族虽为契丹族,但从其八世祖耶律倍开始,就深受汉文化影响,形成读书知礼的家风。耶律倍是辽初最为推崇儒家文化且汉化最深的契丹皇族人。他好藏书,曾在辽南京、医巫闾山建有藏书楼;还通阴阳,知音律,精医药,工辽、汉文章;并善画本国人物,他的《千角鹿图》等15件画作被收于宋朝的秘府中。他的《骑射图》至今被收藏在台北故宫博物院。耶律楚材的父亲耶律履,金代文学家、画家,通六经百家,擅诗文,有集传世,《千顷堂书目》卷29著录《耶律履文献公集》15卷,已佚。他的绘画,元好问等人多有题咏,有绘画作品传世。耶律楚材本人精通汉学,他“笃于好学,不舍昼夜”。他存世作品完整者有《湛然居士文集》《西游录》等,另有诗词、书法等作品传世。耶律楚材很重视诗书礼乐家风的承继。他曾经训诫诸子说:“你们公务虽多,在白天时间固然属于官家,但到了晚上,这个时间就是属于自己的,你们要在这个时间抓紧学习啊!”他的儿子耶律铸,出生在西征途中,长成于漠北。就其幼时的生活环境而言,可以说与中原汉文化相隔,而与草原游牧文化相近。耶律楚材为了让儿子习得中原文化,特为其聘请当时名士吕鲲、赵著为师,并以其先祖事迹亲加教导。15岁时,耶律楚材曾作《为子铸作诗三十韵》,其中宣扬了家族发展史,赞叹了耶律倍、耶律履等先祖的功绩,并告诫耶律铸应“儒术勿疏废,祖道宜薰炙。汝父不足学,汝祖真宜式”。即要求耶律铸应以先祖耶律倍、耶律履为榜样,重儒学,习汉事。耶律楚材的儿子耶律铸,在父亲的严格要求下,从小接受汉学教育,秉承家学,崇尚儒学。他的母亲,亦即耶律楚材的第二任妻子苏氏,为苏轼四世孙,威州刺史苏公弼之女,耶律铸也从母亲那里接受了汉学教育。耶律铸善于赋诗属文,留下作品不少,他的文学成就,可与耶律楚材比肩。时人王万庆所撰《双溪醉隐集跋》赞其诗:“气体高远,清新绝俗,道前人之所不道,到前人之所不到，情思飘如驭风骑气，真仙语也。”耶律铸的儿子耶律希亮出生在草原，耶律铸为了让儿子接受汉学教育，专门向蒙古汗宪宗蒙哥提出请求，说：“臣先世皆读儒书，儒生俱在中土，愿携诸子，至燕受业。”[①]经过蒙哥批准，耶律希亮就跟随父亲到燕京拜在学者赵衍门下受业。后来耶律希亮尽管受过颠簸，但即使生病，也从不废书史。有时甚至半夜起来，燃烛读书写字。所著诗文及从军纪行录30卷，集为《愫轩集》。

二是知书达礼，孝行为本。耶律楚材的父亲耶律履，在金世宗二十六年(1186)，向金世宗进呈北宋司马光的《古文孝经指解》，上表称：“如果拥有天下的国君，都能将《古文孝经指解》中讲的道理实施宇内，那老百姓一定会从中受到恩惠。”耶律楚材的孙子耶律希亮性至孝，元世祖中统元年(1260)，忽必烈即汗位，其弟弟阿里不哥发动叛乱，耶律希亮母子兄弟陷于叛军。凭借着耶律希亮的机智果敢，母子兄弟终于逃离叛军，辗转回到忽必烈部下大营。宗王阿鲁忽见到耶律希亮一行后，赠送给耶律希亮一副大耳环，上面有两颗大宝珠，价值千金。阿鲁忽要耶律希亮即穿耳洞戴上。耶律希亮很诚恳地推辞说：“我不敢因为大王的好意馈赠而有伤父母给我的身体啊！再说我无功而受到赏赐，于礼节上来说也不合适。”阿鲁忽很赞成耶律希亮的说法，即解下自己的金腰带送给耶律希亮说：“你把这根腰带系上，它对父母给你的身体不会有损伤。”耶律希亮和母亲兄弟在逃亡路上受尽困厄，家赀散亡殆尽。但是，家传祖宗画像保存完好。他身居穹庐安顿下来以后，每到四时节气，就将祖宗画像在穹庐中陈列悬挂，怀着虔诚敬仰之情祭奠祖先。周围之众，都是朔漠荒原中长大的，没见过这种家庭礼节，都相聚而来观看。见到耶律希亮祭祖时“尽诚尽敬”的样子，都不禁感叹道：“此中土之礼也。”[②]

三是治家严格，廉洁自律。耶律楚材平时居家，不苟言笑，有些人认为他有点简傲，实际上和他一接触，就立刻感到“和气温温，令人不能忘”[③]。这也体现了耶律平素治家待人接物的一种风格。耶律楚材一家，从祖上到他自己，再到儿孙，在辽、金、元三朝都任高官。但是，这一家族都能赓续廉洁自律家风。耶律楚材的父亲耶律履，因伯父耶律德元没有儿子，因此从小就过继给耶律德元为螟蛉子。后来耶律德元自己生了儿子，等到耶律德元死后，耶律履就将养父的家产全

① 《元史・耶律希亮传》。
② 《元史・耶律希亮传》。
③ 宋子贞：《中书令耶律公神道碑》

部让给弟弟，自己则分文不取。耶律楚材长期担任高官，得到俸禄会分给亲族，但他从不以私情对亲族封官许愿。同朝大臣刘敏曾经为耶律楚材的亲族讨官说过情，但被耶律楚材一口回绝："和亲族和睦相处之道，可以资助金帛等物，如果对亲族许以官职而让其从政，这是违法行为，我决不能徇私恩。"耶律楚材平生对公家事，锱铢必较，认真对待。他曾经统计朝廷九年所收赋税，只要"毫厘有差，则通宵不寐"[①]，一定要将账目查对清楚。而在家从不经营家业管理，家产出入也不闻不问。等到他死了以后，有人诬告他，说他居于相位这么长时间，天下所贡赋税，肯定有一半流入他的家。对于这耸人听闻的举报，当时摄政的乃马真太后不敢怠慢，便命近臣麻里扎到他家查看。结果不查不知道，一查便查出个清官。原来麻里扎到耶律楚材家一看，什么财产都没有，"唯琴阮十余，及古今书画、金石、遗文数千卷"[②]而已。

① 宋子贞：《中书令耶律公神道碑》。
② 《元史·耶律楚材传》。

第六章 明清的家教和家风

第一节 徐光启：一位科学家的官声与家风

在上海的南丹路，有一座公园叫南丹公园，明朝大科学家徐光启的墓就坐落在公园中。1983年，为纪念徐光启逝世350周年，上海市人民政府将南丹公园改名为徐光启公园，以供国内外人士凭吊。

徐光启：集高官与科学家于一身

徐光启(1562—1633)，字子先，号玄扈，上海县人，明代科学家。他出生在上海一个自食其力的劳动者家庭。他的高祖父徐广文，号竹轩，是一名秀才，在明正统年间举家从苏州迁居上海。曾父祖徐珣，号淳隐，虽没得功名，却好读书。徐光启的祖父徐绪，号西溪。初务农，后经商，家渐富裕。徐光启的祖母尹氏，为松江府华亭县集贤乡名族，孝事公婆，和睦妯娌，成为徐家贤内助。徐光启的父亲徐思诚6岁时，父亲徐绪因病去世，徐家经济生活陷入低谷。等到徐光启于嘉靖四十一年(1562)出生时，家庭已沦为贫苦农户了。

徐光启7岁时入龙华寺村塾读书，16岁时师从邻里的一位私淑王阳明的学者黄体仁，学业大进。万历九年(1581)中秀才。万历二十五年(1597)以乡试第一的成绩中举。万历三十二年(1604)中进士，即被选为翰林院庶吉士，入翰林院学习三年。在万历、天启、崇祯三朝历任少詹事兼河南道御史、礼部右侍郎等职。

崇祯五年(1632)升任礼部尚书兼东阁大学士,并参机要,知制诰。任纂修《熹宗实录》总裁官。崇祯六年(1633)晋升为太子太保、礼部尚书兼文渊阁大学士。

徐光启于万历三十一年(1603)入天主教。较早从意大利传教士利玛窦等学习西方的天文、历法、数学、测量和水利等科学技术,并将这些科技知识介绍到中国。他是介绍和吸收欧洲科学技术的积极推动者。作为科学家,徐光启研究范围广泛,以农学、天文学、数学为突出。他曾主持改历工作,编成的《崇祯历书》经汤若望删改成《西洋新法历书》,并据此编出《时宪历》,沿用到清末。徐光启在农业水利方面用力最勤,著有《农政全书》等。还著有《徐氏庖言》《兵事或问》等。译著有《几何原本》(前六卷)、《测量法义》等。

徐光启作为朝中重臣,又是学贯中西的科学家,更难得的是他还文武双全。在军事方面他多次上疏,奏请朝廷练兵自效。他曾亲自练兵,负责制造火器,他对火器在实践中的运用、火器与城市防御、火器与攻城、火器与步骑兵种的配合等都有所探求。

崇祯六年(1633)十月,徐光启病逝于北京,年 71 岁。获赠少保,谥"文定"。后来,崇祯怀念起徐光启博学强识,就索要徐光启在家中留下的遗书。徐光启的儿子徐骥入朝谢恩,并进呈徐光启所著《农政全书》60 卷。崇祯即下诏有司予以刊布。又加赠徐光启太保,并录用徐光启孙为中书舍人。

"幽志自畴昔,持此谐清风"

徐光启生前写有一首《题岁寒松柏图》,诗中把桃花与松柏作了对比。桃花艳丽,然而"天风吹严霜,零落一朝空";而松柏虽几经风霜严寒,却是"黛色欲参天,幹石柯青铜。幽志自畴昔,持此谐清风"。这首诗无疑是徐光启自己品格的写照,尤其是"幽志自畴昔,持此谐清风",表达了他为官正直清廉的初心。

徐光启自 20 岁中秀才,36 岁中举,43 岁中进士登上仕途,一直做到太子太保、礼部尚书兼文渊阁大学士,他继承了祖父和父亲留下的门风,为官清廉,洁身自好。万历四十五年(1617),他晋升为詹事府左春坊左赞善,兼翰林院检讨。这年六月初九奉命往宁夏,代表朝廷册封庆世子朱倬漼为庆王。庆王按惯例,馈赠徐光启二百金和币仪等礼物,徐光启婉谢。庆王又派人追至陕西潼关,徐光启又婉言谢绝,并留下谢笺:"若仪物之过丰,例无冒受;惟隆情之下逮,即衷切镌衔。"[①]

① 王成义:《徐光启家世》,上海大学出版社 2009 年版,第 254 页。

崇祯四年(1631),徐光启任礼部尚书兼翰林院学士,协理詹事府事,《神宗实录》告成,被加从一品俸禄。是年的三月二十一日,徐光启过七十寿诞。他事先明确告知儿孙家人,一概不收寿礼。唯有乡邻周明玙的寿礼因从上海送来,不便退还,徐光启只得从权领下,特去函致以谢意。崇祯五年(1632)五月,徐光启以礼部尚书兼东阁大学士参与机务,即入阁为相。按例会有百官持礼前来庆贺。徐光启为了躲避贺客,接连几天从内阁径直到观星台看天象,不给人以送礼的机会。

父亲徐思诚在北京病逝后,徐光启扶柩南下,回到上海守制。当时徐光启官至翰林院检讨,在当时的上海县,社会地位已算是很高了。但徐光启像祖父、父亲一样,待人谦和,彬彬有礼,不摆官架子。平时绝迹公府,但只要是对地方上有利的事,如建闸、蓄水、疏通吴淞江、保护文物古迹等,凡是能尽心的,则不遗余力。自己衣物饮食,力求俭朴,与普通百姓没有什么区别。

徐光启一生崇尚节俭,他"不随俗浮靡,力返于朴,服食俭约,不殊寒士,终身不蓄妾媵"[①]。他身居高位,却"冬不炉,夏不扇,登畝府日,惟一老班役,衣短后衣,应门出入传语"[②]。他在家乡上海县,别无产业,宅院僻居县城一隅,故有"徐一角"之说。

徐光启逝世后,人们整理他的衣物,发现在简陋的住屋中,仅有一只陈旧的木箱,箱子里面是破旧衣服和一两白银。此外,便是大量的著作手稿。翻开床铺上的垫被,破旧不堪。他生前暖足的汤壶子微有渗漏。御史将徐光启"盖棺之日,囊无余资"的情景报告给崇祯皇帝,请皇上能优恤徐光启这样的清廉高官,以使那些贪污受贿之人惭愧。崇祯接受了这个奏请,派员赐给办丧事所用物品及治丧钱等,又派礼部尚书李康主持丧祭,并派人将徐光启灵柩护送回上海。

读书治学、清廉守正的家风

徐光启自幼受到家庭良好的教育和影响。他的祖父徐绪和父亲徐思诚虽然居乡务农,但都乐善好施。据《法华乡志·徐绪传》记载,徐光启祖父徐绪"性和厚,于物无竞","遇有穷乏者,辄施与之,弗吝也"。徐光启的父亲徐思诚继承了这一门风,同样"好施与,亲族有贫者、老者、孤者、寡者,辄收养,衣食之"。即使

---

① 徐骥:《文定公行实》。
② 张溥:《农政全书序》。

到了自己家境不太好的时候，宁可和这些被收养的贫老孤寡者一起吃粗茶淡饭，“终不以贫故谢去”[①]。祖父、父亲这种赈贫济穷、乐善好施、造福桑梓的品德，无疑对徐光启产生了重要影响。

徐思诚在耕作之余，喜欢到老农家串门聊天，请教农业知识，心情好的时候，还会带尚在垂髫之年的徐光启一起去，并让他参加一些辅助性的农业劳动。这些童年经历，使徐光启加深了对农业的感情，培养了对农业生产的兴趣，为他日后成为一个杰出的科学家，编纂农学巨著《农政全书》打下了基础。

徐思诚喜欢谈兵论策，家中藏有不少兵书。在父亲的影响下，年幼的徐光启也喜欢阅读兵书，后来徐光启成为朝廷大臣后，在他“言兵事”的第一次上书中自述：“臣生海滨，习闻倭警，中怀愤激，时览兵传。”[②]

徐思诚亲眼看见了儿子徐光启成为高官，也给徐氏家族带来荣耀。临终之前，“语不及私家事”，留下的遗嘱是：“开花时思结果，急流中宜勇退。”[③]徐光启的祖父、父亲尽管只是普通的农民，但他们质朴的品德，通过言传身教，直接地影响教育了徐光启。

徐光启律己严格，洁身自好，对家人的教育和管束也很严格。儿子徐骥，字安友，自幼跟从徐光启读书。17 岁时，徐骥有一次路过一户人家，看到这家人正在吃麦粥，发出很响的声音，感到可笑。回家后，把这件事当做笑话来谈，觉得这家太寒酸了。徐光启对徐骥因人家吃麦粥而流露出轻蔑的神态，十分恼怒，把徐骥痛骂了一顿，气得饭也不吃了。徐骥很惊慌，急忙请了许多亲戚长辈说情，事情才罢休。父亲做了官，徐骥更加勤奋学习。母亲生病在床，徐骥侍母病榻前达 40 年之久，母亲为此忘记病患之苦。徐光启对家庭成员的严格要求，也影响了乡里。徐骥说父亲：“教诫子孙下至臧获皆有法焉，乡党浇薄为之一变。”[④]所谓“臧获”即奴婢之意；“乡党”即乡里。这是说徐光启在家教育训诫子孙包括家中下人，都有章法，影响所及，使乡里的浮薄风气为之一变。正因为如此，徐光启的后代大都以诗礼传家，循分守己，忠厚待人，不坠先业，使得徐光启开创的读书治学、清廉守正的家风得以代代相传。

---

① 《法华乡志·徐思诚传》。

② 王欣之：《明代大科学家徐光启》，上海人民出版社 1985 年版，第 10 页。

③ 王欣之：《明代大科学家徐光启》，上海人民出版社 1985 年版，第 10 页。

④ 徐骥：《文定公行实》。

第二节　夏允彝、夏完淳：父子抗清英烈和夏完淳留下的家书

在上海市松江区小昆山镇荡湾村北的田野中，有一座墓，是明朝末年抗清英雄夏允彝、夏完淳父子的合葬墓。1961年，国务院副总理陈毅亲笔题写墓碑“夏允彝夏完淳父子之墓”十个大字，表达了对夏允彝、夏完淳的敬仰和推崇之情。夏允彝夏完淳父子之墓是上海市文物保护单位。

夏允彝：“以身殉国，无愧忠贞”的抗清英雄

夏允彝（1596—1645），字彝仲，号瑗公，松江华亭人，明末抗清大臣。他自幼好学，长成以后好古博学，通《尚书》，善文辞，又志存高远。王鸿绪在《明史稿》中介绍说：夏允彝“独处一室，志常在天下”。万历四十六年（1618），中举人。崇祯二年（1629），和同郡陈子龙、徐孚远等组建“几社”。几社是一个文学团体，主张“绝学再兴”，其旨在“心古人之心，学古人之学”[①]。但夏允彝和陈子龙等“几社六子”在诗文酬和之余，更以文章道德相互砥砺。夏允彝与陈子龙、徐孚远不仅文学观点相投，而且都崇尚气节。他们三人为同郡，自幼就在一起各言志向。夏允彝说：“吾仅安于无用，守其不夺。”徐孚远慷慨流涕地表示：“百折不回，死而后已。”陈子龙说自己没有徐孚远之才，但志向则大于夏允彝，他表示：“顾成败则不计也。”夏允彝和陈子龙、徐孚远各言其志之事虽发生在他们少年之时，但长大以后在抗清斗争中都履行少年志向，是“几社六子”中最有气节者。当时太仓张溥、张采在苏州成立文学团体“复社”，夏允彝、陈子龙领导几社和复社唱和，切磋学问，砥砺品行，以声气相应。

崇祯十年（1637），夏允彝中进士，任福建长乐知县。在任上，夏允彝能体恤民情，革除弊俗，惩办豪猾之徒，尤其尽心于办案，擅长处理决断疑案，其他县邑有疑案而不能断，上司都命夏允彝去审理，闽中称其为“神明”。夏允彝因治绩突出，受崇祯皇帝接见。后来由于母亲病逝，他就丁母忧而回家守丧。

崇祯十七年（1644），李自成率农民军攻陷北京，明室福王在南京监国，夏允彝被任命为吏部考功司主事。次年，清兵进攻江南，他与陈子龙等起兵抗清，兵败。松江被清兵攻陷，有人曾劝他从海路逃避到福建去，夏允彝拒绝说：“我过去

---

① 姚希孟：《壬申文选序》。

在福建一带为官，闽中大地对我有恩德。我现在前往闽地另谋举大事，虽然是为善策；但是一个人如果一遇到举事不当就远走求生，那我以后有何面目再立于世间？不如一死也！”正在这时，嘉定侯峒曾聚义兵抗清，城陷被害，夏允彝又前往嘉定料理侯峒曾丧事。回到松江以后，他仍然拒绝了所有逃命到方外的建议。当时，松江主将慕夏允彝大名，以封官为诱要夏允彝归降，甚至表示即使不愿意在新朝做官，出来见一面也行。夏允彝当即以“贞妇”自比，严词拒绝，并书之大门。

夏允彝抱定必死决心后，给陈子龙等人写信交代后事，然后平静地与家人言别，并特意把未完成的文集《幸存录》交给独子夏完淳，叮嘱他毁家饷军，精忠报国，代父完成未竟之志愿。他留下绝命诗：“少受父训，长荷国恩，以身殉国，无愧忠贞。南都既没，犹望中兴。中兴望杳，安忍长存？卓哉我友，虞求、广成、勿斋、绳如、懿人、蕴生，愿言从之，握手九京。人谁无死，不泯者心。修身俟命，警励后人！”从容投水殉节，年 50 岁，谥“忠节”。好友陈子龙作挽诗：“志在‘春秋’真不愧，行成忠孝更何疑。”[①]著有《夏文忠公集》《私制策》《幸存录》等。夏允彝的文学造诣和气节与陈子龙齐名，世称“陈夏”。

夏完淳：在痛斥汉奸洪承畴的骂声中从容就义

夏完淳（1631—1647），夏允彝独子。原名复，字存古，号小隐。他自幼聪明，5 岁已知五经，7 岁能诗文，9 岁即善辞赋古文，写出《代乳集》，有神童之誉。夏完淳出生时，夏允彝已 35 岁，为此，夏家阖府欢庆，祝贺夏门有后。夏允彝对夏完淳自然更加喜爱并寄以厚望。夏完淳 12 岁时，夏允彝就让他投在自己的好友陈子龙门下深造。夏允彝出外游学，也常将夏完淳常带在身边，一路上耳提面命，予以教导；又使夏完淳得以阅历山川，接触四方有志向有才学的人士。在父亲和老师陈子龙的教育培养下，夏完淳英姿勃发，成长为郡中闻名的少年俊彦。在夏完淳的成长过程中，他的伯父夏之旭也起到了很大作用。夏完淳自幼聪颖，出于对儿子的喜爱，夏允彝常常在宾朋来访时让夏完淳出来作陪。席间夏完淳有时不免会在长辈的鼓励下高谈阔论，虽受到长辈的夸赞，但夏之旭生怕夏完淳过于得意，常常制止他在长辈面前表现张狂。伯父的严厉和直面提醒对夏完淳后来养成谦虚沉静的做人态度是很有帮助的。

---

① 计六奇：《明季南略》。

值得一提的是，夏家良好的家教同样体现在夏完淳的姐姐和妹妹身上。夏完淳的姐姐夏淑吉，字美南，号荆隐，年长夏完淳15岁，和弟弟的感情却非常深厚。夏淑吉受家庭读书写作氛围影响，诗文很出色。夏完淳在诗文中多次提到他的这位才女姐姐，甚至认为其才情堪比东汉才女蔡文姬。夏完淳的妹妹夏惠吉，字昭南，号兰隐，也同样有才气。姐妹二人因才学出众而被合称"二南"。又因为姐姐号荆隐，妹妹号兰隐，夏完淳号小隐，因此三人合称为"空谷三隐"。由此可见夏家家庭教育成就之一斑。

在夏完淳出生时，明王朝已经日薄西山，岌岌可危。夏完淳自幼就深受父亲和老师高尚的爱国主义情操的影响，面对国家内忧外患，忧时忧国。1645年5月，明朝灭亡以后建立仅一年的南明弘光政权也覆灭，清军很快攻占了江南的主要城市。其时，江南人民纷纷组织义师，英勇抗击清军。14岁的夏完淳也跟随父亲夏允彝和老师陈子龙积极投身于抗清斗争中。父亲殉国后，夏完淳又与老师陈子龙、岳父钱栴继续与清兵斗争，并上书已在绍兴充当监国的鲁王，鲁王授予夏完淳中书舍人的官职。清顺治三年(1646)春天，夏完淳变卖了全部家产，与陈子龙、钱栴一起加入太湖义军。失败后又奔走四方，继续四处联络反清力量，坚持抗清斗争。

顺治四年(1647)四月，夏完淳被清军逮捕，押送到南京。当时，明朝叛将洪承畴任清兵部尚书兼右副督御史总督江南军务，他亲自出面，以高官诱降夏完淳，但夏完淳坚定不屈，在公堂上傲然挺立，拒不下跪。面对洪承畴的百般利诱威胁，夏完淳竭尽冷嘲热讽之能事，痛斥洪承畴为虎作伥的无耻行径，使得洪承畴又羞又恼。在狱中，和夏完淳同时被捕的还有岳父钱栴。钱栴问女婿："你年纪还小，为什么也选择赴死这条路?"夏完淳回答道："宁为袁粲死，不作褚渊生。"袁粲和褚渊同为南朝刘宋大臣，袁粲忠于刘宋被杀，褚渊则支持权臣萧道成灭刘宋立齐而成为萧齐开国元勋。当时民间流传歌谣称："可怜石头城，宁为袁粲死，不作褚渊生!"[①]九月，夏完淳就义于南京西市，年仅17岁。和夏完淳同时被害的还有其岳父钱栴等40多位抗清义士。作为诗人，夏完淳留下了300多篇诗词。传世作有《南冠草》《玉樊堂》《续幸存录》等，今合编为《夏完淳集》。

夏完淳的两封遗书

夏完淳被囚于南京时，写下了《狱中上母书》和《遗夫人书》两封遗书。首先，

---

① 《南史·褚渊传》。

让我们来看夏完淳的《狱中上母书》：

不孝完淳今日死矣！以身殉父，不得以身报母矣！痛自严君见背，两易春秋，冤酷日深，艰辛历尽。本图复见天日，以报大仇，恤死荣生，告成黄土。奈天不佑我，钟虐先朝，一旅才兴，便成齑粉。去年之举，淳已自分必死，谁知不死，死于今日也。斤斤延此二年之命，菽水之养，无一日焉。致慈君托迹于空门，生母寄生于别姓，一门漂泊，生不得相依，死不得相问。淳今日又溘然先从九京，不孝之罪，上通于天。呜呼！双慈在堂，下有妹女，门祚衰薄，终鲜兄弟。淳一死不足惜，哀哀八口，何以为生？虽然已矣！淳之身父之所遗，淳之身君之所用。为父为君，死亦何负于双慈？但慈君推干就湿，教礼习诗，十五年如一日。嫡母慈惠，千古所难，大恩未酬，令人痛绝。慈君托之义融女兄，生母托之昭南女弟。淳死之后，新妇遗腹得雄，便以为家门之幸。如其不然，万勿置后！会稽大望，至今而零极矣。节义文章，如我父子者几人哉？立一不肖后如西铭先生，为人所诟笑，何如不立之为愈耶！呜呼！大造茫茫，总归无后。有一日中兴再造，则庙食千秋，岂止麦饭豚蹄，不为馁鬼而已哉！若有妄言立后者，淳且与先文忠在冥冥诛殛顽嚚，决不肯舍！

兵戈天地，淳死后，乱且未有定期，双慈善保玉体，无以淳为念。二十年后，淳且与先文忠为北塞之举矣，勿悲勿悲。相托之言，慎勿相负！武功甥将来大器，家事尽以委之。寒食盂兰，一杯清酒，一盏寒灯，不至作若敖之鬼，则吾愿毕矣。新妇结缡二年，贤孝素著。武功甥好为我善待之，亦武功渭阳情也。语无伦次，将死言善。痛哉！痛哉！人生孰无死？贵得死所耳！父得为忠臣，子得为孝子。含笑归太虚，了我分内事。大道本无生，视身若敝屣。但为气所激，缘悟天人理。恶梦十七年，报仇在来世。神游天地间，可以无愧矣！

夏完淳是夏允彝的偏房陆氏所生，在古代，正妻的地位是很高的，夏完淳虽为陆氏亲生，但按规矩他必须归于夏允彝正妻盛氏名下。因此，在信中夏完淳称盛氏为嫡母，称自己的生身母亲为生母。由于盛氏为人温和大度，对陆氏非常好，对夏完淳的养育和教导又关怀备至，因此夏完淳对嫡母一直很敬重，他的这封《狱中上母书》就是写给嫡母盛氏的。

在这封遗书中，夏完淳先是简略地回顾了父亲殉国后自己两年来的抗清斗争经历，表达了必死的决心。接着又表达了对嫡母和生母养育的感恩之情，以及对姐姐、妹妹和自己遗腹子的关切之情，又表达了自己和父亲下一辈子依然坚持抗清的决心。最后，以豪迈的语言表达了自己死得其所的崇高气节和不屈不挠的战斗精神。

在信中，夏完淳回忆了嫡母对自己“推干就湿，教礼习诗，十五年如一日”的教育深恩，可以看出夏完淳自小受到的家庭教育。同时，作为夏家唯一的男儿，他也对身后事一一作了交代，难能可贵的是，从信中丝毫看不见临刑之前的恐惧与悲伤，而是从容道来，尤其是在信的最后，以“人生孰无死？贵得死所耳！父得为忠臣，子得为孝子，含笑归太虚，了我分内事”，表达了他视死如归的战斗精神。通篇既谈到了自己自幼蒙受的庭训，又以家书的形式为夏家后代写下训诫，这真是中国古代难得的家书精品。

《遗夫人书》是夏完淳在就义前，给妻子钱秦篆留下的绝笔信。信中说：

> 三月结缡，便遭大变，而累淑女相依外家。未尝以家门盛衰，微见颜色。虽德曜齐眉，未可相喻；贤淑和孝，千古所难。不幸至今，吾又不得不死；吾死之后，夫人又不得不生。上有双慈，下有一女，则上养下育，托之谁乎？然相劝以生，复何聊赖！芜田废地，已委之蔓草荒烟；同气连枝，原等于隔肤行路。青年丧偶，才及二九之期；沧海横流，又丁百六之会。茕茕一人，生理尽矣。呜呼！言至此，肝肠寸断，执笔心酸，对纸泪滴。欲书则一字俱无，欲言则万般难吐。吾死矣！吾死矣！方寸已乱。平生为他人指画了了，今日为夫人一思究竟，便如乱丝积麻。身后之事，一听裁断，我不能道一语也！停笔欲绝。去年江东储贰诞生，名官封典俱有，我亦曾得。夫人，夫人！汝亦先朝命妇也。吾累汝，吾误汝，复何言哉！呜呼！见此纸如见吾也！外书奉秦篆细君。

夏完淳这封绝笔信写得相当感人。在信中，夏完淳表达了自己对妻子的真切感情。面对死亡，他大义凛然，但与爱妻诀别，不能不肝肠寸断，国恨与家事，不能两全。读后真令人唏嘘不已。从这封信的字里行间，我们可以看出年轻的夏完淳爱国爱家爱亲人的高尚品格。他留给家人和后代的是一笔宝贵的人格和道德遗产。

第三节　张英、张廷玉：父子宰相各留传世家训

在安徽桐城的文城西路，有一处名胜叫“六尺巷”，为清康熙年间宰相张英府的原址。其巷南为张英老家，巷北则为一个姓吴的宅子。张英在北京任宰相期间，老家为宅基地之事和吴宅发生了争执，于是张英家人就写信到京向张英告状。张英收书后就在信上批道：“一纸书来只为墙，让他三尺又何妨。长城万里今犹在，不见当年秦始皇。”[①]张英家人接到回书后顿时明白了张英之意，便主动将宅基地退让三尺，结果吴家见状备受感动，也主动向自家房舍退让三尺，从而使原本贴墙而立的张、吴两家之间形成了一条六尺宽的巷子。现在“六尺巷”已作为当地名胜而被列为桐城市文物保护单位，向人们昭示着张英作为高官而崇德重礼、重视家风的良好官德。

张英：被康熙称赞为“始终敬慎，有古大臣风”

张英（1637—1708），字敦复，又字梦敦，号乐圃，晚年更号圃翁。清江南桐城人。在康熙六年（1667）中进士，任翰林院庶吉士。十一月父亲去世，离职回家居丧。丧期满了以后又入京补任原官。康熙十一年（1672），授翰林院编修。康熙十二年（1673），以编修充日讲起居注官，累迁侍读学士。康熙十六年（1677）奉旨入直南书房，以备顾问，开清代词臣赐居禁城之先。先后累迁翰林院学士、兵部侍郎摄刑部事、文华殿大学士等职。康熙四十年（1701），张英以病情加重为由请求退休得到康熙帝批准。康熙四十四年（1705），康熙南巡，张英迎驾于淮安，并随驾至江宁，赐御书榜额、白金千两。康熙四十六年（1707），康熙再次南巡，张英又迎驾清江浦，仍随驾至江宁。张英壮年时即有田园之思，退休以后优游林下，以务农力田自娱。康熙四十七年（1708）病逝于家中，年70岁，谥“文端”。雍正皇帝当年在乾清宫读书时，张英曾为雍正帝侍讲经书，等到雍正即位后追念在乾清宫受学的日子，于是下诏赠张英太子太傅，赐御书榜额揭诸祠宇。雍正八年（1730），又下旨将张英入祀贤良祠。乾隆皇帝继位后，又加赠张英太傅。

张英身居高位，但性情和易，谦逊内敛，从不自炫其功。他荐举了许多人才，

---

① 《桐城县志略》。

从不让被荐举者本人知道。他为官正直，作为经筵讲官，负责为皇帝讲解经义，恪尽职守，“辰入暮出”，“慎密恪勤”[①]。康熙肯定张英“所进讲章甚为精详实，于学问政事大有裨益”，认为张英“每日进讲，启导朕心，甚有裨益”[②]。为了表彰张英，康熙亲自写了“清慎勤”“格物”大字各一幅送给他。在讲解过程中，凡涉民生利病、四方水旱灾情等国计民生大事，张英都知无不言，率直讲对。但是在涉及自己一点利害关系时却能做到“终身不言”。对此，康熙皇帝很满意，曾当着身边大臣称赞说：“张英始终敬慎，有古大臣风。”[③]在康熙南巡的过程中，江南江西总督阿山提出增加钱粮耗银供康熙南巡用，江宁知府陈鹏年不同意，阿山大怒，想以办事不力之罪弹劾陈鹏年。恰在这时，又有人以各种流言蜚语中伤陈鹏年，使陈鹏年面临着不测之祸。张英在入谒康熙皇帝时，康熙问张英江南有哪些廉政官吏。张英将陈鹏年推举为江南廉吏第一名。这使得阿山参奏陈鹏年的意向受阻，而陈鹏年却因张英的直荐而成为一代名臣。

张英的家训著作：《聪训斋语》和《恒产琐言》

张英重视家教、家风，除了身体力行、以身作则以外，还体现在他所撰述的两本家训著作《聪训斋语》和《恒产琐言》上。

《聪训斋语》共两卷，卷一有 24 则，卷二有 15 则。两卷体例并不完全相同，并非成书于一时。关于张英撰述此书的原委和目的，他的长子张廷瓒在《聪训斋语》“跋”中作过说明：“康熙三十年丁丑春，大人退食之暇，随所欲言，取素笺书之，得八十四幅，示长男廷瓒。装成二册，敬置座右，朝夕览诵，道心自生，传示子孙，永为世宝。廷瓒敬识。”张英利用公事之余，写成《聪训斋语》，一是作为座右铭“朝夕览诵”，自警自励；二是作为家训“传示子孙”。

在《聪训斋语》中，张英以官宦仕途、为人处世等方面的亲身经历和切身体会，结合古圣时贤的言行事例，教导子孙如何持家、治国、读书、立身、做人、交友。他用自己生活中所见、所闻、所思、所感的细微小事，解读深刻的人生哲理，言简意赅，深入浅出，蕴意深邃。

《聪训斋语》训诫之事虽包括家庭教育的诸多方面，但张英自己将它归结为四个方面，说：“予之立训，更无多言，止有四语：读书者不贱，守田者不饥，积德

① 《清史稿・张英传》。
② 《康熙起居注》，中华书局 1984 年版，第 310 页。
③ 《清史稿・张英传》。

者不倾，择交者不败。尝将四语律身训子，亦不用烦言夥说矣。”[1]所谓“夥说”，即“多说”。接着，张英又对以上“四语”作了说明。关于读书，张英说：“虽至寒苦之人，但能读书为文，必使人钦敬，不敢忽视，其人德性，亦必温和，行事决不颠倒，不在功名之得失，遇合之迟速也。”[2]关于“守田之法”，张英特别指明“详见《恒产琐言》”，这是张英的另一本家训著作。关于“积德之说”，张英说：“《六经》《语》《孟》，诸史百家，无非阐发此议，不须赘说。”[3]这是说包括《论语》《孟子》在内的儒家经典、诸子百家、历代史书，都阐发“积德”之议。关于“择交之说”，张英说：“予目击身历，最为深切。此辈毒人，如鸩之入口，蛇之螫肤，断断不易，决无解救之说。”[4]他认为交友不慎而遇陷害，如饮毒酒，如遭蛇咬，万难解救。张英之所以将人际交往看得那么重要，实在是他通过多年的“目击身历”而得出了教训。最后，张英说：“余言无奇，正布帛菽粟，可衣可食，但在体验亲切耳。”这是说自己所说的这些话，并没有什么特殊之处，正如布帛菽粟一样，可以当饭吃，可以当衣穿，只是在于每个人亲身体验的程度不同罢了。

《恒产琐言》主要讲述以田产为中心的居家治生之事，全书共 16 节。在《聪训斋语》中，张英提出立训“四语”，其中讲到“守田之法”，称“详见《恒产琐言》”。可以说《恒产琐言》是对其家训中的“守田之法”的集中阐述。在书中，张英以孟子“有恒产者有恒心”为立论基础，反复说明保住家庭田产的重要性。他反对将田产出卖。而许多家庭不得不出卖祖田，其根源是因为家庭负债，负债之来由是因为经营不善，不知量入为出。因此，他提出：“居家简要可久之道，则有陆梭山量入为出之法在。”张英以“量入为出”作为治家的道理，告诫子弟开支要有计划，不要举债而被迫出卖世代赖以赡上抚下的田产。保住恒产，量入为出，确实是农业社会治家的一个重要方面。

张英所撰《聪训斋语》《恒产琐言》，是明清时期家训的代表作，融读书之道、修身之道、齐家之道及养身之道于一炉，在后世产生广泛影响，堪称中国传统家风传承的典范。

张廷玉：三朝高官，被雍正皇帝称赞为和平端正、学问优长、器量雅重

张英生有六个儿子，除第五个儿子早夭外，其余依次为长子张廷瓒、次子张

---

① 《聪训斋语》卷一。
② 《聪训斋语》卷一。
③ 《聪训斋语》卷上。
④ 《聪训斋语》卷上。

廷玉、三子张廷璐、四子张廷瑑、六子张廷瓘。五个儿子俱佳，其中最有成就的是次子张廷玉。

张廷玉（1672—1755），字研斋，一字衡臣。从小就受到良好的家教，10 岁时就能诵读《尚书》《毛诗》，并粗通大意。为此，张英很高兴，还专门写了一首诗记之。16 岁时中秀才。康熙三十九年（1700）考中进士，授为翰林院庶吉士。康熙四十二年（1703），任翰林院检讨。康熙四十三年（1704）四月，入值南书房。从此，就在康熙皇帝身边。张廷玉像他父亲张英一样，虽然作为皇帝近臣，“久持讲握，简任机密”①，但勤勉谨慎，“辰入戌出，岁无虚日”②。在雍正皇帝即位以后，张廷玉奉特旨任礼部尚书，从此跻身于枢臣之列。雍正七年（1729），雍正帝设立军机处，张廷玉奉命与怡亲王胤祥、蒋廷锡领其事。《清史稿・张廷玉传》称：“军机处初设，职制皆廷玉所定。”张廷玉作为第一代军机大臣，对清代国家有决定性影响的军机处这一政治机构定立了规制，这一规制从某种意义上改变了清代固有的权力体系，对清王朝初期的政治、军事等起到巨大而又深远的影响。

张廷玉不仅典掌军机，又兼理吏部、户部要职。在乾隆朝，张廷玉于乾隆二年（1737）十一月，授任总理事务大臣，进三等伯爵，赐号“勤宣”。同年，罢总理事务之名而以大学士掌机要。乾隆十四年（1749）冬，被乾隆批准退休。乾隆二十年（1755）三月二十日，张廷玉卒于家中，享年 84 岁。乾隆帝遵清世宗雍正帝遗诏，命配享太庙。

张廷玉作为康熙、雍正、乾隆三朝高官，一直承继家风，为官清廉正直。他曾经三任会试同考官，这一官职很容易在考前收受好处，考完之后被录取者也会以门生之礼给考官送上“纨敬”。这在当时习以为常。但张廷玉任考官，在考前坚决摒绝送礼行贿和纳贿行迹，在考后有门生来拜谢，只是象征性地依礼节收一点礼品，绝不接受重金。他曾以明朝左光斗拜谢陈大绶往事自勉并告诫教育门生。左光斗是明朝名臣，也是桐城人。他早年参加乡试时，手持装帧精美的柬帖拜谢房师陈大绶，陈大绶接见了他，勉励他许多话，但却不收他的拜帖，认为帖子太豪华了，告诫他“今日行事俭，即异日做官清，不就此跕定脚跟，后难措手”。张廷玉以陈大绶的行为要求自己，同时告诫自己的门生，清廉要从小处做起：“不矜细行，终累大德。”康熙末年，吏治松弛，张廷玉虽性情宽厚，但任职果敢，勇于负责。

① 《清史列传・张英传》。
② 张廷玉：《澄怀园语》卷一。

他在任吏部左侍郎时，有猾吏张某，人称“张老虎”。此人一贯舞文弄法，害人无数。张廷玉顶住压力，不为朝中权贵多次请托说情所动，重重惩处张某，被时人称为“伏虎侍郎”。

雍正皇帝曾多次对张廷玉作过评价。雍正元年(1723)八月初九日，张廷玉奉旨兼管翰林院掌院学士事。张廷玉以自己“谫陋”，即水平低下，不能称职而推辞。雍正皇帝说：“汝学问优长，器量雅重，克堪斯任，何以辞为？”[①]雍正七年(1729)，雍正皇帝又一次对张廷玉作出评价，称“卿和平端正，学问优长”[②]。纵观张廷玉在康熙、雍正、乾隆三朝任高官而不败，和平端正、学问优长、器量雅重可以说是他为官的品格写照。

张廷玉的《澄怀园语》

张廷玉的《澄怀园语》和他的父亲张英的《聪训斋语》《恒产琐言》一样，都是流传较广的家教家训著作。张廷玉秉承其父张英家训，在服官之余、理政之暇，留心时务，详察当代变革；苦读深思，细究为文为人之道。凡有心得，记之笔端，汇辑成《澄怀园语》，旨在告诫子孙后人“知我之立身行己，处心积虑之大端”。

《澄怀园语》凡四卷。张廷玉在乾隆十一年(1746)曾说：“凡意念之所及，耳目之所经，与典籍之所载，可以裨益学问、扩充识见者，辄去片纸书之，纳敝箧中，而日用纤细之事，亦附及焉。十数年日积月累，合之，遂得二百五十余条，因厘为四卷，不分门类，但就日月之先后以为次序。”[③]张廷玉这段话，将这本书的成书经过、编排体例和基本内容都讲清楚了。

张廷玉的《澄怀园语》虽不分门类，以日月先后为序，当我们在读的时候依然可以看到他关注的重点所在。比如，他继承并发扬了他的父亲张英居官当清廉的思想，认为为官之道第一点就是清廉，如其在《澄怀园语》中所言：“为官第一要廉，养廉之道莫如能忍。尝记姚和修之言曰：有钱用钱，无钱用命。人能拼命强忍，不受非分之财，则于为官之道，思过半矣。”又说：“居官清廉乃分内之事。”他在《澄怀园语》中转述明儒吕坤的一段话：“做官都是苦事，为官原是苦人。官职高一步，责任便大一步，忧勤便增一步。圣贤胼手胝足，劳心焦思，惟天下之安而

---

① 张廷玉：《澄怀主人自订年谱》。
② 张廷玉：《澄怀主人自订年谱》。
③ 张廷玉：《澄怀园语》自序。

后乐”，并以此作为自己的座右铭，在其仕途中努力践行。张廷玉又注重教育孩子如何做人处世。他引用吕坤的话告诫孩子要做到“五不争”，即“不与居积人争富，不与进取人争贵，不与矜节人争名，不与简傲人争礼，不与盛气人争是非”。要求孩子“乐道人之善，恶称人之恶”。张廷玉认为在家庭中要讲规矩礼法，“一家之中，老幼男女无一个规矩礼法，虽眼前兴旺，既此便是衰败景象”。张廷玉认为重视家庭礼节“乃治家训子弟药石也”。像张廷玉这样的家庭，当然重视孩子的读书。但在《澄怀园语》中，张廷玉又提出了一个很重要的问题，即给孩子营造良好的读书环境。他认为在家庭中必须有个“闲且静”的环境和氛围，保证“志气清明，精神完足，无障碍亏缺处”。为此，他反对在家中“日事笙歌，喧哗杂处”。他说“居京师久，见富贵家之畜优人者，或数年或数十年，或一再传，而后必至家规荡弃，生计衰微，百不爽一”。对此，他感叹道：“呜呼！人情孰不为子孙计，此乃图一时之娱乐，则后人无穷之患，不亦重可叹哉！”以上这些都是从家庭日常生活中容易出现而又易被忽视的方面，对孩子提出忠告训诫，极有针对性。

张英、张廷玉宽容谦让、廉洁俭朴、乐善好施的家风

以张英、张廷玉父子为代表的张氏家族，人才辈出，绵延几代，在清初的康熙、雍正、乾隆三朝为官，簪缨朱紫，门第显赫，形成了安徽桐城张氏家风而备受瞩目。历史上对两人的评价颇高，有“父子双宰相”“三世得谥”“六代翰林”等赞誉。清人陈康祺所著《郎潜纪闻》记有“桐城张氏六代翰林”条，称：“桐城张氏六代翰林，为昭代所未有。太傅文端公英康熙丁未，子少詹事廷瓒乙未、文和公廷玉庚辰、礼侍廷璐戊戌、阁学廷瑑雍正癸未，孙检讨若潭乾隆丙辰、阁学若霭雍正癸丑、阁学若澄乾隆乙丑、侍讲若需丁丑，曾孙少詹事曾敞辛未，玄孙元宰嘉庆壬戌，来孙聪贤辛酉。自祖父至曾玄十二人，先后列侍从，跻鼎贵，玉堂谱里，世系蝉联，门阀之清华，殆可空前绝后已。”[①]书中列举了张氏一门从张英一代，到第二代张廷瓒、张廷玉、张廷璐、张廷瑑，第三代张若潭、张若霭、张若澄、张若需，第四代张曾敞，第五代张元宰，第六代张聪贤俱为翰林，从康熙绵延到嘉庆、道光，真是书香不绝，家风绍续，世代锦绣。总结起来，桐城张氏家风最突出的是谦让、廉洁、谨慎、好施这几个方面。

---

① 陈康祺：《郎潜纪闻郎潜纪闻初笔二笔三笔》，晋石校，中华书局 1984 年版，第 197 页。

一是宽容谦让。“六尺巷”的故事最能体现张英宽容谦让的气度和格局。在张英的教育影响下，其子张廷玉同样奉持谦让家风。他“无时不惕惕于持盈履满之防，而有歉于进忠补过之义”①。雍正元年(1723)十月，殿试开列读卷官，张廷玉因为有本家子弟应试，按例应该回避，但雍正皇帝认为张廷玉一向公正无私，不必引嫌回避。雍正皇帝读到第五卷的考卷，大为嘉赏，认为此卷应该列为一甲，怎么会拟定第五名呢？张廷玉赶紧奏道：“此臣弟张廷瑑卷也。”雍正帝于是打开封条，准备拔置张廷瑑为一甲。张廷玉又奏说张廷瑑乃从回避官生中续取中式者，在正榜中并没有名字，不应居一甲。雍正最后同意张廷玉的意见，将张廷瑑置于二甲第一。雍正十一年(1733)，张廷玉长子张若霭参加殿试，雍正皇帝亲到懋勤殿阅卷，阅至第五卷时甚满意，便将其拔至一甲三名(即探花)，在场的大臣皆称评定公允。待折卷时，方知是张廷玉之子张若霭。雍正帝非常高兴，即遣内侍告谕张廷玉。张廷玉立即奏请皇上换选他人。雍正皇帝不同意。张廷玉在奉诏面见雍正时就说：“天下三年大比，合计应乡试者十数万人，而登乡荐者不过千余人。以数科之人来京会试，而登春榜者，亦只三百余人。是此鼎甲三名，虽拔于三百余人之中，实天下士子十数万人所想望而不可得者。臣家世受皇恩，无所不极其至，若臣子又占科名最高之选，臣实梦寐难安。”他说“情愿以此让与天下寒士”②。张廷玉这番话让雍正帝大为嘉赏和感叹，于是就同意了张廷玉的意见，将张若霭降为二甲第一名。张廷玉先后两次主动将自己的弟弟、儿子考试等第往下拉，他的谦让足以和其父亲的“六尺巷”故事中“让他三尺又何妨”媲美。

二是廉洁俭朴。张英居官清廉，告诫子孙“人能知富之为累，则取之当廉，而不必厚积以招怨”。不仅如此，他还给自己退隐后的生活做出规划，立下规矩：“予于归田之后，誓不着缎，不食人参”。按照当时规定，经筵讲官虽然扈从皇帝，却需要“自备干粮”。康熙皇帝知道张英家清寒，特意下发谕旨，称张英远离家乡，京城毫无资产，决定张英的日常开销由大内负责。60岁时，他的夫人为了庆贺丈夫的生日，准备请一个戏班子唱“堂会”，并办生日宴会来款待前来贺寿的亲朋好友。这对于官宦之家本是常事。但张英得知夫人的打算后坚决表示反对。他劝说夫人放弃为他祝寿唱堂会办寿宴的计划，并用这笔钱做成了一百件丝绵衣裤，施舍给行人。康熙三十八年(1699)，张英长子张廷瓒奉皇帝命令，主持山东乡试。临行之前，张英特地嘱托儿子说：“词臣无多任事，所恃以报国家育人材

---

① 张廷玉：《澄怀主人自订年谱》。
② 张廷玉：《澄怀主人自订年谱》。

者，惟在典试耳。汝其慎之勖之。”张廷瓒谨遵父训，选拔真才实学者。为防止考场腐败，到任时，他先与各位考官共同发誓；又与副主考李伯猷一道对神立誓；然后各个官员也各自对神发誓。此次乡试，风清弊绝，所选人才多出自无权势的贫寒人家。参加乡试的士子，无论考取与否，都极口称赞佩服，并刻石纪念。张英曾不无骄傲地写道：“抡文典重醇雅，多积学英俊之士，海内士大夫共为许可。先是，乙丑分校礼闱，所取皆知名士，此其生平自信，不少宽假，亦余之家训也。”[①]张英次子张廷玉自少得父亲张英庭训，“于立身行己之道，兢兢绳检，毋敢逾越”[②]。他的旧居，湫隘狭小，连雍正皇帝都看不下去，于雍正七年（1729）七月，特下旨赐给宅第一座，并赐白金千两为迁移之费。雍正深知张廷玉为官不贪、不沾，完全靠俸禄生活，所以多次给予赏赐以纾家中衣食之忧。在雍正当皇帝的13年中，总共给予张廷玉赏赐达6次，每次张廷玉都坚辞不受，雍正皇帝对张廷玉说：“你父亲清白一世，没有给你留下什么家业，你自己又廉洁奉公，我不能让你为了生计分心。我赏赐你也是为了让你替朕分忧。”张廷玉只好谢恩接受。张廷玉教子严格。其长子张若霭为当朝书画家。一日，张廷玉到一属官家，看到所藏名画，十分欣赏，回家后便和张若霭谈起这幅画。过了几天张廷玉竟在书房中看见了这幅画。原来张若霭误以为父亲很想得到这幅画，于是擅自从那位官员家把画要来。张廷玉当场斥责儿子道：“我无介溪之才，汝有东楼之好，奈何？”所谓“介溪”，是明朝嘉靖年间奸相严嵩之号；“东楼”，则是严嵩之子严世蕃之号。严世藩凭借其父当朝首辅的地位和权威，贪污受贿，作恶多端，最终被当街处斩。张廷玉这是批评儿子仗势强索他人名画。张若霭知道自己错了，赶紧将这幅名画归还主人。张若澄是张廷玉次子，出身名门，工于绘画，但“家无长物，儒素依然”[③]，保持廉洁俭朴家风。

三是乐善好施。张英的书房挂着一副亲自书写的对联：“读不尽架上古书，却要时时努力；做不尽世间好事，必须刻刻留心。”[④]他曾经将自己过六十大寿的钱省下制成一百件丝绵衣裤，施舍于路人。康熙四十七年（1708），桐城东乡陈家洲遭遇水灾，当地人因无法生活只好去往县城乞讨，张廷玉通过家信得知后马上叮嘱自家兄弟子侄以及在京城为官的同乡筹款，以此来赈灾。雍正八年（1780），

---

① 《张氏宗谱·卷三十（列传之二）》。
② 张廷玉：《澄怀主人自订年谱》。
③ 徐璈：《桐旧集》。
④ 姚元之：《竹叶亭杂记》。

雍正皇帝赏赐张廷玉白金二万两，张廷玉再三推辞不成只得拜受，便以其中的千金寄给三弟张廷璐“为督学课士之用”，又以二千金寄回家乡，用来置公田，每年收成以后用来资助族人中贫乏者，并用此来扩大朝廷皇上的恩泽。雍正十一年(1733)，张廷玉回乡举行祭父大典，途经直隶时发现当地水灾严重，饥民遍野，当即奏请雍正皇帝开仓赈灾，解决百姓困苦。乾隆四年(1739)二月，张廷玉得知乡里歉收，米价昂贵，贫民乏食，号召富户赈灾事宜，同时寄信回乡嘱咐将庄租减价平价卖出粮食以帮助乡里度过荒年。也是在乾隆年间，张廷玉在回乡的路上，发现龙眠河上的“紫来桥”被洪水冲毁，他便立即捐出皇上所赐用作祭祀父亲张英的六千三百两白银，并动员家人进行募捐，用来重建石桥，重建之后当地百姓为了颂扬他，将此桥改名为“良弼桥”。张廷瓘是张英的第六个儿子，也是幼子，同样继承家风，有德行。在饥荒之年，曾主持赈灾事务，还变卖自己田地救灾，为乡民所感激。

康熙、雍正、乾隆三朝皇帝对张英张廷玉家训家风的赞赏

对于张英、张廷玉父子的家训家风，康熙皇帝、雍正皇帝都曾有评说。康熙三十八年(1699)张英长子张廷瓒随康熙南巡，康熙亲写“玉堂”二字、“传恭堂”匾额赐给他，意谓张廷瓒是张家玉子，传承了张英事事“恭敬”的家风。后张廷瓒就以“传恭堂”命名其诗集。雍正元年(1723)五月，在科考中张廷玉的堂弟张廷珩、胞侄张若震、堂侄张若涵都高中，雍正皇帝对前来谢恩的张廷玉说：“一门同时获隽者三人，乃事所罕见，此皆汝祖宗积德累仁，汝父公忠任事之报。”[①]这是对张英张廷玉家风的肯定。也是在这一年七月，张廷玉奉旨任纂修明史总裁官，雍正皇帝将自己在康熙四十年(1701)冬月，还在雍亲王藩邸时写给张廷玉父亲张英退休荣归故里的七言长律二章，重录颁赐给张廷玉，以嘉赏张廷玉“克绍家声”[②]，并希望张氏世世代代能守住这一良好家风。雍正十一年(1733)，张廷玉长子张若霭参加殿试，雍正皇帝亲自阅卷。当看到张若霭卷子时很满意，对着大臣们说张若霭“禀承家训，得大臣忠君爱国之意，是以敷陈之言，切当恳挚如此”。他还说：“盖大臣子弟，能知忠君爱国之心，异日必为国家宣力。大学士张英，立朝数十年，清忠和厚，始终不渝。张廷玉朝夕在朕左右，勤劳翊赞，时时以尧、舜期朕，朕亦以皋、夔期之。张若霭秉承家教，兼之世德所钟，故能若此，非

---

① 张廷玉：《澄怀主人自订年谱》。
② 张廷玉：《澄怀主人自订年谱》。

独家瑞，亦国之庆也。”在这次考试中，由于张廷玉再三谦让，雍正帝同意张廷玉的请求，将张若霭降录为二甲第一名。第二天，张廷玉带张若霭上殿谢恩，雍正见了张若霭赞曰：“此子又聪明又稳重，不愧家教。”[①]又告诫张若霭说：“汝能学汝父一半，便一生受用无穷。因汝祖积德累功，故生汝父；汝父又好，故生汝。汝其勉之。”[②]这里雍正帝反复肯定了张英、张廷玉、张若霭祖孙三代的家训家教。张廷瑑是张英第四个儿子，“性诚笃，细微必慎”，“刻苦砺行，耿介不妄取”，于乾隆三十九年(1774)逝世，享年84岁。乾隆皇帝知道以后，对左右说：“张廷瑑兄弟皆旧臣贤者，今尽矣！安可得也？”表达了对张氏兄弟的怀念和对张氏门风的肯定。

第四节　曾国藩家书：中国家教家训家风文化传承的一座高峰

关于中国的家教家训家风的文化传承，有学者曾指出：“《曾文正公家训》把我国的传统家范，发展到了最高峰。它的出现和风行，使得以往许多受人们欢迎的同类著作都黯然失色，相形见绌。”[③]《曾文正公家训》的作者，就是晚清名臣曾国藩。

曾国藩：晚清中兴名臣、中国洋务运动的最早倡导者

曾国藩(1811—1872)，原名子城，字伯涵，号涤生，湖南湘乡白羊坪人。清末洋务派和湘军首领。曾国藩出生于一个中等地主家庭。兄妹九人，曾国藩为长子，祖辈以务农为主。祖父曾玉屏虽少文化，但阅历丰富；父亲曾麟书为塾师秀才。曾国藩5岁启蒙，6岁入家塾“利见斋”。他从小勤奋读书。道光六年(1826)春，应长沙童子试，名列第七名。道光十年(1830)，曾国藩20岁，开始外出求学，先在衡阳唐氏家塾毕业，翌年改进湘乡连滨书院。道光十三年(1833)，考中秀才，进入长沙岳麓书院学习。道光十四年(1834)中举人。道光十八年(1838)，中进士，以庶吉士入翰林院常馆。道光二十年(1840)授翰林院检讨。道光二十七年(1847)，升任内阁学士加礼部侍郎衔，后又任礼部右侍郎、兵部左

① 张廷玉：《澄怀主人自订年谱》。
② 张廷玉：《澄怀主人自订年谱》。
③ 徐梓：《家范志》，上海人民出版社1998年版，第254页。

侍郎、工部左侍郎等职。从唐鉴、倭仁治义理之学。

咸丰二年(1853)六月,曾国藩被派充任江西乡试正考官。七月,闻母丧报,即回原籍奔丧。为对抗太平天国,奉旨以在籍侍郎身份在湖南办团练武装,旋扩编为湘军。次年发布《讨粤匪檄》,攻击太平天国。率兵出省作战,夺取武昌和田家镇。1855 年在湖口、九江被打败,退守南昌。次年因太平天国发生“杨韦事变”,再陷武昌。1858 年占九江,令李续宾率湘军主力攻三河镇,被歼灭。旋以曾国荃吉字营为基础,扩充实力。1860 年升两江总督,授钦差大臣,督办江南军务,节制苏、皖、赣、浙四省军务,主张“借洋兵助剿”。1862 年为协办大学士,派李鸿章到上海。左宗棠入浙江,会同“常胜军”“常捷军”夹攻太平军,并派曾国荃围攻天京。1864 年 7 月攻陷天京。被赏加太子太保衔,赐一等侯爵。次年奉命督办直隶、山东、河南三省军务,镇压捻军,后战败回两江总督任。同治四年(1865)与李鸿章在上海共同创办了洋务运动中规模最大的军事工业之一的江南机器制造总局等。同治六年(1867),在容闳的帮助下,在江南机器制造总局附近建立了一所兵工学校,初步培养了一批新的科技人才,翻译出第一批西方科技书籍。同治十年(1871),曾国藩拟定奏稿,与李鸿章联名上奏,阐述派遣留学生出国留学的意义,并拟定了具体章程 12 条。其中提出在上海设立“留学出洋局”,派员负责,又拨款在上海设立了“出洋预备学校”。同治十一年(1872)夏天,经过考试合格的中国第一批出国留学幼童 30 名在上海乘轮出洋留学美国,正式掀开了中国学生出国留学历史新篇章。曾国藩在同治七年(1868)被授武英殿大学士,调任直隶总督。同治九年(1870)查办天津教案,惩办民众,对外妥协,受到舆论谴责。回任两江总督,后病死于南京任上,年 62 岁。他死后,被清廷赞扬为“公忠体国”,追赠太傅,谥“文正”,入祀京师昭忠祠,并于湖南原籍、江宁省城建立专祠,将其生平政绩宣付国史馆立传。有《曾文正公全集》,今辑有《曾国藩全集》。

曾国藩是中国近代洋务运动的最早倡导者,和李鸿章、左宗棠、张之洞并称为晚清中兴四大名臣。

曾国藩祖父曾玉屏的“八字”“三不信”家规

曾国藩家训,源于祖父曾玉屏。曾玉屏(1774—1849),又叫曾冈星。清太学生。曾家以耕读为本的家风,就是由曾玉屏亲手制定并开始的。曾玉屏治家极严,创制“八字”与“三不信家规”。所谓“八字”,即“早、扫、考、宝、书、蔬、鱼、猪。”

早，指早起；扫，指洒扫庭除；考，指不忘祭祀祖先；宝，指善待邻里；书，指读书教育；蔬，指种菜；鱼，指养鱼；猪，指养猪。所谓“三不信”，即不信僧巫、不信地仙、不信医药。

曾国藩曾在家信中多次提到祖父制定的家规。如咸丰十一年(1861)二月二十四日致四弟曾国潢的信中说：“家中兄弟子侄，惟当记祖父之八个字，曰‘考、宝、早、扫、书、蔬、鱼、猪’。又谨记祖父三不信，曰：‘不信地仙，不信医药，不信僧巫’。”同年三月十三日，在写给儿子曾纪泽、曾纪鸿的信中说：“吾祖星冈公之教人，则有八字、三不信，八者曰：考、宝、早、扫、书、蔬、鱼、猪。三者，曰僧巫、曰地仙、曰医药，皆不信也。”曾国藩还将祖父家规家训编成顺口诀要儿孙铭记：“书蔬鱼猪，早扫考宝，常说常行，八者都好；地命医理，僧巫祈祷，留客久住，六者俱恼。”同治五年(1866)十二月初六，曾国藩在给曾国潢的信中又说：“子弟之贤否，六分本于天性，四分由于家教。吾家代代皆有世德明训，惟星冈公之教犹应谨守牢记。”可见曾国藩对祖父家训的重视程度。

道光十九年(1839)十月二十八日，曾国藩赴京任职之前，向祖父道别，并请祖父教训。曾玉屏说：“尔的官是做不尽的，尔的才是好的，但不可傲。满招损，谦受益，尔若不傲，更好全了。”对祖父的这番庭训，曾国藩一直铭记在心。

曾国藩的父亲曾麟书教子：“吾固钝拙，训告尔辈钝者，不以为烦苦也”

曾国藩的父亲曾麟书，在曾国藩的成长过程中也起到很重要的作用。曾麟书(1790—1857)，字竹亭。他自幼受到父亲的严格教训，由于天资不够，在求取功名的道路上蹉跎经年，一直到43岁那年才勉强得中秀才。曾麟书自知才短，功名无望，就发愤教督诸子。他教子读书有自己的一套方法。他设立“利见斋”家塾来教育孩子。曾麟书教子严格而耐心，他常对曾国藩等孩子说：“吾固钝拙，训告尔辈钝者，不以为烦苦也。”[①]曾国藩幼年就在父亲塾馆接受严格的读书教育。他曾回忆说：“国藩愚陋，自八岁侍府君于家塾，晨夕讲授，指画耳提，不达则再诏之，已而三复之；或携诸途，呼诸枕，重叩其所宿惑者，必通彻乃已。其视他学僮亦然。其后教诸少子亦然。”对于读书，曾麟书告诫曾国藩等贵在有恒，他说：“有志进取，亦是圣贤”，“代圣贤之言，孝弟之心，仁义之理，皆能透彻”[②]。作

---

① 《曾国藩全集·诗文》。

② 《湘乡曾氏文献补》，台湾学生书局1975年版，第15页。

为父亲，他全力挑起家庭重担，要曾国藩弟兄只管专心读书，家事家计都不要考虑。曾国葆、曾国荃、曾国华出外应考，曾麟书分别给他们去信，要他们“临切揣摩墨卷，一心读书，切莫分心外务”。他告诫儿子：“心驰于外，则业荒于内。此不可不知所戒也。”[①]他还曾写信已在京城做官的长子曾国藩，要求他在祖父去世后不必回归乡里，家中一切都不要挂念，要他“嗣后尔写信，只教诸弟读书而已，不必别有议论也”[②]。

除了严格要求儿子读书外，曾麟书还重视儿子的品德教育。曾国藩回忆说：“父亲每次家书，皆教我尽忠图报，不必系念家事。余敬体吾父之教训，是以公而忘私，国而忘家。”[③]可以说，曾麟书在教督培养孩子读书成才方面，起到了一个父亲应尽的责任，为曾氏弟兄日后发展起到了重要的作用。

曾国藩家书谈读书：“惟读书则可变化气质”

奠定曾国藩在中国家训文化史上重要地位的是他的家书。曾国藩的家书有禀祖父、父母的，有致诸弟的，有谕儿子的，时间跨度历道光、咸丰、同治三朝，涉及面很广。在这里，仅从读书、修身、治家、处世、为官等几方面略作介绍，足以反映曾国藩家训的概貌。

曾国藩是曾麟书长子，他有四个弟弟。作为大哥，他非常关心几个弟弟的读书治学。道光二十年(1840)二月初九，曾国藩在北京写信给父母说：“家中诸事都不挂念，惟诸弟读书不知有进境否？须将所作文字诗赋寄一二首来京。”[④]道光二十二年(1842)九月十八日，他写信给四个弟弟，又谈到读书治学之事。在信中，曾国藩先谈到自己读书治学的心得体会，说：“予思朱子言，为学譬如熬肉，先须用猛火煮，然后用慢火温。予生平工夫全未用猛火煮过，虽略有见识，乃是从悟境得来。偶用功，亦不过优游玩索已耳。如未沸之汤，遽用慢火温之，将愈煮愈不熟矣。以是急思搬进城内，摒除一切，从事于克己之学。”[⑤]曾国藩从自己的读书为学，又转而对诸弟的读书为学，提出了要求：“求业之精，别无他法，曰专而已矣。谚曰：‘艺多不养身’，谓不专也。吾掘井多而无泉可饮，不专之咎也。诸弟总须力图专业。如九弟志在习字，亦不必尽废他业。但每日习字工夫，断不可

---

① 《湘乡曾氏文献补》，台湾学生书局 1975 年版，第 36 页。
② 《湘乡曾氏文献补》，台湾学生书局 1975 年版，第 23 页。
③ 董力选编：《曾国藩家书》，四川文艺出版社 2008 年版，第 61 页。
④ 董力选编：《曾国藩家书》，四川文艺出版社 2008 年版，第 1 页。
⑤ 董力选编：《曾国藩家书》，四川文艺出版社 2008 年版，第 5—6 页。

不提起精神，随时随事，皆可触悟。四弟、六弟，吾不知其心有专嗜否？若志在穷经，则须专守一经；志在作制义，则须专看一家文稿；志在作古文，则须专看一家文集。作各体诗亦然，作试帖亦然，万不可以兼营并骛，兼营则必一无所能矣。”①在这封信中，曾国藩向诸弟提出为学求业的一个重要原则，就是“专”。他引用谚语“艺多不养身”，认为“掘井多而无泉可饮，不专之咎也”。

同年十二月二十日，曾国藩又有一信给诸弟，提出读书“三要”：“盖士人读书，第一要有志，第二要有识，第三要有恒。有志则断不甘为下流；有识则知学问无尽，不敢以一得自足，如河伯之观海，如井蛙之窥天，皆无识者也；有恒则断无不成之事。此三者缺一不可。诸弟此时，惟有识不可以骤几，至于有志有恒，则诸弟勉之而已。”②

曾国藩有两个儿子，长子曾纪泽，次子曾纪鸿。在家信中，曾国藩对儿子的读书治学也提出了要求和方法。如咸丰八年(1858)七月二十一日，他写信给曾纪泽，教授“读书之法”。他说：“读书之法，看、读、写、作，四者每日不可缺一。看者，如尔去年看《史记》《汉书》《韩文》《近思录》，今年看《周易折中》之类是也。读者，如‘四书’、《诗》、《书》、《易经》、《左传》诸经、《昭明文选》、李杜韩苏之诗，韩欧曾王之文，非高声朗诵则不能得其雄伟之概，非密咏恬吟则不能探其深远之韵。譬如富家居积，看书则在外贸易，获利三倍者也，读书则在家慎守，不轻花费者也；譬如兵家战争，看书则攻城略地、开拓土宇者也，读书则深沟坚垒、得地能守者也。看书如子夏之‘日知所亡’相近，读书与‘无忘所能’相近，二者不可偏废。至于写字，真行篆隶，尔颇好之，切不可间断一日。既要求好，又要求快。余生平因作字迟钝，吃亏不少。尔须力求敏捷，每日能作楷书一万则几矣。至于作诸文，亦宜在二三十岁立定规模，过三十后，则长进极难。作四书文，作试帖诗，作律赋，作古今体诗，作古文，作骈体文，数者不可一一讲求，一一试为之。少年不可怕丑，须有狂者进取之趣味，当时不试为之，则后此弥不肯为矣。”③

过了三年，曾国藩又向儿子提出“看读写作”四字读书之法。信中说：“尔十余岁至二十岁虚度光阴，及今将看、读、写、作四字逐日无间，尚有可成。”④要求曾纪泽每天不间断地坚持“看读写作”。可见曾国藩对儿子读书要求之严。在家

---

① 董力选编：《曾国藩家书》，四川文艺出版社2008年版，第7页。
② 董力选编：《曾国藩家书》，四川文艺出版社2008年版，第15页。
③ 董力选编：《曾国藩家书》，四川文艺出版社2008年版，第97页。
④ 董力选编：《曾国藩家书》，四川文艺出版社2008年版，第142页。

信中，曾国藩还提出“读书可变化气质”的重要观点。同治元年(1862)四月二十四日，他在给曾纪泽、曾纪鸿的信中说：“人之气质，由于天生，本难改变，惟读书则可变化气质。”[1]

曾国藩家书谈立志修身：君子立志“有民胞物与之量，有内圣外王之业”

曾国藩一生克己修身，同时，对弟弟、子女也强调立志修身。道光二十二年(1842)十月二十六日，他在给诸弟的信中，针对三弟曾国华“自怨数奇”发牢骚之事，谈到了立志的问题，他说：“君子之立志也，有民胞物与之量，有内圣外王之业，而后不忝于父母之所生，不愧为天地之完人。故其为忧也，以不如舜不如周公为忧也，以德不修、学不讲为忧也。是故顽民梗化则忧之，蛮夷猾夏则忧之，小人在位贤才否闭则忧之，匹夫匹妇不被己泽则忧之，所谓悲天命而悯人穷，此君子之所忧也。若夫一身之屈伸，一家之饥饱，世俗之荣辱得失、贵贱毁誉，君子固不暇忧及此也。”[2]在这封信中，曾国藩提出立志有大小之别。立大志者，就是要以天下为己任；立小志者，斤斤于“一身之屈伸，一家之饥饱”。曾国藩希望诸弟立大志，早立志。在同一信中，曾国藩还说：“盖人不读书则已，亦即自名曰‘读书人’，则必从事于《大学》。《大学》之纲领有三：明德、新民、止至善，皆我分内事也。若读书不能体贴到身上去，谓此三项与我身了不相涉，则读书何用？”[3]

曾国藩家书谈勤俭持家：“愿尔等常守此俭朴之风，亦惜福之道也”

对于家庭和睦，曾国藩在道光二十三年(1843)二月十九日禀父母的信中提出：“兄弟和，虽穷氓小户必兴；兄弟不和，虽世家宦族必败。”[4]咸丰八年(1858)十月初十，曾国藩的三弟曾国华在安徽三河镇阵亡，十一月十二日，曾国藩写信给曾国潢、曾国荃和曾国葆，讲到他自己于去年在家时，和曾国华“因小事而生嫌衅”之事，检讨说：“实吾度量不闳，辞气不平，有以致之，实有愧于为长兄之道。千愧万悔，夫复何言！”从而提出“和气致祥，乖气致戾”，要兄弟们以此为戒[5]。

---

① 董力选编：《曾国藩家书》，四川文艺出版社 2008 年版，第 151 页。
② 董力选编：《曾国藩家书》，四川文艺出版社 2008 年版，第 8 页。
③ 董力选编：《曾国藩家书》，四川文艺出版社 2008 年版，第 9 页。
④ 董力选编：《曾国藩家书》，四川文艺出版社 2008 年版，第 24 页。
⑤ 董力选编：《曾国藩家书》，四川文艺出版社 2008 年版，第 103—104 页。

对于勤俭，如他在咸丰五年(1855)六月十六，给诸弟的信中提出："子侄辈总宜教之以勤，勤则百弊皆除。"[①]同年八月二十七，在给诸弟的信中说道："生当乱世，居家之道，不可有余财，多财则终为患害。又不可过于安逸偷惰，如由新宅至老宅，必宜常常走路，不可坐轿骑马。又常常登山，亦可以练习筋骸。仕宦之家，不蓄积银钱，使子弟自觉一无可恃，一日不勤，则将有饥寒之患，则子弟渐渐勤劳，知谋所以自立矣。"[②]同治元年(1862)五月二十七日，曾国藩写信给曾纪鸿，戒儿子勿沾富贵习气。信中说："凡世家子弟衣食起居，无一不与寒士相同，庶可以成大器；若沾染富贵气习，则难望有成。吾忝为将相，而所有衣服不值三百金。愿尔等常守此俭朴之风，亦惜福之道也。"[③]

曾国藩曾撰"俭以养廉，直而能忍"联赠给二弟曾国潢。同治二年(1863)十月十四日，根据老家的用度开支情况，曾国藩致信二弟曾国潢，批评各家规模总嫌过于奢华。他举家人出行坐四轿一事，指出家中坐者太多，尤其听说儿子曾纪泽亦坐四轿，认为"此断不可"，要曾国潢"严加教责"，同时要求弟弟"亦只可偶一坐之，常坐则不可"。曾国藩反对家人坐四轿，不是因为家境条件不允许，而是认为"以此事推之，凡事皆当存一谨慎俭朴之见"[④]。以曾国藩这样的地位，能反复告诫家人，勿忘勤、俭、廉，确实是难能可贵的。

曾国藩家书谈处世："月盈则亏，水满则溢"

曾国藩在给弟弟、儿子的信中，多次提到"月盈则亏，水满则溢"的道理。咸丰六年(1856)九月初十告诫弟弟们"于县城省城均不宜多去"。他认为"处兹大乱未平之际，惟当藏身匿迹，不可稍露圭角于外"[⑤]。对于自己，他说："吾年来饱阅世态，实畏宦途风波之险，常思及早抽身，以免咎戾。家中一切，有关系衙门者，以不与闻为妙。"[⑥]

咸丰八年(1858)三月初六，曾国藩专门就"傲"和"多言"训诫诸弟。信中说："古来言凶德致败者约有二端：曰长傲，曰多言。丹朱之不肖，曰傲曰嚣讼，即多言也！历观名公巨卿多以此二端败家丧生。余生平颇病执拗，德之傲也；不甚多

① 董力选编：《曾国藩家书》，四川文艺出版社2008年版，第69页。
② 董力选编：《曾国藩家书》，四川文艺出版社2008年版，第70页。
③ 董力选编：《曾国藩家书》，四川文艺出版社2008年版，第154页。
④ 董力选编：《曾国藩家书》，四川文艺出版社2008年版，第168页。
⑤ 董力选编：《曾国藩家书》，四川文艺出版社2008年版，第75页。
⑥ 董力选编：《曾国藩家书》，四川文艺出版社2008年版，第75页。

言，而笔下亦略近乎嚣讼。静中默省愆尤，我之处处获戾，其源不外此二者。温弟性格略与我相似而发言尤为尖刻。凡傲之凌物，不必定以言语加人，有以神气凌之者矣，有以面色凌之者矣。温弟之神气稍有英发之姿，面色间有蛮狠之象，最易凌人。凡心中不可有所恃，心有所恃则达于面貌。以门地言，我之物望大减，方且恐为子弟之累；以才识言，近今军中炼出人才颇多，弟等亦无过人之处，皆不可恃。只宜抑然自下，一味言忠信、行笃敬，庶几可以遮护旧失，整顿新气。否则，人皆厌薄之矣。沅弟持躬涉世，差为妥洽。温弟则谈笑讥讽，要强充老手，犹不免有旧习。不可不猛省！不可不痛改！闻在县有随意嘲讽之事，有怪人差帖之意，急宜惩之。余在军多年，岂无一节可取？只因'傲'之一字，百无一成，故谆谆教诸弟以为戒也。"[①]整封信，主要诫诸弟勿长傲，勿多言，直率地指出曾国华在为人处世方面存在的问题，要求他猛省、痛改，并谆谆要求诸弟以为戒。

咸丰八年(1858)七月二十一日，曾国藩写信给曾纪泽，提出："至于作人之道，圣贤千言万语，大抵不外'敬恕'二字。'仲弓问仁'一章，言敬恕最为亲切。自此以外，如'立则见参于前也，在舆则见其倚于衡也'；'君子无众寡，无大小，无敢慢'，斯为泰而不骄；正其衣冠，俨然人望而畏，斯为畏而不猛。是皆言'敬'之最好下手者。孔言'欲立立人，欲达达人'；孟言'行有不得，反求诸己'，'以仁存心，以礼存心'，'有终身之忧，无一朝之患'，是皆言'恕'之最好下手者。尔心境明白，于'恕'字或易著功，'敬'字则宜勉强行之，此立德之基，不可不谨。"[②]

曾国藩家书谈为官之道："以做官发财为可耻，以宦囊积金遗子孙为可羞可恨"

道光二十九年(1849)，39岁之时，曾国藩升授内阁学士兼礼部侍郎，又钦派会试总裁，官职由四品骤升为二品。他写信给诸弟，讲到他的为官之道。他说："予自三十岁以来，即以做官发财为可耻，以宦囊积金遗子孙为可羞可恨，故私心立誓，总不靠做官发财以遗后人。神明鉴临，予不食言！……将来若作外官，禄入较丰，自誓除廉俸以外，不取一钱。廉俸若日多，则周济亲戚族党者日广，断不蓄积银钱为儿子衣食之需。盖儿子若贤，则不靠宦囊，亦能自觅衣饭；儿子若不肖，则多积一些，渠将多造一孽，后来淫佚作恶，必且大玷家声！故立定次志，决

① 董力选编：《曾国藩家书》，四川文艺出版社2008年版，第93页。
② 董力选编：《曾国藩家书》，四川文艺出版社2008年版，第97—98页。

不肯以做官发财，决不肯留银钱与后人。”[1]曾国藩一生清廉，临死时没有给家里留下太多的遗产。

咸丰元年（1851）五月十四日，曾国藩在致诸弟的信中表明自己为官当“尽忠直言”。他说：“二十六日，余又进一谏疏，敬陈圣德三端，预防流弊。其言颇过激切，而圣量如海，尚能容纳，岂汉唐以下之英主所可及哉！余之意，盖以受恩深重，官至二品，不为不尊；堂上则诰封三代，儿子则荫任六品，不为不荣；若于此时再不尽忠直言，更待何时乃可建言？而皇上圣德之美，出于天亶自然，满廷臣工遂不敢以片言逆耳，将来恐一念骄矜，遂至恶直而好谀，则此日臣工不得辞其咎。是以趁此元年新政，即将此骄矜之机关说破，使圣心日就兢业而绝自是之萌。此余区区之本意也。现在人才不振，皆谨小而忽于大，人人皆习脂韦唯阿之风。欲以此疏稍挽风气，冀在廷皆趋于骨鲠，而遇事不敢退缩，此余区区之余意也。”[2]信中所说“余又进一谏疏，敬陈圣德三端，预防流弊”，是指他在当年五月，给刚刚登上帝位的咸丰皇帝奕詝上了一个针对皇帝本人的《敬陈圣德三端预防流弊》折，从三个方面对咸丰提出批评。第一方面批评咸丰苛求小节，疏于大计，对广西前线的将帅安排不当；第二方面批评咸丰文过饰非，不求实际；第三方面批评咸丰骄矜，出尔反尔，刚愎自用，骄傲自满，言行不一。曾国藩的这个奏折惹得咸丰大怒，即要军机处拟曾国藩之罪，幸亏其他大臣求情，才得以免罪。因此，曾国藩在信中讲到自己的“区区本意”，绝不是说一些空话、套话，他是这样说的，也是这样做的。

曾氏门风代代相传，人才辈出

曾国藩的家教家训和家书，内容丰富，涉及广泛，语言亲切，符合实际，发扬光大了曾氏门风，使曾国藩的后代人才辈出。

曾纪泽和曾纪鸿，是曾国藩家教家书的直接教育对象。长子曾纪泽（1839—1890），学贯中西，是清末著名外交家。光绪四年（1878），充出使英、法两国大使。光绪五年（1879）使俄大臣崇厚同俄国擅订《里瓦几亚条约》被革职，曾纪泽临危受命，兼充出使俄国大臣，在与俄国交涉中，据理力争，折冲樽俎，毁丧权辱国的《里瓦几亚条约》，更立新议，签订了中俄《伊犁条约》，收回伊

---

① 董力选编：《曾国藩家书》，四川文艺出版社2008年版，第50页。
② 董力选编：《曾国藩家书》，四川文艺出版社2008年版，第60页。

犁和特克斯河地区。中法战争爆发，曾纪泽极力抗议法国政府的无端挑衅，主张“坚持不让”，“一战不胜，则谋再战；再战不胜，则谋屡战”。他与法人争辩，始终不屈不挠。又疏陈备御策略。与英国议定《洋烟税厘并征条约》，为清政府每年增加烟税白银二百多万两收入。还曾帮办海军事务，为我国海军的发展做过一定的贡献。曾纪鸿（1848—1881）作为曾国藩的次子，成就虽然没有兄长大，但也禀遵父训，潜心向学。尤其在攻读举业的同时，致力钻研算数之学。虽不幸早亡，但也多有成就，著有《对数详解》五卷，对数的源流、原理以及实用价值等做了精辟论述，刊刻印行后深受同行和广大算学爱好者的欢迎。1874 年，曾纪鸿又写了《圆率考真图解》一书，推算得圆周率到小数点后 100 位之多，在当时国际上处于领先地位。英国科学史专家李约瑟在《中国科技史》等书中充分肯定了曾纪鸿在数学史上的重要地位。

除了两个儿子以外，曾国藩的孙辈也同样各有成就。如曾纪鸿四子、曾纪泽养子曾广铨（1871—1930），精通英语、法语、德语和满文。承父志，先后任清驻英使馆参赞、使韩国大臣。无论在英国还是韩国，都牢记祖训，自觉坚持以俭养廉，不失国体，被清廷誉为“良臣”。后来还担任过京师大学堂译学馆总办，也是著名的翻译家。曾纪鸿长子曾广钧（1866—1929）则继承家学，为清末著名诗人，被梁启超誉为“诗界八贤”之一。

在曾孙辈中，曾约农（1893—1986）曾任台湾东海大学首任校长。曾孙女曾宝荪（1893—1978）为曾家女子中第一个出国留学者，于 1916 年 7 月获得伦敦大学理科学士学位，是中国妇女获得此学位的第一人。回国后终身不嫁，致力于女子教育，是一位桃李满天下、在社会上有广泛影响的教育家。曾国藩曾孙女曾宝菡（1896—1979）是曾氏后裔中第一个医学女博士。至于曾国藩旁系亲属中，也同样涌现出大批杰出人才，如为变法维新“以死唤醒民众”的曾广河（1874—1898）、曾任新中国国家高等教育部副部长的曾昭抡（1899—1967）、杰出的文史专家曾宪楷（1908—1985）、新中国第一个女考古学者曾昭燏（1909—1964）、爱国化学家曾广植（1918—2015）等。

第五节　左宗棠“耕读务本”的家训和家风

1983 年 10 月 15 日《光明日报》刊登了一篇题为《左宗棠的爱国主义精神在

历史上闪光——记王震同志谈左宗棠》一文。在这篇文章中，记载了时任国务院副总理的王震对左宗棠的后人左景伊的谈话。在谈话中，王震对左宗棠作出了评价，他说："左宗棠在帝国主义瓜分中国的历史情况下，力排投降派的非议，毅然率部西征，收复新疆，符合中华民族的长远利益，是爱国主义的表现。左公的爱国主义精神，是值得我们后人发扬的。"他还说："解放初，我进军新疆的路线，就是当年左公西征走过的路线。在那条路上，我还看到不少当年种下的'左公柳'。走那条路非常艰苦，可以想见，左公走那条路就更艰苦了。那时，我在兰州遇到过一位老翰林，九十多岁了，他谈起了左公当年进军西北的许多事，可惜没有记下来。左宗棠西征是有功的，否则，祖国西北大好河山很难设想。"

左宗棠的高光时刻：远征阿古柏集团，收复新疆

左宗棠(1812—1885)，字季高，湖南湘阴人。清末洋务派和湘军首领。4岁时就随祖父和父亲学习儒家经传。5岁时也就是嘉庆二十一年(1816)随父亲左观澜迁居长沙。19岁时正式到城南书院读书，受教于名儒贺熙龄，在思想上受贺熙龄的影响很大。道光十二年(1832)，左宗棠20岁时参加乡试，和哥哥同榜中举。这是左宗棠在科举道路上获得的唯一一次功名。同年，他入赘周家，妻子周诒端，为湘潭的一家富室千金。左宗棠以赘婿的身份在周家生活多年。后来，左宗棠曾三次入京会试，却均铩羽而归。科举的失意使他决意放弃词章之学，而专注于经世致用之学。他留意农事，遍读群书，钻研舆地、兵法，

左宗棠初入湖南巡抚张亮基、骆秉章幕。咸丰十年(1860)，由曾国藩推荐，率湘军五千人赴江西、皖南与太平军作战。同治元年(1862)初任浙江巡抚。次年五月升闽浙总督。同治三年(1864)，攻占杭州，控制全浙。被朝廷赏加太子少保衔，诏封一等伯爵。同治四年(1865)，奉命节制赣、粤、闽三省军务，攻剿太平军余部李世贤、任海洋。在闽浙总督任上，提出了创办福州船政局的计划，并通过勘察选择了福州马尾山下一处地方作为厂址。同治五年(1866)七月，清廷批准左宗棠设厂造船的请求，正式创建了福州船政局，也正是这一举动，使左宗棠成为洋务派的代表人物之一。同年九月调陕甘总督。同治六年(1867)，以钦差大臣督办陕甘军务，率军追剿回民起义和捻军。同治七年(1868)，率军入晋、豫、直隶，追剿西捻军，被清廷赏加太子太保衔。同治十一年(1872)，上奏驳斥停造轮船言论，创办兰州制造局。同治十二年(1873)攻占肃州等处，击灭回民军，被清廷任以陕甘总督协办大学士，赏加一等轻车都尉世职。

西征新疆，是左宗棠一生中的高光时刻。光绪元年(1875)四月，左宗棠上奏主张海防与塞防并重，并受命以钦差大臣督办新疆军务，率军讨伐阿古柏，于光绪二年(1876)收复迪化，光绪三年(1877)攻占坂城、托克逊、吐鲁番三城，打开通往南疆的门户。十二月收复喀什噶尔。光绪四年(1878)一月，收复和阗。至此，左宗棠率西征大军，将新疆除伊犁以外全部收复，有力地阻遏了俄、英对新疆的侵略。三月，被清廷加恩由一等伯晋为二等侯。光绪六年(1880)，上奏支持曾纪泽赴俄再议伊犁问题，并提出准备分三路出兵，以武力收复伊犁的方案，以配合曾纪泽与俄国的谈判。六月，左宗棠不顾体弱多病，亲冒风沙严寒，率军穿过千里戈壁，直抵哈密凤凰台。当时，左宗棠已年近七十，他的这种精神，充分显示了反侵略的坚强意志和"威武不能屈"的英雄气概。左宗棠在伊犁问题上的坚决态度对曾纪泽在俄国的谈判产生了重要影响。在他率部进军新疆的过程中，曾多次向清廷陈述新疆建省的重要性，并提出了建省的具体方案。光绪十年(1884)，清廷正式批准新疆建省，任命刘锦棠为首任新疆巡抚。这是新疆历史上的重大事件：它进一步削弱了地方封建割据势力，实现了新疆与全国其他各省行政制度的统一；它大大加强了与内地的经济文化交流，对于恢复和发展新疆经济、对于保卫祖国西北边防，都起到了重大作用。当时左宗棠虽然已在两江总督任上，但作为新疆建省的创议者，左宗棠的远大政治眼光确有不可磨灭的功绩[①]。

光绪六年(1880)九月，左宗棠在西北创办兰州机器织呢局等新式产业。光绪七年(1881)，左宗棠入京任军机大臣，调两江总督兼南洋通商事务大臣。中法战争时督办福建军务。光绪十一年(1885)，病逝于福州，年73岁。被清廷追赠太傅，谥"文襄"。有《左文襄公全集》，今辑有《左宗棠全集》。

身无半亩，心忧天下；读破万卷，神交古人

对于左宗棠这位晚清中兴名臣，《清史稿》作过这样的评价："宗棠事功著矣，其志行忠介，亦有过人。廉不言贫，勤不言劳。待将士以诚信相感。善於治民，每克一地，招徕抚绥，众至如归。论者谓宗棠有霸才，而治民则以王道行之，信哉。"

左宗棠虽和曾国藩、李鸿章同为晚清名臣，论家世和出身，他要比曾、李二人

① 白寿彝总主编：《中国通史》第十一卷，上海人民出版社2004年版，第1390页。

差得多。但是，他却能承家教家风，“廉不言贫，勤不言劳”。左宗棠先祖自南宋时已为湖南湘阴人。其先祖代代都以耕读为业。他的高祖左定师，为县学生员。曾祖父左逢圣，也为县学生员，好做善事，以孝义闻名乡里。他的祖父左人锦，为国子监生，曾经效仿社仓法，倡议捐谷建族仓，以备凶荒。父亲左观澜，为县学廪生。左家到左宗棠父亲这一辈时，家境日益清贫，左观澜不得不外出授徒来挣钱养家糊口。嘉庆十二年(1807)湘阴大旱，一境遭灾，左家生活陷于困顿，经常以糠饼、瓜菜充饥。左宗棠为左家第三子，他出生时家境每况愈下，16岁时母亲病逝，19岁时父亲又去世，家中虽有田地数十亩，但不足日用。左宗棠人穷志不穷，后来在给朋友的信中写道：“自十余岁孤露食贫以来，至今从未尝向人说一穷字，不值为此区区挠吾素节。”①

左宗棠幼承庭训。4岁时就在祖父左人锦的教导下读书、写字。有一次，祖父带他到自己家后山山去摘毛栗，整整摘了一筐。回到家中以后，祖父就让左宗棠分给哥哥姐姐们吃。左宗棠按人数平均分配。为此，祖父很高兴，认为左宗棠小小年纪，分物能均，自己不贪多得，让予别人而忘其私心，日后定能光大左氏门楣。5岁时随家迁往长沙。父亲左观澜开馆授徒，左宗棠和两个哥哥一起入馆学习。6岁时开始读《论语》《孟子》和朱熹的《四书集注》。左宗棠读书，牢记父亲教诲，读书一字不许放过。后来成年以后虽然在科举道路上坎坷跌宕，终其一生只获得举人功名。但在祖父、父亲的严格教育下，打下了坚实的做学问基础，最终凭借真才实学出将入相，与曾国藩、李鸿章这样翰林出身的人同为“中兴名臣”。

道光十六年(1836)，左宗棠23岁，作为赘婿寄居在周家。这时他写下了一副著名的对联：“身无半亩，心忧天下；读破万卷，神交古人。”这副对联，充分表达了青年左宗棠的胸襟和抱负。道光十八年(1838)，左宗棠第三次赴京会试落第后，从此绝意科举，长期在家以耕读为生。后到安化陶澍家设馆教书。道光二十三年(1843)，左宗棠用教书积攒的钱在湘阴南乡柳家冲购得田地，次年将妻子儿女迁到柳家冲，署名“柳庄”。自己在教学之余，也常回柳庄种茶植桑，自号“湘上农人”。左宗棠在家蜗居蛰伏的8年中，致力于农事，研究农学，又从事于舆地图说和历代兵事研究。利用在陶家设馆教学之便，得以遍阅陶家的丰富藏书，这一切，都为他日后走出乡间，大展宏图打下了坚实的基础。

---

① 王林：《大家精要·左宗棠》，云南教育出版社2009年版，第2页。

左宗棠家书：读书作人，先要立志

左宗棠生有四个女儿和四个儿子。四个女儿为孝瑜、孝琪、孝琳、孝瑸；四个儿子为孝威、孝宽、孝勋、孝同。左宗棠一生尽管戎马倥偬，但对子女的督教从来就没有放松过，可以说既严格又亲切。他一生写了一百多封家书，内容大多集中在教育子女读书、惜时、立志、治事和为人处世等方面。

咸丰十年(1861)，左宗棠写信给孝威、孝宽，说："世局如何，家事如何，均不必为尔等言之。惟刻难忘者，尔等近年读书无甚进境，气质毫未变化，恐日复一日，将求为寻常子弟而不可得，空负我一片期望之心耳。夜间思及，辄不成眠。今复为尔等言之。尔等能领受与否，我不能强，然固不能已于言也。"在这封信中，左宗棠对儿子的读书问题看得很重，担心儿子读书不用功，为此，晚上睡觉都不能安于枕席。接着，又不惜篇幅，具体指导儿子如何读书，提出"读书要目到、口到、心到"。他批评儿子："今尔等读书总是混过日子，身在案前，耳目不知用到何处。心中胡思乱想，全无收敛归着之时，悠悠忽忽，日复一日，好似读书是答应人家工夫，是欺哄人家、掩饰人家耳目的勾当。"在这封信中，左宗棠还谈到立志问题。他说："读书作人，先要立志。想古来圣贤豪杰是我者般年纪时，是何等气象？是何学问？是何才干？我现在那一件可以比他？想父母送我读书，延师训课，是何志愿？是何意思？我那一件可以对父母？看同时一辈人，父母常背后夸赞者，是何好样？斥詈者是何坏样？好样要学，坏样断不可学。"在信中，左宗棠要求儿子"务期与古时圣贤豪杰少小时志气一般，方可慰父母之心，免被他人耻笑"。

左宗棠在这封信中通篇讲读书、立志。当时孝威 15 岁，孝宽 14 岁，正是贪玩的年龄，在读书方面下的工夫不多，左宗棠"夜间思及，辄不成眠"。我们从字里行间真可体会到一个父亲期盼儿子读书上进的拳拳之心。左宗棠对儿子读书的要求是严格的，他提出读书要"目到、口到、心到"，而两个儿子"读书总是混过日子"，对此，他对儿子提出批评，要儿子思考一下，自己"究竟能比乡村子弟之佳者否?"在立志方面，左宗棠告诫儿子"立定主意，念念要学好，事事要学好"，而对自己的缺点坏样，应该"一概猛省猛改"，断不能对自己的缺点存"回护"之心，不可因循苟且。左宗棠还说"志患不立，尤患不坚"。左宗棠对儿子的缺点进行了直率严厉的批评，如说孝威"气质轻浮，心思不能沉下"；孝宽"气质昏惰，外蠹内傲，又贪嬉戏"。所以左宗棠每当想起儿子"顽钝不成材料光景，心中片刻不能放下"。鉴于儿子读书学习的实际情况，提出要兄弟俩将每月功课，按月各写一小本寄给他，以便他查阅。左宗棠的这封家信写得很长，言辞切切，体现了他对子女教育的关心和重视。

左宗棠家书："断不可旷言高论，自蹈轻浮恶习"

左宗棠要求儿子从小努力读书，立志高远，但他也告诫孩子切勿徒尚空谈。同治二年(1863)，他写信给长子孝威，说："小时志趣要远大，高谈阔论固自不妨，但须时时返躬自问：我口边是如此说话，我胸中究有者般道理否？我说人家作得不是，我自己作事又何如？即如看人家好文章，亦要仔细去寻他思路，摩他笔路，仿他腔调。看时就要着想：要是我做者篇文字必会是如何，他却不然，所以比我强。先看通篇，次则分起，节节看下去，一字一句都要细心体会，方晓得他的好处，方学得他的好处，亦是不容易的。心思能如此用惯，则以后遇大小事到手，便不至粗浮苟且。我看尔喜看书，却不肯用心。我小来亦有此病，且曾自夸目力之捷，究竟未曾子细，了无所得，尔当戒之。"

对孩子的交友，左宗棠也很关心。咸丰十年(1861)，在给孝威、孝宽的信中，他要求"同学之友，如果诚实发愤，无妄言妄动，固宜引为同类。倘或不然，则同斋割席，勿与亲昵为要"。也就是说，他要孝威和孝宽和发愤读书追求上进者为伍，否则，宁可和有些同学割席断谊，绝不能同流合污。同治三年(1864)十月二十九日，左宗棠在给孝威的信中，向儿子提出，交友要交那些在各方面胜过自己的人。他说："至交游，必择胜我者，一言一动必慎其悔，尤为切近之图，断不可旷言高论，自蹈轻浮恶习，不可胡思乱作，致为下流之归。儿当谨记吾言，不复多告。"

左宗棠家书："子孙能学吾之耕读为业，务本为怀，吾心慰矣"

关于治家，左宗棠腔强调孩子不要仰赖父辈余荫而败坏家风。同治八年(1869)四月二十四日，他在给孝威的信中说："吾愿尔兄弟读书做人，宜常守我训。兄弟天亲，本无间隔，家人之离起于妇子。外面和好，中无实意，吾观世俗之人家多由此而衰替也。我一介寒儒，忝窃方镇，功名事业兼而有之，岂不能增置田产以为子孙之计？然子弟欲其成人，总要从寒苦艰难中做起，多酝酿一代，多延久一代也。西事艰阻万分，人人望而却步，我独一力承当，也是欲受尽苦楚，留点福泽与儿孙，留点榜样在人世耳。尔为家督，须率诸弟及弟妇加以刻省，菲衣薄食，早作夜思，各勤职业。撙节有余，除奉母外润赡宗党，再有余则济穷乏孤苦。其自奉也至薄，其待人也必厚。兄弟之间情文交至，妯娌承风，毫无乖异，庶几能支门户矣。时时存一倾覆之想,或可保全;时时存一败之想,或免颠越。断不可恃乃父,乃父亦无可恃也。"左宗棠明确向儿子提出,要他们读书做人,常守家训。首先,他要求兄弟之间团结和睦。其次,他表示自己为一方大员,完全有能力多置田产留给子孙,但"子弟欲其成人,总要从寒苦艰难中做起",不要指望仰赖父亲的余荫,要孩子"断不可恃乃父,乃父亦无可恃也"。他要求孝威作为长子,尽到"家督"的责任,"率诸弟及弟妇加以刻省,菲衣薄食,早作夜思,各勤职业"。最后,他要求全家能够居安思危,"时时存一倾覆之想","时时存一败之想"。这封信体现了左宗棠治家的严格和见解的深刻。

在光绪二年(1876)五月初六,左宗棠写信给孝宽,又重申儿子要以耕读独立,自谋生计。他说:"吾积世寒素,近乃称巨室。虽屡申儆不可沾染世宦积习,而家用日增,已有不能撙节之势。我廉金不以肥家,有余则随手散去,尔辈宜早自为谋。大约廉余拟作五分,以一为爵田,余作四分均给尔辈,已与勋、同言之,每分不得过五千两也。爵田以授宗子袭爵者,凡公用均于此取之……吾平生志在务本,耕读而外别无所尚。三试礼部,既无意仕进,时值危乱,乃以戎幕起家。厥后以不求闻达之人,上动天鉴,建节赐封,忝窃非分。嗣复以乙科入阁,在家世为未有之殊荣,在国家为特见之旷典,此岂天下拟议所能到?此生梦想所能期?子孙能学吾之耕读为业,务本为怀,吾心慰矣。若必谓功名事业、高官显爵无忝乃祖,此岂可期必之事,亦岂数见之事哉?或且以科名为门户计,为利禄计,则并耕读务本之素志而忘之,是为不肖矣!"左宗棠为举人出身,没有中过进士,但他的地位和权势却远在一般进士出身的人之上。他知道这种"殊荣""旷典"不是人人都能获得的。如果自己的孩子读书的目的最终是"为门户计,为利禄计",很可能连谋生自立的能力都丧失了,所以他向孩子明确提出了自己"耕读务本"的家训,要子弟遵守。

"耕读务本"家风代代相传

左宗棠的家教、家训和"耕读务本"的家风,对后代产生了积极影响。在他的后人中,特别是第四代、第五代,恪守左宗棠"耕读务本"家训,以当教师和医生居多,并在各自领域取得非凡的成就。

左宗棠的第四代孙左景鉴,生于1909年9月,14岁考入湖南长沙明德中学,1937年毕业于上海医学院。抗日战争时期,左景鉴和夫人都参加了国际红十字会总会救护医疗大队,左景鉴还担任了第三十八医疗队队长,在全国各地积极开展战场救护伤员工作,救护了大批同胞和抗日战士。新中国成立以后,左景鉴借调到中央军委卫生部，后担任上海中山医院副院长、外科学教授。1956 年奉命到重庆创建重庆医学院和附属医院，并出任附属第一医院的首任院长。在重庆还担任中国农工民主党重庆市委主委，历任第三届全国人大代表，第五届、第六届全国政协委员。左景鉴自幼父母早亡，幼年和上大学时生活一直很艰苦，但他牢记祖先左宗棠“耕读务本”的家训。他经常教育子女说：“虽然祖辈做大官，但没有给我们后人留下什么家产，留下的是爱国的精神和勤俭节约的家风。”①

左宗棠的第四代孙左景伊，初中毕业时以湖南全省第二名的成绩考入长沙明德中学，1936 年，又以优异成绩考入北平清华大学化学系。抗日战争时期，任泸州国民政府二十三兵工厂技术员，加入抗日战争行列。1944 年以公费生的资格赴美学习，1946 年学成回国。新中国成立以后，进入国家重工业部化工局工作，潜心于腐蚀与防护学科领域，成为我国著名的防腐蚀领域的专家。1979 年，当选中国腐蚀与防护学会首届副理事长。1956 年加入九三学社，为第六届、第七届全国政协委员。左宗棠的第五代孙左焕琛，复旦大学医学院教授、博士生导师，曾任上海市副市长、上海市政协副主席、农工民主党中央副主席。左焕琮，我国著名的胃肠肛肠外科专家，清华大学第二附属医院院长、教授。

左焕琛谈到先祖左宗棠时曾说：“我们家庭一直非常强调左宗棠的清廉从政和爱国主义，尽管他没有给我们留下丰厚的财产，但他的清廉与爱国让左家几代人都非常骄傲。”②

第六节　梁启超成就中国家庭教育史上的一个奇迹

1926 年 10 月 3 日，徐志摩和陆小曼在北海公园漪澜堂举行婚礼，担任证婚人的是梁启超。第二天，梁启超在写给孩子的信中谈到这件事说“我昨天做了一件极不愿意做之事，去替徐志摩证婚。他的新妇是王受庆夫人，与志摩恋爱上，才和受庆离婚，实在是不道德之极。我屡次告诫志摩而无效。胡适之、张彭春苦苦为他说情，到底以姑息志摩之故，卒徇其请。我在礼堂演说一篇训词，大大教

① 左焕琛：《怀念父亲左景鉴》，《解放日报》2010 年 1 月 9 日。
② 《左宗棠玄孙女左焕琛》，引自“湖南名人网”，2007 年 6 月 25 日。

训一番，新人及满堂宾客无一不失色，此恐是中外古今所未闻之婚礼矣。”[①]梁启超以证婚人的身份，在婚礼上对新郎徐志摩提出批评，实在是惊世骇俗之举，表达了梁启超对家庭、对夫妻关系的态度。

梁启超——“他是当时最有号召力的政论家”

梁启超(1873—1929)，字卓如，号任公，又号饮冰室主人，广东新会人。中国近代维新派领袖、学者。清光绪十五年(1889)，应广东乡试，中举人。光绪十六年(1890)，赴北京参加会试落第，归途经上海，购读《瀛环志略》等西书译本，始知五大洲各国。返粤从学于康有为，就读于广州长兴里万木草堂。光绪二十一年(1895)，与康有为同赴北京会试，落第。四月十七日，《马关条约》签订，举国哗然。梁启超与康有为联合十八省举人上书光绪皇帝，提出拒签合约、迁都抗战、变法图强三项主张，史称“公车上书”。光绪二十二年(1896)，在上海任《时务报》主笔，发表《变法通议》等重要论文，阐发维新变法理论，成为康有为主要助手。光绪二十三年(1897)，在上海编辑出版《西政丛书》，并同康广仁筹设大同书局。赴湖南长沙任时务学堂中文总教习。光绪二十四年(1898)赴北京，参与百日维新，以六品衔办京师大学堂、译书局。戊戌政变后，逃亡日本，初编《清议报》，继编《新民丛报》，坚持立宪保皇，受到民主革命派的批判。五四时期，反对“打倒孔家店”的口号。倡导文学改良的“诗界革命”和“小说界革命”。早年所作政论文，流利畅达，感情奔放。曾任清华大学研究院导师，并在一些著名大学任教。除了著述和讲学以外，还先后担任过京师图书馆馆长、北京图书馆馆长等职务，为培养人才和发展我国的文化教育事业做出过有益的贡献。著述涉及政治、经济、哲学、历史、语言、宗教及文化艺术、文字音韵等。1929 年 1 月 29 日，梁启超病逝于北京协和医院，年 57 岁。其著作编为《饮冰室合集》，今有《梁启超全集》。

接受祖父庭训：爱国家、爱民族

梁启超自幼受到良好的家庭教育，这种教育，一是道德品质，二是文化知识。尤其在道德教育方面，对梁启超日后影响很大。从四五岁起，梁启超就跟随祖父梁维清读书，晚上和祖父共眠。祖父在教他读书之余，每天给年幼的梁启超讲解古代豪杰哲人的嘉言懿行，尤其是给梁启超讲亡宋亡明国难之事，给梁启超以极

---

① 《梁启超自述》，河南人民出版社 2004 年版，第 155 页。

大的爱国家、爱民族的教育。据梁启超的弟弟梁勋在《曼殊室戊辰笔记》记梁启超在6岁以后受祖父的户外教育情形说："吾乡有一庙宇，中藏古画四十几幅，……写历史上二十四忠臣、二十四孝子故事。……每年灯节辄悬之以供众览。……上元佳节，祖父每携诸孙入庙，指点而言之曰：'此朱寿昌弃官寻母也，此岳武穆出师北征也。'岁以为常。高祖毅轩之墓在厓门，每年祭扫必以舟往，所经过皆南宋失国时舟师覆灭之故战场。途现一岩石突出于海中，土人名之曰奇石，高数丈。上刻'元张宏范灭宋于此'八大字。……舟行往返，祖父每与儿孙说南宋故事，更朗诵陈独麓《山木萧萧》一首。至'海水有门分上下，关山无界限华夷'，辄提高其音节，作悲壮之声调，此受庭训时之户外教育也。"[①]梁启超在1902年11月写的《三十自述》，提到自己的家乡时说："余乡人也，于赤县神州，有当秦汉之交，屹然独立群雄之表数十年，用其地与其人，称蛮夷大长，留英雄之名誉于历史上之一省。于其省也，有当宋元之交，我黄帝子孙与北狄异种血战不胜，君臣殉国，自沈崖山，留悲愤之记念于历史上之一县。是即余之故乡也。"[②]

祖父对梁启超的教育和影响是多方面的。据梁启超回忆："大父每月朔必率子孙瞻祠宇，谒祖先，遇家讳辄素服不饮酒，不食肉，岁以为常。……大父父者八人，大父居次，实嫡出。曾王父弃养后，各分遗产，有谓嫡子宜多取者，大父不听，率与继母庶母子均，人多诵之。……若夫勤俭朴实，其行己也密，忠厚仁慈，其待人也周，其治家也严，而训子也谨，其课诸孙也详而明，此固大父生平之梗概。"[③]应该说，祖父勤俭朴实，忠厚仁慈，治家严格，训子认真，课子详明，对梁启超的人格和一生产生了积极作用。

"我家之教，凡百罪过，皆可饶恕，惟说谎话，斯断不饶恕"

对梁启超的道德品质具有深刻影响的是他的母亲。据梁启超回忆，他幼时深受祖父母和父母的钟爱，很少受到责骂，更不要说挨鞭挞了。然而他还是在长辈那里挨过三次鞭挞。梁启超说："我家之教，凡百罪过，皆可饶恕，惟说谎话，斯断不饶恕。"也就是说，不说谎话，成为梁家的家训。梁启超在6岁时说了一句谎话，不久就被母亲发现。当时，梁启超的父亲在省城应试。晚饭后，梁启超被母亲传到卧房，严加盘诘。梁启超母亲温良之德，一乡皆知，平时对梁启超又疼爱

---

① 丁文江、赵丰田编：《梁启超年谱长编》，上海人民出版社2009年版，第63页。

② 易鑫鼎编：《梁启超选集》，中国文联出版公司2006年版，第70页。

③ 丁文江、赵丰田编：《梁启超年谱长编》，上海人民出版社，2009年版，第6页。

有加。但这次表现出的盛怒之状，梁启超从未见过。结果，梁启超被母亲用鞭子狠狠抽打了十下。打后又训诫梁启超说："汝若再说谎，汝将来便成窃盗，便成乞丐。"接着又教训说："凡人何故说谎？或者有不应为之事，而我为之，畏人之责其不应为而为也，则谎言吾未尝为；或者有必应为之事，而我不为，畏人之责其应为而不为也，则谎言吾已为之。夫不应为而为，应为而不为，已成罪过矣。若已不知其为罪过，犹可言也，他日或自能知之，或他人告之，则改焉而不复如此矣。今说谎者，则明知其为罪过而故犯之也。不惟故犯，且自欺欺人，而自以为得计也。人若明知罪过而故犯，且欺人而以为得计，则与窃盗之性质何异？天下万恶，皆起于是矣！然欺人终必为人所知，将来人人皆指而目之曰，此好说谎话之人也，则无人信之。既无人信，则不至成为乞丐焉而不止也。"

梁启超的母亲可谓教子有方。儿子说谎，看起来似是寻常人家常见之事，但在母亲看来，问题很严重，是明知故犯，是自欺欺人，发展下去与盗窃何异？欺人即失信，失信之人，则无人信之，其结果只能沦为乞丐之流。见微知著，以小鉴远。梁启超母亲训子的另一高明之处在于不是对儿子仅仅施以鞭挞了之，而是给儿子讲道理，让他在皮肉痛楚之余，多从思想上反省。事实上，母亲的此番教训确实起到了作用。梁启超说："我母此段教训，我至今长记在心，谓为千古名言。"

一门锦绣，家教奇迹

在中国近代的家族家庭教育方面，梁启超家庭可以说是一个奇迹。梁启超生有九个子女，人人成才，各有所长，真是桃李争芳，一门锦绣。

梁启超长女梁思顺（1893—1966），自幼爱好诗词和音乐，从小就受到父亲的教育，编有《芝蘅馆词选》。此书在光绪三十四年（1908）初版，后曾多次再版。

长子梁思成（1901—1972），著名建筑学家，生于日本。早年入清华学堂学习，1924 年赴美国留学，毕业于宾夕法尼亚大学建筑系，获硕士学位。回国后在东北大学创办了我国北方的第一个建筑系。梁思成是第一个运用现代科学方法对我国古建筑进行分析研究的学者，也是《中国建筑史》的作者。他还用英文为外国读者写了一本通俗易懂的《中国建筑史图录》。抗日战争胜利后他创办了清华大学建筑系。1948 年当选为中央研究院院士。新中国成立后，他领导并参加了国徽图案及人民英雄纪念碑的设计工作。1952 年任北京市政协副主席。1955 年当选中国科学院第一批学部委员（院士）。

次子梁思永(1904—1954),著名考古学者。生于澳门。1923 年毕业于清华学校留美预备班,随后赴美国哈佛大学研究院攻读考古学和人类学。1930 年哈佛大学毕业后,回国参加中央研究院历史语言研究所考古组工作。1934 年,由他主笔的《城子崖遗址发掘报告》是我国首次出版的大型田野考古报告集。1948 年当选为中央研究院院士。新中国成立后,于 1950 年 8 月被任命为中国科学院考古研究所副所长。著名考古学家夏鼐称梁思永是中国第一个受到西洋近代考古学正式训练的学者,著名考古学家安志敏说他是中国近代考古学教育的开拓者之一。

三子梁思忠(1907—1932),生于日本,后毕业于美国弗吉尼亚陆军学院和西点军校,回国后任国民党十九路军炮兵校官。1932 年患病逝世,年仅 25 岁。

次女梁思庄(1908—1986),图书馆学家。生于日本。先后获加拿大蒙特利尔麦基尔大学文学士学位、美国哥伦比亚大学图书馆学院图书馆学士学位。1931 年学成回国,1936 年任燕京大学图书馆西文编目组组长、主任和图书馆主任等职。1952 年任北京大学图书馆副馆长,1980 年当选为中国图书馆学会副理事长。梁思庄是全国公认的西文编目首屈一指的专家。

四子梁思达(1912—2001),生于日本。1935 年毕业于南开大学经济系,后留校当研究生,于 1937 年毕业,长期从事经济学研究。曾主编《中国近代经济史》。

三女梁思懿(1914—1988),早年在燕京大学读书,初念医科,后转入历史系。曾参加中国共产党的外围组织“民族解放先锋队”,是“一二・九”运动中的学生骨干。1941 年到美国学习美国历史,1949 年回国。曾任中国红十字会对外联络部主任。

四女梁思宁(1916—2006),生于上海。在南开大学读一年级时因日军轰炸学校而失学。1940 年在姐姐梁思懿的影响下投奔新四军,参加了革命。

五子梁思礼(1924—2016),生于北京,是梁启超最小的孩子,著名火箭控制系统专家。1941 年随姐姐梁思懿赴美留学,在普渡大学获学士学位,在辛辛那提大学获硕士和博士学位,1949 年 10 月回国。1956 年任国防部第五研究院导弹系统研究室主任。同年 11 月加入中国共产党。他领导和参加了我国多种导弹、运载火箭的控制系统研制试验,是我国航天事业的开拓者之一。1987 年当选为国际宇航科学院院士,1993 年当选为中国科学院院士。1994 年当选为国际宇航联合会副主席,1997 年作为全国十名有突出贡献的老教授之一,获“中国老教授科教兴国贡献奖”[①]。

梁启超子女九人，除三子梁思忠早夭以外，个个都爱国向上，在各自专业领域辛勤耕耘，为国奉献。尤其值得称道的是，竟有三个儿子当选为院士，这在中国家庭家族史上也是不多见的。

梁启超家教：重视对子女的道德教育和砥砺

梁启超子女，如芝兰玉树，竞吐芳华，除了儿女们的天赋和自身努力以外，和梁启超的家教、家训是分不开的。梁启超本人是个社会活动家、大学问家，从广东家乡而北京而上海，亡命日本，寄寓澳洲，萍踪飘零，居无定所，但他在投身政治活动、学术研究之余，从来就没有放松对子女的教育和训诫。

梁启超非常重视对子女的道德教育和砥砺。他秉承了祖父当年在他幼小时讲历史故事的门风。在日本流亡期间，他育有5个子女。只要有时间，他总是在晚饭后将孩子聚集在一起，给他们讲爱国故事，其用意是很明显的，就是要儿女们勿忘自己是赤县神州子民。而这些民族英雄的精神，深深地影响着他的子女。长女梁思顺在父亲流亡日本时，曾在日本的女子师范读过书，能说一口流利的日本话。太平洋战争爆发前梁思顺曾在燕京大学教中文。北平被日寇占领后，日寇为了要封锁新闻，到每一家去查收收音机，禁止大家收听短波。当时梁思顺一家住在燕园，当查到他们一家时，梁思顺用日语严厉地对日本兵说：“不许你们动我的无线电，不然我就把它砸烂。”面对梁思顺的凛然正气，日本兵被镇住了，只得灰溜溜地走了。梁思顺怒退日本兵的消息不胫而走，立刻传遍燕园，极大地鼓舞了人们的士气。梁启超的9个子女，有7个曾留学美国，但都学成回来，报效国家。

梁启超家教：重视孩子的读书学习

孩子的读书学习，是梁启超在家教中花精力最多的。大女儿梁思顺是唯一生在广东新会老家的，自幼受到良好的家教，梁启超亲自教她写字读书，并助她写了很多诗词。还为她的书房起名“芝蘅馆”。在父亲的导下，梁思顺具有深厚的古文根底。她编成《芝蘅馆词选》曾被传诵一时。

为了提高充实子女的国学、史学基本知识水平，寓居天津时，他曾让梁思达、

---

① 吴荔明：《梁启超和他的儿女们》，北京大学出版社2009年版，第105—111页。

梁思懿、梁思宁休学一年，专门聘请了他在清华国学研究院的学生谢国祯先生来做家庭教师，在家里办起了补课学习组，教室就设在他的“饮冰室”书斋里。据梁思达回忆，补课的内容包括：国学，从《论语》《左传》开始，至《古文观止》，一些名家的名作和唐诗的一些诗篇由老师选定重点诵读，有的还要背诵。每周或半月，写一篇短文。有时老师出题，有时可以自选题目。作文要用小楷毛笔抄正交卷。史学方面，从古代至清末，由老师重点讲解学习。书法方面，每天要临摹隶书碑帖拓片（张猛龙），写大楷两三张。这种补课，使梁思达等在国学、史学及书法方面取得了长足的进步。在补课期间，只要梁启超有时间，他会亲自给儿女讲解，每当这时，谢国祯就和梁思达等一起“坐而听”。据谢国祯回忆，当时“先生朗诵董仲舒《天人三策》，逐句讲解，一字不遗。余叹先生记忆力之强，起而问之，先生笑曰：‘余不能背诵《天人三策》，又安能上万言书乎！’”[①]可见梁启超对子女的文化知识学习重视到什么程度。

梁启超非常注意指导儿女做学问的方法，要求孩子们不仅要注意专精，还要注意广博。梁启超在给梁思成的信中说：“思成所学太专门了，我愿意你趁毕业后一两年，分出点光阴多学些常识，尤其是文学或人文科学中之某部门，稍为多用些功夫。我怕你因所学太专门之故，把生活也弄成近于单调，太单调的生活，容易厌倦，厌倦即为苦恼，乃至堕落之根源。”[②]

梁启超在给梁思成的一封信中说：“凡做学问总要‘猛火熬’和‘慢火炖’两种工作，循环交互着用去。在慢火炖的时候才能令所熬的起消化作用融洽而实有诸己。思成，你已经熬过三年了，这一年正该用炖的功夫。不独于你身子有益，即为你的学业计，亦非如此不能得益。你务要听爹爹苦口良言。”[③]

梁启超家教：生活“要吃得苦”；交友宜“慎重留意”

梁启超要求孩子生活艰苦朴素，吃得起苦。1928 年 5 月 8 日，梁启超在给梁思成的信中，针对梁思成是到东北大学还是清华大学任教一事，提出：“清华园是‘温柔乡’，我颇不愿汝消磨于彼中，谅汝亦同此感想。”[④]梁启超称清华园是“温柔乡”，担心梁思成会消磨于其中，可以看出梁启超希望儿子保持艰苦奋斗，

---

① 吴荔明：《梁启超和他的儿女们》，北京大学出版社 2009 年版，第 286—288 页。
② 吴荔明：《梁启超和他的儿女们》，北京大学出版社 2009 年版，第 41 页。
③ 吴荔明：《梁启超和他的儿女们》，北京大学出版社 2009 年版，第 42—43 页。
④ 杜坣选编：《际遇——梁启超家书》，北京出版社 2008 年版，第 86 页。

不要贪图安逸的吃苦精神。梁启超在给大女儿梁思顺夫妇的信中说:“生当乱世,要吃得苦,站得住(其实何止乱世为然),一个人在物质上的享用,只要能维持着生命便够了。至于快乐与否,全不是物质上可以支配。能在困苦中求出快活,才真是会打算盘哩。”[①]他要求孩子不要因为环境的困苦或舒服而堕落。他在写给梁思忠的信中说:“一个人若是在舒服的环境中会消磨志气,那么在困苦懊丧的环境中也一定会消磨志气。你看你爹爹困苦日子经过多少,舒服日子也经过多少,老是那样子,到底志气消磨了没有? ……我自己常常感觉我要拿自己做青年的人格模范,最少也不要愧做你们姊妹弟兄的模范。我又很相信我的孩子们,个个都会受我这种遗传和教训,不会因为环境的困苦或舒服而堕落的。你若有这种自信力,便‘随遇而安’的做。”[②]他相信子女们也都会接受他的遗传和教训。这表明,梁启超的家教,并不是空言说教,而是身体力行,为孩子做榜样,因而这样的家教才有感染力,才有教育作用。

对于子女的社交、择友,梁启超也提出自己的看法。他在给梁思庄的信中提出:“多走些地方(独立的),多认识些朋友,性格格外活泼些,甚好甚好。但择交是最要紧的事,宜慎重留意,不可和轻浮的人多亲近。庄庄以后离开家庭渐渐的远,要常常注意这一点。”[③]

梁启超家教:“专门学科之外,还要选取一两种关于自己娱乐的学问”

梁启超是个充满生活情趣的乐观主义者。他曾说:“我生平对于自己所做的事,总是做得津津有味,而且兴会淋漓,什么悲观咧,厌世咧,这种字面,我所用的字典里头可以说完全没有。”他又说:“我是个主张趣味主义的人,倘若用化学化分‘梁启超’这件东西,把里头所含一种原素名叫‘趣味’的抽出来,只怕所剩下仅有个零了。我以为:凡人必须常常生活于趣味之中,生活才有价值。若哭丧着脸捱过几十年,那么,生命便成沙漠,要来何用?”[④]为此,梁启超不主张儿女们做学问局限于专业,除了单纯的知识广博以外,他还要求孩子选一些娱乐的学问。他希望自己的孩子生活得要有趣味,即便做学问也要有趣味。

---

① 吴荔明:《梁启超和他的儿女们》,北京大学出版社 2009 年版,第 50 页。
② 吴荔明:《梁启超和他的儿女们》,北京大学出版社 2009 年版,第 50 页。
③ 吴荔明:《梁启超和他的儿女们》,北京大学出版社 2009 年版,第 50 页。
④ 吴荔明:《梁启超和他的儿女们》,北京大学出版社 2009 年版,第 40 页。

梁启超在给女儿梁思庄的信中写道:“专门学科之外,还要选一两样关于自己娱乐的学问,如音乐、文学、美术等。据你三哥说,你近来看文学书不少,甚好甚好。你本来有些音乐天才,能够用点功,叫他发荣滋长最好。姊姊来信说你因用功太过,不时有些病。你身子还好,我倒不十分担心,但学问原不必太求猛进,像装罐头样子,塞得太多太急,不见得会受益。”[1]他在给梁思成的信中也专门谈了这个问题,他说:“一个人想要交友取益,或读书取益,也要方面稍多,才有接谈交换,或开卷引进的机会。不独朋友而已,即如在家庭里头,像你有我这样一位爹爹,也属人生难得的幸福;若你的学问兴味太过单调,将来也会和我相对词竭,不能领着我的教训,你生活中本来应享的乐趣,也削减不少了。我是学问趣味方面极多的人,我之所以不能专积有成者在此,然而我的生活内容异常丰富,能够永久保持不厌不倦的精神,亦未始不在此。我每历若干时候,趣味转过新方面,便觉得像换个新生命,如朝旭升天,如新荷出水,我自觉这种生活是极可爱的,极有价值的。我虽不愿你们学我那泛滥无归的短处,但最少也想你们参采我那烂漫向荣的长处。”[2]可以看出,梁启超是很注意子女美育方面的学习和修养的。

在家庭教育史上,很少有像梁启超这样将家信写得那么真诚、那么坦率、那么富于感染力的。孩子们都继承了梁启超坚强乐观、情趣盎然的秉性。梁思成是建筑科学方面大师级的人物,但他精力充沛,风趣幽默,擅长美术,酷爱音乐,会钢琴、小提琴,还担任过清华大学管乐队队长吹第一小号,还带动了全家喜爱音乐,每逢假期兄弟们就把铜号带回家练习吹奏。梁思成还是体育运动的爱好者,曾在全校运动会上获跳高第一名。清华大学著名体育家马约翰教授到晚年还不忘梁思成在体育方面的专长,即使在恋爱婚姻方面,梁思成也要弄得惊天动地,他与林徽因的传奇浪漫婚恋引起多少人的嫉妒和艳羡。

---

① 杜垒选编:《际遇——梁启超家书》,北京出版社 2008 年版,第 34 页。
② 杜垒选编:《际遇——梁启超家书》,北京出版社 2008 年版,第 32 页。